普通高等教育“十三五”规划教材

冶金动力学

翟玉春　编著

北京
冶金工业出版社
2018

内 容 提 要

本书系统地阐述了冶金动力学的基础理论和基本知识，内容包括扩散、反应扩散、对流传质与相间传质、化学反应动力学基础、均相化学反应动力学、气-固相反应动力学、气-液相反应动力学、液-液相反应动力学、液-固相反应动力学、固-固相反应动力学和由传热控制的化学反应。

本书为高等学校冶金、材料、化工、地质等专业本科生或研究生教材，也可供相关领域的教师和科技人员参考。

图书在版编目(CIP)数据

冶金动力学/翟玉春编著．—北京：冶金工业出版社，2018.6
普通高等教育“十三五”规划教材
ISBN 978-7-5024-7606-9

Ⅰ.①冶… Ⅱ.①翟… Ⅲ.①冶金学—动力学—高等学校—教材 Ⅳ.①TF01

中国版本图书馆 CIP 数据核字（2017）第 240489 号

出 版 人　谭学余
地　　址　北京市东城区嵩祝院北巷 39 号　邮编　100009　电话　(010)64027926
网　　址　www.cnmip.com.cn　电子信箱　yjcbs@ cnmip. com. cn
责任编辑　宋　良　美术编辑　吕欣童　版式设计　禹　蕊
责任校对　王永欣　责任印制　牛晓波
ISBN 978-7-5024-7606-9
冶金工业出版社出版发行；各地新华书店经销；三河市双峰印刷装订有限公司印刷
2018 年 6 月第 1 版，2018 年 6 月第 1 次印刷
787mm×1092mm　1/16；16. 25 印张；390 千字；243 页
36. 00 元

冶金工业出版社　投稿电话　(010)64027932　投稿信箱　tougao@cnmip. com. cn
冶金工业出版社营销中心　电话　(010)64044283　传真　(010)64027893
冶金书店　地址　北京市东四西大街 46 号(100010)　电话　(010)65289081(兼传真)
冶金工业出版社天猫旗舰店　yjgycbs.tmall.com
（本书如有印装质量问题，本社营销中心负责退换）

前　言

冶金物理化学是将物理化学的理论、知识、方法和手段应用于冶金过程和冶金体系建立起来的冶金理论和知识体系。物理化学在冶金中的应用，使冶金由技艺发展成为科学技术。冶金物理化学是冶金技术的理论基础。

冶金物理化学和冶金原理都是冶金过程和冶金体系的理论。两者有共性，也有区别；有重叠的部分，也有不同的内容。作者认为：冶金物理化学更着重于冶金过程和冶金体系的共性物理化学问题，而冶金原理则侧重于对具体的冶金工艺的物理化学分析。

冶金物理化学理论建立之初，是将热力学应用于火法冶金，主要是钢铁冶金。这些开创性工作的代表人物有启普曼（Chipman）、理查德森（Richardson）、申克（Schenck）、萨马林（Самарин）等。他们的工作具有重大的历史意义。正是基于这些工作，冶金才从技艺发展为科学技术，使冶金由靠世代相传的经验进行生产的模式转变为有理论指导的科学技术，深化了人们对冶金过程和冶金体系的认识，推动了冶金生产与技术的进步和发展。

我国冶金物理化学学科在20世纪50年代奠定了基础，80年代以后蓬勃发展。现在已经形成了世界上最大的冶金物理化学研究群体，并在很多方面走在世界前列。魏寿昆、邹元爔、陈新民、傅崇说、冀春霖、陈念贻先生等为我国冶金物理化学学科的建立和发展做出了重要贡献。

本书是作者在东北大学为冶金物理化学专业、冶金工程专业的本科生、研究生讲授冶金物理化学课程所编写的讲义基础上完成的，其中有一些内容是作者的研究成果。

冶金过程是复杂的传热、传动、传质和多相化学反应过程。冶金反应与温度、压力、物质的组成和结构密切相关，还与反应器的形状、尺寸，物质的迁移，动量的传递，热量的传递，电荷的传递密切相关。

研究如此复杂反应体系的反应过程，必须对过程进行简化，否则无从下手。因此，仅研究冶金过程速率（度）的学科，就分为冶金传输原理、冶金动力学、冶金反应工程学和电化学动力学等。

冶金传输原理内容包括传热、传质和传动。冶金反应工程学研究与反应器密切相关的传热、传质、传动和化学反应。电化学动力学研究与电荷传递过程有关的电化学反应速率（度）、步骤和反应机理。

冶金动力学则研究冶金过程的反应速率（度）、反应机理和冶金过程的控制步骤。由于冶金过程的控制步骤除化学反应外还有传质，因此冶金动力学也研究传质过程。这部分内容有些和冶金传输原理是重叠的。在研究冶金动力学问题时，假设体系内温度均匀，处于静止或匀速运动状态，很少涉及传热过程和传动过程。

冶金动力学描述宏观小尺度体系内的过程。例如，单颗粒球团在静止或匀速流动气体中的反应，单一气泡和液相间的传质和化学反应，单一固体颗粒和其他固体的反应等。

冶金物理化学包括冶金热力学、冶金动力学、冶金电化学等。本书为冶金动力学，主要介绍扩散、对流传质与相间传质，化学反应动力学基础，气相反应，均一液相反应，均一固相反应，气体与无孔隙固体的反应，气体与多孔隙固体的反应，气体在固体表面的吸附，气泡在液体中的形成和行为，气泡在液体间的传质和反应，气体在液体中的溶解和析出，液体和液体的界面现象，两个连续液相间的反应，分散相在连续相中的运动与传质，熔渣和液态金属的反应，固体在液体中的溶解、浸出、置换反应，从溶液中析出晶体，物质的熔化和凝固，固-固相反应的类型和控制步骤、加成反应、交换反应，利用热效应研究化学反应和动力学。其中第5章气-固相反应中化学反应为控制步骤，外扩散和化学反应共同控制，内扩散和外扩散共同控制，内扩散和化学反应共同控制，外扩散、内扩散和化学反应共同控制；第8章液-固相反应中的溶解、浸出等，是作者的研究成果。

我的学生申晓毅博士、王佳东博士、廖先杰博士、刘佳囡博士、王乐博士，博士研究生崔富晖、刘彩玲、黄红波共同录入了全书的文字，申晓毅博士、王佳东博士、王乐博士配置了插图。在此向他们表示衷心的感谢！

感谢东北大学、东北大学秦皇岛分校为我提供了良好的工作条件！

感谢本书引用的参考文献的作者！

感谢所有支持和帮助我完成本书的人，尤其是我的妻子李桂兰女士对我的大力支持，使我能够完成本书的写作！

对于书中不妥之处，诚请读者指正。

作　者
2017年7月
于秦皇岛

目　录

1 扩　散

本章学习要点：

分子传质，菲克定律，气体中的扩散，液体中的扩散，固体中的扩散，反应扩散，离子晶体中的扩散。

含有两个或两个以上组元的体系，如果它们的浓度分布不均，就存在着浓度趋于均匀的趋势。一个组元由高浓度区域向低浓度区域的迁移称为传质。传质有两种机理，即分子传质和对流传质：分子传质是在静止的介质中分子随机运动所产生的物质迁移；对流传质是由于流体的动力学特性所产生的物质迁移。这两种传质可以同时发生在一个体系中。

1.1 分子传质

1.1.1 分子传质的概念

气体分子通常处在一种连续的随机运动状态。如果气体混合物体系的浓度分布均匀，由于随机运动造成的某一数目的分子沿着一定的方向运动，则必然有相同数目的同种分子沿着相反方向运动。其结果是不影响气体的均匀分布，不产生传质作用。如果气体混合物中存在着浓度梯度，由于随机运动造成气体混合物中高浓度区的分子向低浓度区迁移，结果产生了分子的净流动。此即发生了传质作用，直到整个气体混合物体系达到均匀状态为止。由于浓度分布不均匀而产生的分子质量迁移称分子传质，也称分子扩散。分子扩散也发生在液体和固体中，其原因也是由于浓度分布不均匀，分子的随机运动而产生的物质迁移。

为了研究传质，需要明确与传质有关的浓度、速度和扩散通量的概念。物质的浓度通常用质量浓度或物质的量浓度表示。质量浓度是单位体积内某种组元的质量，以 ρ_i 表示，单位为 kg/m^3 或 g/cm^3。物质的量浓度是单位体积内某种组元的物质的量，以 c_i 表示，单位是 mol/cm^3。也可以用质量分数 $w_i = \rho_i / \sum_{i=1}^{n} \rho_i$ 或摩尔分数 $x_i = c_i / \sum_{i=1}^{n} c_i$ 表示多元体系中物质 i 的浓度。对于理想气体，有

$$x_i = c_i / \sum_{i=1}^{n} c_i = \rho_i / \sum_{i=1}^{n} \rho_i$$

流体的运动速度与所选择的参比标准有关，需要考虑相对速度。在一多元体系中，各个组元可能具有不同的速度，常用各组元速度的平均值定义流体的平均速度。如果组元 i

相对于静止坐标的统计平均速度为 v_i，则单位时间内组元 i 通过与速度方向相垂直的单位面积平面的质量为 $\rho_i|\boldsymbol{v}_i|$，物质的量为 $c_i|\boldsymbol{v}_i|$。而混合物的质量平均速度为

$$\boldsymbol{v}_{\mathrm{m}}=\frac{\sum_{i=1}^{n}\rho_i\boldsymbol{v}_i}{\sum_{i=1}^{n}\rho_i}=\frac{\sum_{i=1}^{n}\rho_i\boldsymbol{v}_i}{\rho}=\sum_{i=1}^{n}w_i\boldsymbol{v}_i \tag{1.1}$$

混合物的摩尔平均速度为

$$\boldsymbol{v}_{\mathrm{M}}=\frac{\sum_{i=1}^{n}c_i\boldsymbol{v}_i}{\sum_{i=1}^{n}c_i}=\frac{\sum_{i=1}^{n}c_i\boldsymbol{v}_i}{c}=\sum_{i=1}^{n}x_i\boldsymbol{v}_i \tag{1.2}$$

这种定义混合物体系平均速度的方法，是依据通过垂直于流体速度方向的单位面积上的物质的量等于混合物中多组元通过该面积上的量之和，即

$$\rho|\boldsymbol{v}_{\mathrm{m}}|=\sum_{i=1}^{n}\rho_i|\boldsymbol{v}_i| \tag{1.3}$$

$$c|\boldsymbol{v}_{\mathrm{M}}|=\sum_{i=1}^{n}c_i|\boldsymbol{v}_i| \tag{1.4}$$

有了平均速度，就可以定义扩散速度。在多元系中，组元 i 相对于混合物的平均速度的速度称为该组元的扩散速度。根据采用的单位，扩散速度可以表示为质量扩散速度 $\boldsymbol{v}_i-\boldsymbol{v}_{\mathrm{m}}$ 和摩尔扩散速度 $\boldsymbol{v}_i-\boldsymbol{v}_{\mathrm{M}}$ 等。

通量是指在垂直于速度方向的单位面积、单位时间内所通过的物质量。组元 i 的通量应为其浓度和速度绝对值的乘积。单位为 $\mathrm{kg/(m^2\cdot s)}$。通量是一矢量，其方向与速度方向相同，其参考标准也与速度的参考标准相同。若以静止的坐标为参考标准，则组元 i 的质量通量为

$$\boldsymbol{j}_{\mathrm{m}_i}=\rho_i\boldsymbol{v}_i \tag{1.5}$$

摩尔通量为

$$\boldsymbol{J}_{\mathrm{M}_i}=c_i\boldsymbol{v}_i \tag{1.6}$$

若以质量平均速度为参考标准，则组元 i 的质量通量为

$$\boldsymbol{j}_i=\rho_i(\boldsymbol{v}_i-\boldsymbol{v}_{\mathrm{m}}) \tag{1.7}$$

若以摩尔平均速度为参考标准，则组元 i 的摩尔通量为

$$\boldsymbol{J}_i=c_i(\boldsymbol{v}_i-\boldsymbol{v}_{\mathrm{M}}) \tag{1.8}$$

1.1.2　菲克第一定律

在等温等压条件下，体系中组元 i 产生扩散流，则组元 i 的扩散通量与其浓度梯度成正比

$$\boldsymbol{J}_i=-D_i\nabla c_i \tag{1.9}$$

式中，$\boldsymbol{J}_i$ 为组元 i 在其浓度梯度方向上相对于摩尔平均速度的摩尔通量；D_i 为比例常数，称做扩散系数。

此即菲克（Fick）定律，是菲克在1858年提出的。

如果不限于等温等压条件，上式可以写做

$$\boldsymbol{J}_i = -cD_i \nabla x_i \tag{1.10}$$

式中，c 为上式所描写点处局部的所有物质的总的物质的量浓度；x_i为组元 i 的摩尔分数。

如果是等温等压条件，且 c 为常数，则式（1.10）成为式（1.9）。可见式（1.9）是式（1.10）的特殊形式。

若以质量表示浓度，则等温等压条件下相对于质量平均速度，组元 i 的扩散通量为

$$\boldsymbol{j}_i = -D_i \nabla \rho_i \tag{1.11}$$

式中，$\boldsymbol{j}_i$ 为组元 i 的质量通量；D_i为扩散系数；ρ_i 为组元 i 的质量浓度。

如果不限于等温等压条件，则有

$$\boldsymbol{j}_i = -\rho D_i \nabla w_i \tag{1.12}$$

式中，ρ 为式（1.12）所描写点处的所有物质的总质量浓度；w_i为组元 i 的质量分数。如果为等温等压条件，且 ρ 为常数，则式（1.12）即成为式（1.11）。

式（1.9）~式（1.12）都是菲克第一定律的表达式。上面两种通量相应的扩散系数 D_i是同一数值，因次为 L^2t^{-1}，称为本征扩散系数。在 SI 单位制中，扩散系数的单位为 m^2/s。

比较式（1.8）和式（1.10），得

$$c_i(\boldsymbol{v}_i - \boldsymbol{v}_M) = -cD_i \nabla x_i$$

则有

$$c_i\boldsymbol{v}_i = -cD_i \nabla x_i + c_i\boldsymbol{v}_M \tag{1.13}$$

将式（1.2）两边乘以 c_i，得

$$c_i\boldsymbol{v}_M = x_i \sum_{i=1}^{n} c_i\boldsymbol{v}_i \tag{1.14}$$

将式（1.14）代入式（1.13），得

$$c_i\boldsymbol{v}_i = -cD_i \nabla x_i + x_i \sum_{i=1}^{n} c_i\boldsymbol{v}_i$$

与式（1.6）比较，即

$$\boldsymbol{J}_{M_i} = -cD_i \nabla x_i + x_i \sum_{i=1}^{n} \boldsymbol{J}_{M_i} \tag{1.15}$$

由式（1.15）可见，摩尔通量 $\boldsymbol{J}_{M_i}$ 由两部分组成：第一部分是由组元 i 的浓度梯度产生的扩散流；第二部分是由流体流动传递的物质，而流体流动的传递是由各组元不是等量扩散所产生的。上式各通量都是相对于固定坐标而言的。

将式（1.10）代入式（1.15）并对 i 求和，得

$$\sum_{i=1}^{n} \boldsymbol{J}_i = 0 \tag{1.16}$$

即 n 个扩散流不都是独立的，存在着相互关系式（1.16）。

比较式（1.7）和式（1.12），得

$$\rho_i\boldsymbol{v}_i = -\rho D_i \nabla w_i + \rho_i\boldsymbol{v}_M \tag{1.17}$$

将式（1.1）两边乘以 ρ_i，得

$$\rho_i\boldsymbol{v}_M = w_i \sum_{i=1}^{n} \rho_i\boldsymbol{v}_i \tag{1.18}$$

将式（1.18）代入式（1.17），得

$$\rho_i \boldsymbol{v}_i = -\rho D_i \nabla w_i + w_i \sum_{i=1}^{n} \rho_i \boldsymbol{v}_i \tag{1.19}$$

与式（1.5）比较，得

$$\boldsymbol{j}_{m_i} = -\rho D_i \nabla w_i + w_i \sum_{i=1}^{n} \rho_i \boldsymbol{v}_i \tag{1.20}$$

将式（1.12）代入式（1.20），并对 i 做和，得

$$\sum_{i=1}^{n} \boldsymbol{j}_i = 0 \tag{1.21}$$

1.1.3 扩散系数与活度系数间的关系

确切地说，扩散传质的推动力应该是化学势梯度。设多元系中组元 i 的淌度为 u_i，则 x 方向上组元 i 的摩尔扩散速度为

$$v_{ix} - v_{Mx} = -u_i \frac{d\mu_i}{dx} \tag{1.22}$$

摩尔扩散通量为

$$J_{ix} = c_i(v_{ix} - v_{Mx}) = -c_i u_i \frac{d\mu_i}{dx} \tag{1.23}$$

在等温等压条件下，由

$$\mu_i = \mu_i^{\ominus} + RT\ln a_i$$

得

$$\frac{d\mu_i}{dx} = RT \frac{d\ln a_i}{dx} \tag{1.24}$$

式中，a_i 为组元 i 的活度，与标准状态选择有关。

将式（1.24）代入式（1.23），得

$$J_{ix} = c_i u_i RT \frac{d\ln a_i}{dx} \tag{1.25}$$

与菲克定律相比较，得

$$cD_i \frac{dx_i}{dx} = c_i u_i RT \frac{d\ln a_i}{dx}$$

$$D_i = u_i RT\left(1 + \frac{d\ln\gamma_i}{d\ln x_i}\right) \tag{1.26}$$

式（1.26）给出扩散系数与活度系数之间的关系。由式（1.26）可见，当 $d\ln\gamma_i/d\ln x_i < -1$ 时，$D_i<0$，则发生反向扩散，即组元 i 由浓度低向浓度高的方向扩散。这种现象叫做爬坡扩散。

在实际溶液中，活度系数 γ_i 与溶液组成有关。由式（1.26）可见，扩散系数也与溶液组成有关，随溶液的浓度改变而变化。只有理想溶液

$$\frac{d\ln\gamma_i}{d\ln x_i} = 0$$

$$D_i = u_i RT \tag{1.27}$$

扩散系数与浓度无关。式（1.27）称为能斯特-爱因斯坦（Nernst-Einstein）公式。

1.2 菲克第二定律

1.2.1 菲克第二定律的表述

一开放体系，其体积为 V，在体系内无化学反应，体积 V 内组元 i 的质量增加速率应等于单位时间内通过表面 Ω 进入体积 V 内的组元 i 的质量，即

$$\frac{\mathrm{d}}{\mathrm{d}t}\int_V \rho_i \mathrm{d}V = \int_V \frac{\partial \rho_i}{\partial t}\mathrm{d}V = -\int_\Omega \rho_i \boldsymbol{v}_i \cdot \mathrm{d}\boldsymbol{\Omega} \tag{1.28}$$

式中，$\boldsymbol{v}_i$ 为 i 组元的流速；$\mathrm{d}\boldsymbol{\Omega}$ 是大小为 $\mathrm{d}\Omega$ 而方向与体积 V 表面垂直（法线方向）的面积矢量，以指向体积 V 外的方向为正。

将高斯（Gauss）定律应用于式（1.28）等号右边项，得

$$\int_V \frac{\partial \rho_i}{\partial t}\mathrm{d}V = -\int_\Omega \nabla\cdot \rho_i \boldsymbol{v}_i \cdot \mathrm{d}V \tag{1.29}$$

所以

$$\frac{\partial \rho_i}{\partial t} = -\nabla\cdot \rho_i \boldsymbol{v}_i \tag{1.30}$$

将式（1.17）代入式（1.30），得

$$\frac{\partial \rho_i}{\partial t} = \nabla\cdot \rho D_i \nabla w_i - \nabla\cdot \rho_i \boldsymbol{v}_\mathrm{M} \tag{1.31}$$

如果除扩散流外没有流体的流动，则上式成为

$$\frac{\partial \rho_i}{\partial t} = \nabla\cdot \rho D_i \nabla w_i \tag{1.32}$$

若 ρ 和 D_i 为常数，则有

$$\frac{\partial \rho_i}{\partial t} = D_i \nabla^2 \rho_i \tag{1.33}$$

各项除以组元 i 的相对分子质量，得

$$\frac{\partial c_i}{\partial t} = D_i \nabla^2 c_i \tag{1.34}$$

式（1.33）和式（1.34）是菲克第二定律的表达式。菲克第二定律描写非稳态扩散的规律。

1.2.2 菲克第二定律在各种坐标系的表达式

为方便计，常根据实际问题的需要选择坐标系，拉普拉斯算符 ∇^2 在不同的坐标系中有不同的表达形式，所以菲克定律就有不同的形式。

在直角坐标系中，菲克定律为

$$\frac{\partial c_i}{\partial t} = D_i\left(\frac{\partial^2 c_i}{\partial x^2} + \frac{\partial^2 c_i}{\partial y^2} + \frac{\partial^2 c_i}{\partial z^2}\right) \tag{1.35}$$

在圆柱坐标系中，菲克定律为

$$\frac{\partial c_i}{\partial t} = D_i\left(\frac{\partial^2 c_i}{\partial r^2} + \frac{1}{r}\frac{\partial c_i}{\partial r} + \frac{1}{r^2}\frac{\partial^2 c_i}{\partial \theta^2} + \frac{\partial^2 c_i}{\partial z^2}\right) \tag{1.36}$$

在球坐标系中，菲克定律为

$$\frac{\partial c_i}{\partial t} = D_i\left[\frac{1}{r^2}\frac{\partial}{\partial r}\left(r^2\frac{\partial c_i}{\partial r}\right) + \frac{1}{r^2\sin\theta}\frac{\partial}{\partial \theta}\left(\sin\theta\frac{\partial c_i}{\partial \theta}\right) + \frac{1}{r^2\sin\theta}\frac{\partial^2 c_i}{\partial \varphi^2}\right] \tag{1.37}$$

上面各式是以物质的量浓度表示的菲克定律的形式，若以 ρ_i 代替 c_i，则得到以质量浓度表示的菲克定律的形式。在讨论扩散问题时，常要求解上面的微分方程，而要求解这些方程，就需要知道初始条件和边界条件。初始条件是指起始时刻扩散组元的浓度，可表示为

$$c_i\Big|_{t=t_0} = c_{i0}$$

c_{i0}可以是常数，也可以是函数——空间位置的函数。在没有化学反应和对流的情况下，最常遇到的边界条件是已知某一表面的浓度或（和）通量。

1.2.3 菲克第一定律和菲克第二定律的关系

如果体系中物质的浓度分布不随时间变化，则体系的这种状态称为稳态，可以写做

$$\frac{\mathrm{d}c_i}{\mathrm{d}t} = 0 \tag{1.38}$$

$$D_i\ \nabla^2 c_i = 0$$

即

$$D_i\ \nabla c_i = 常数 \tag{1.39}$$

或

$$\frac{\mathrm{d}\rho_i}{\mathrm{d}t} = 0 \tag{1.40}$$

$$D_i\ \nabla^2 \rho_i = 0$$

即

$$D_i\ \nabla \rho_i = 常数 \tag{1.41}$$

此即菲克第一定律，可见菲克第一定律是第二定律的特例。

1.3 气体中的扩散

扩散可以按不同的方法分类。例如，根据发生扩散的介质的聚集状态，可以将扩散分为气体中的扩散、液体中的扩散和固体中的扩散。按发生扩散的体系是均相还是非均相，可以把扩散分为有相界面的扩散和无相界面的扩散等。下面按发生扩散的介质是气体、液体和固体进行讨论。

1.3.1 气体中的扩散和气体扩散系数

由于气体的特性，气体中的扩散有些特殊的规律。由 A、B 两种气体组成的混合物中，组元 A 在某一方向的扩散流密度等于组元 B 在相反方向的扩散流密度。因此，有

$$D_A = D_B = D_{AB} \tag{1.42}$$

式中，D_{AB}为互扩散系数。

对于非极性分子组成的二元系，扩散系数公式为

$$D_A = \frac{0.001858T^{3/2}\left(\frac{1}{M_A}+\frac{1}{M_B}\right)^{1/2}}{p\sigma_{AB}^2\Omega_D} \tag{1.43}$$

式中，D_A 为 A 经过 B 的扩散系数，cm^2/s；T 为绝对温度，K；M_A、M_B是 A 和 B 的相对分子质量；p 为绝对压力，MPa；σ_{AB} 为分子的碰撞直径，10^{-1}nm，它是势能的函数；Ω_D 为碰撞的积分，它是一个 A 分子和一个 B 分子间势场的函数，也是温度的函数，随温度增加缓慢降低，为无因次数。

式（1.43）比较精确，其计算值和实测值的偏差小于 6%。在缺乏扩散系数实测值的情况下，可用式（1.43）计算扩散系数。若体系压力在 1MPa 以上，式（1.43）不适用。

利用式（1.43）可估算同一体系在不同条件下的扩散系数值，表 1.1 给出了常用气体扩散系数的测定值。

$$D_{A,T_2,p_2} = D_{A,T_1,p_1}\left(\frac{p_1}{p_2}\right)\left(\frac{T_2}{T_1}\right)^{3/2}\frac{\Omega_{D/T_1}}{\Omega_{D/T_2}} \tag{1.44}$$

表 1.1 常用气体扩散系数的测定值

气　体	温度/K	扩散系数/$cm^2 \cdot s^{-1}$
N_2-CO	316	0.24
H_2-CH_2	316	0.81
H_2-O_2	316	0.89
H_2O-O_2	450	0.59
CO-CO_2	315	0.18
CO-CO_2	473	0.38
H_2O-N_2	327	0.31
CO-空气	447	0.43
CO_2-空气	501	0.43

对于具有两个以上组元的混合气体，扩散系数公式为

$$D_j = \frac{1}{\sum\limits_{\substack{i=1\\(j\neq i)}}^{n} x_i^j/D_{ji}} \tag{1.45}$$

式中，D_j 为组元 j 在混合气体中扩散系数；x_i^j 为在混合气体中不考虑组元 j 时的组元 i 的摩尔分数；D_{ji} 为组元 j 在 i-j 二元系中的扩散系数。

1.3.2 固体孔隙中气体的扩散

上面讲的气体扩散是指在较大容器中的气体扩散，通常称为普通的分子扩散。在实际过程中，常会遇到在孔隙中发生的气体扩散现象，例如金属矿物的焙烧、还原，焦炭的燃烧等过程。

在孔隙中，气体的扩散由于孔的大小和形状的不同可以分为普通的分子扩散、克努森扩散和表面扩散。

1.3.2.1 普通的分子扩散

若孔隙的孔径 d 远大于气体分子的平均自由程 $\bar{\lambda}\left(\frac{\bar{\lambda}}{d} \leqslant 0.01\right)$，气体分子在其间的扩散与在大的容器中相同，是普通的分子扩散。

当气体通过这种大孔径的多孔介质的孔隙，从介质的一侧流到另一侧，所走的路程比不存在介质的情况要长。介质的存在减少了扩散通道的面积，曲折的孔隙增加了扩散的困难。在这种情况下，引入有效扩散系数 $D_{AB,\ eff}$ 表示二元气体混合物 A-B 通过多孔介质的扩散系数。$D_{AB,\ eff}$ 与二元气体混合物普通分子扩散系数有以下关系

$$D_{AB,\ eff} = \frac{D_{AB}\varepsilon_p}{\tau_p} \tag{1.46}$$

式中，ε_p 为多孔物质的孔隙度，是小于 1 的正数；τ_p 为曲折度，表示孔隙的曲折程度，是大于 1 的数。对于不固结的物料，τ_p 值在 1.5~2.0 之间；对于压实的物料，τ_p 值可达 7~8。其值一般由实验确定，与颗粒粒径的大小、粒度分布和形状有关。

1.3.2.2 克努森扩散

若孔隙孔径很小，气体分子的平均自由程远大于孔隙直径$\left(\frac{\bar{\lambda}}{d} \geqslant 10\right)$，气体分子与孔隙壁碰撞的几率大于分子之间碰撞的几率。这种情况下，扩散的阻力主要决定于气体分子与孔隙壁的碰撞，而分子之间的碰撞阻力可以忽略。此类扩散称为克努森（Knudsen）扩散。其扩散系数为

$$D_K = \frac{2}{3}\bar{r}\,\bar{\nu}_A \tag{1.47}$$

式中，D_K 为科努森扩散系数，m^2/s；$\bar{r}$ 为孔隙的平均直径，m；$\bar{\nu}_A$ 为气体 A 的分子均方根速度，m/s。

将气体分子的均方根速度公式

$$\bar{\nu}_A = \sqrt{\frac{3RT}{\pi M_A}} \tag{1.48}$$

代入式（1.47），得

$$D_K = 3.07\bar{r}\sqrt{\frac{T}{M_A}} \tag{1.49}$$

式中，M_A 为气体分子 A 的摩尔质量，kg/mol；T 为热力学温度，K；R 为气体常数，$R = 8.314 J/(mol \cdot K)$。

可以通过比较孔隙半径与气体分子运动的平均自由程来判断气体是普通的分子扩散还是克努森扩散。气体分子运动的平均自由程可由下式计算

$$\bar{\lambda} = (\sqrt{2}\pi d^2 n)^{-1} \tag{1.50}$$

式中，d 为气体分子的碰撞直径，nm；n 为气体分子浓度，即单位体积的分子个数，$1/nm^3$。如果 $\bar{r}$ 与 $\bar{\lambda}$ 为同一数量级，或 $\bar{r}$ 比 $\bar{\lambda}$ 仅大一个数量级，则为克努森扩散；反之，则为普通的分子扩散。

还可以通过比较 D_{AB} 和 D_K 来判断气体是普通的分子扩散还是克努森扩散。若 D_{AB}/D_K 值很小，则为普通的分子扩散；反之，则为克努森扩散。

克努森扩散是气体分子直接与孔壁碰撞而不与其他分子碰撞。D_K（或 D_{Ke}）是扩散组元与孔隙结构的性质。

1.3.2.3 综合扩散

当孔隙半径介于分子扩散和克努森扩散的中间值，扩散过程为两种扩散的过渡区，此时两种扩散都存在，扩散系数成为综合扩散系数

$$D_{综} = \left(\frac{1}{D_A} + \frac{1}{D_K}\right)^{-1} = \left(\frac{D_A + D_K}{D_A D_K}\right)^{-1} \tag{1.51}$$

恒压下减小孔径，克努森扩散系数减小，而分子扩散系数不变，当孔径减小到一定程度，有

$$\frac{1}{D_K} \gg \frac{1}{D_A} \tag{1.52}$$

则

$$D_{综} = D_K \tag{1.53}$$

当孔径不变，增加压力，D_K 不变，D_A 减小。当压力增加到一定程度，有

$$\frac{1}{D_A} \gg \frac{1}{D_K} \tag{1.54}$$

则

$$D_{综} = D_A \tag{1.55}$$

1.3.2.4 表面扩散

在温度远高于气体露点的情况下，气体分子在多孔固体的孔壁表面的平衡浓度随孔内气体浓度的增加而增大，在孔壁表面形成浓度梯度。吸附表面层可以沿孔壁表面运动，吸附气体并不明显地影响孔径的大小，可以认为表面扩散和孔内扩散同时进行，扩散通量为两者之和。

假设表面扩散通量与表面浓度梯度成正比，则

$$J_{表} = -D_S \frac{d(S\rho c_S)}{dy} \tag{1.56}$$

式中，D_S 为表面扩散系数，cm^2/s；c_S 为被吸附组元的表面浓度，mol/cm^2；S 为每克固体物质的表面积，cm^2/g；ρ 为固体物质的密度，g/cm^3；$S\rho c_S$ 则为单位固体物质吸附的气体量，mol/cm^3孔隙物。如果认为吸附达平衡时，吸附等温线为直线，即

$$S\rho c_S = Kc \tag{1.57}$$

则

$$J_{表} = - KD_S \frac{dc}{dy} \tag{1.58}$$

式中，c 为孔隙中气体的浓度。

在高温情况下，孔壁吸附气体量极微，甚至为零，表面扩散可以不考虑。

1.4　液体中的扩散

1.4.1　液体中的扩散理论

由于液体的结构复杂，人们对液体结构的认识还不清楚，所以液体中的扩散理论很不成熟。下面简单介绍几种液体中的扩散理论。

1.4.1.1　空洞理论

1945 年，弗兰克尔（Френкель）提出空洞理论。该理论认为：随着温度升高，晶体中的空位浓度增加，达到熔化温度后，空位浓度急剧增加，以至在液体中形成空洞。组元沿空洞扩散，比在固体中扩散容易。扩散系数比在固体中大几个数量级。

1.4.1.2　类晶体理论

1960 年，艾林（Eyring）等人提出类晶体理论。他们把液体看做类晶体，原子为立方排列。由绝对速率理论出发，假定扩散过程中原子以不连续的方式从一个空穴移动到另一个空穴，并将扩散过程当做活化过程。其扩散活化模型的公式为

$$D = \frac{k_B T}{\zeta \lambda \eta} \tag{1.59}$$

式中，ζ 为扩散原子在同一平面上的最近邻原子数；λ 为相邻晶格点阵位置间的距离；η 为液体黏度；k_B 为玻耳兹曼常数。

1.4.1.3　起伏理论

1957 年，斯沃林（Swalin）提出起伏理论。该理论认为：固体变成液体所增加的体积分布在整个液体中，使得紧邻空穴间距离的平均值增大。液体内局部的密度起伏，产生足够大的空穴，多个相邻原子协同向空穴移动，发生扩散。斯沃林依据密度起伏及相应的能量起伏模型进行计算，由于原子间距变化而引起的能量变化，导出了自扩散系数的如下关系公式

$$D \propto \frac{T^2}{\Delta_{vap} H c_f^2} \tag{1.60}$$

式中，T 为热力学温度；$\Delta_{vap}H$ 为蒸发焓；c_f是与 $\Delta_{vap}H$ 和原子间作用力有关的参数。

1.4.2　液体的扩散系数

由于液体中存在着对流以及取样困难，测量液体的扩散系数很困难。

液体的扩散系数在数值上要比气体的扩散系数小几个数量级，与浓度有关。下面介绍扩散系数的计算公式。

1.4.2.1　液态金属的扩散系数

在扩散的活化熵和活化能分别与黏度的活化熵和活化能相同的条件下，华尔斯

(Walls) 等应用艾林的绝对速度理论，推导出液态金属自扩散系数公式

$$D = \frac{k_B T \nu_{conf}^{1/3}}{2\pi h b(2b+1)} \left(\frac{V_M}{N_A}\right)^{2/3} \exp\left(\frac{\Delta S^{\neq}}{R}\right) \exp\left(-\frac{\Delta H^{\neq}}{RT}\right) \tag{1.61}$$

式中，k_B为玻耳兹曼常数；T为热力学温度；ν_{conf}为构型参数，由扩散微粒周围最近邻微粒数所决定；h为普朗克常数；b为几何参数，是扩散原子的半径与空穴半径之比；V_M为摩尔体积；N_A为阿伏伽德罗常数；$\Delta S^{\neq}$为活化熵；$\Delta H^{\neq}$为活化焓。

利用上式计算的 Hg、Ca、Sn、In、Zn、Pb、Na、Cd、Cu、Ag 等液态金属的扩散系数与实测值符合较好。

1.4.2.2 非电解质溶液的扩散系数

非电解质液体的扩散系数有斯托克斯-爱因斯坦公式

$$D_{AB} = \frac{k_B T}{6\pi r \eta_B} \tag{1.62}$$

式中，D_{AB}为 A 在稀溶液中对 B 的扩散系数；k_B为玻耳兹曼常数；T为绝对温度；r为溶质 A 的质点半径；η_B为溶剂 B 的黏度。

对于胶体粒子或大的分子通过连续介质的扩散系数，适用于式（1.62）。

对于扩散微粒与介质微粒半径相近的液体，扩散系数公式为

$$D_{AB} = \frac{k_B T}{4\pi r \eta_B} \tag{1.63}$$

这是萨瑟兰德修改斯托克斯-爱因斯坦公式的结果。对于液态金属、液态半导体、液态硫、极性分子液体、缔合分子液体，上式都可以适用。

此外还有其他一些经验公式，例如极稀水溶液中溶质的扩散系数有公式

$$D_{AB}^0 = 14 \times 10^{-5} \eta_B^{-1.1} V_A^{-0.6} \tag{1.64}$$

式中，V_A为溶质的摩尔体积，cm^3/mol；η_B为水的黏度，mPa·s。

对于非稀溶液，溶质 A 的扩散系数为

$$D_{AB} = D_{AB}^0 \frac{\partial \ln a_A}{\partial \ln c_A} \tag{1.65}$$

式中，D_{AB}^0是极稀溶液中溶质 A 的扩散系数；a_A、c_A分别为溶质 A 的活度和浓度。

1.4.2.3 电解质溶液的扩散系数

对于电解质溶液，在无外加电势的情况下，单一电解质的扩散可以当做分子扩散处理。阳离子和阴离子相互吸引以同等速度扩散，以保持溶液的电中性。

在极稀的电解质水溶液中，单一盐的扩散系数可用能斯特-哈斯克尔（Nernst-Haskel）方程计算

$$D_{AB}^0 = \frac{RT}{F^2} \frac{\left(\frac{1}{n_+} + \frac{1}{n_-}\right)}{\left(\frac{1}{\lambda_+^0} + \frac{1}{\lambda_-^0}\right)} \tag{1.66}$$

式中，λ_+^0、λ_-^0为温度T时阳离子和阴离子的极限离子电导，$A/cm^2(V/cm)$；F为法拉第常数；R为气体常数；n_+、n_-为阳离子和阴离子的价数。

在混合电解质中，离子的扩散除了考虑浓度梯度外，还须考虑电势梯度。电势梯度可以是外加的，也可以是由于扩散本身产生的电荷分离产生的。因此，只有当扩散离子的离子电导相差不大时，才可以应用分子扩散系数而不致引起太大的误差。

熔盐的扩散系数值与液态金属的扩散系数值相近，熔盐的自扩散活化能比金属的自扩散活化能大。这与熔盐为离子键而液态金属为金属键有关。熔渣中小的简单离子扩散系数大，大的复合离子扩散系数小。对于熔盐和熔渣，也可以利用斯托克斯-爱因斯坦公式粗略估算其扩散系数。

1.5 固体中的扩散

这里讨论的是固体中原子的扩散，主要指金属晶体和原子晶体。

固体中的原子在平衡位置做热运动。当一个原子热运动的能量超过跃迁活化能时，就会从平衡位置跃迁到别的位置。当跃迁的原子数量足够多，在宏观上就表现出微粒的扩散。

1.5.1 扩散的微观机理

晶体结构不同，原子在晶体中的跃迁方式不同，即扩散机理随晶体结构不同而不同。图 1.1 是几种可能的原子扩散机理示意图，原子的扩散机理可以有如下几种：

(1) 原子互换位置。

两相邻原子通过互换位置而迁移，如图 1.1 中 1 所示。原子在晶格中是密排的，这种迁移必然引起晶格瞬时畸变，因而消耗能量较大，活化能 $E_D \approx 1000\text{kJ/mol}$。

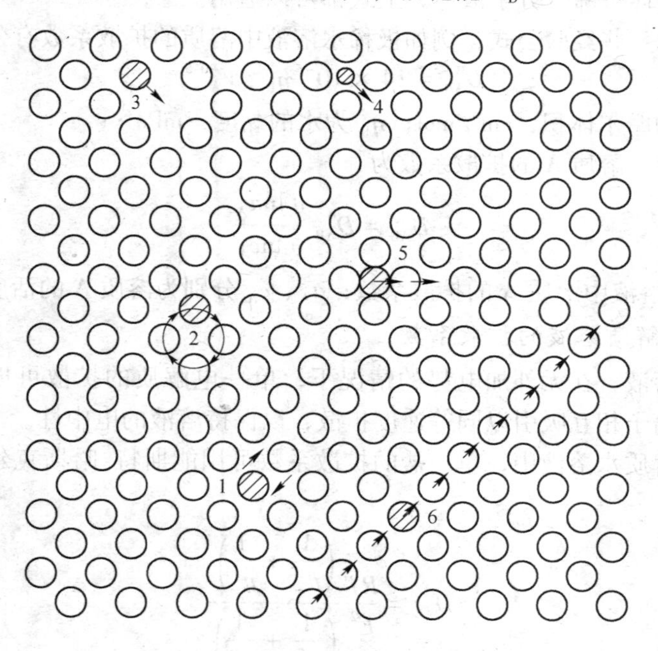

图 1.1 几种可能的原子的扩散机理示意图

1—原子互换位置；2—原子循环；3—空位扩散；
4—间隙扩散；5—间隙顶替扩散；6—挤列扩散

（2）原子循环。

相邻的三个或四个原子同时进行转圈式的交换位置，如图1.1中2所示。原子循环比原子互换位置引起的点阵畸变小很多，消耗的能量也小很多，活化能 $E_D \approx 400$kJ/mol。

（3）空位扩散。

晶格结点上的原子扩散到空位上，相邻的另一个原子扩散到该原子留下的空位，如图1.1中3所示。相对于原子扩散流，在相反方向上有一空位扩散流。空位扩散活化能小，$E_D \approx 170$kJ/mol。

（4）间隙扩散。

在间隙固溶体中，间隙溶质原子由其所占的一个间隙位置跃迁到邻近的另一个间隙位置，如图1.1中4所示。例如，尺寸较小的原子（C、H、N等）在金属中的扩散。间隙扩散的活化能较高，$E_D \approx 900$kJ/mol。

（5）间隙顶替扩散。

间隙原子将其邻近的位于晶格结点上的原子推到间隙中，在晶格结点上形成弗仑克耳（Frenkel）缺陷，如图1.1中5所示。它自己占据了被推走的原子形成的缺陷位置。显然这比间隙扩散的活化能低。

（6）挤列扩散。

晶体中密排方向上某列原子有排列多余的原子，这一列原子受到挤压，如图1.1中6所示。从而这一列的每个原子沿这一列的方向进行不大的位移，形成整列原子的扩散，这种扩散活化能低。挤压扩散与波的传播相似，每个原子仅有小的位移，但传播很快。

1.5.2 固体中的扩散系数

在固态金属和合金中，扩散系数与原子的跃迁频率成正比，与原子的跃迁距离的平方成反比，即

$$D = \frac{a^2}{6\tau} = \frac{1}{6} f a^2 \tag{1.67}$$

式中，D 为扩散系数；τ 为原子做一次跃迁所需要的平均时间，即平均周期；f 为平均频率；a 为晶面间距，也是原子的跃迁距离。

上式仅适用于立方晶格的金属与合金。例如，具有面心立方晶格的金属，在其熔点附近原子跃迁频率为 10^8 次/s数量级，晶面间距约为0.1nm，其自扩散系数则为 $10^{-12}\text{m}^2/\text{s}$ 数量级。原子热运动频率约为 $10^{12} \sim 10^{13}$ 次/s，可见，原子在其平衡位置振动 $10^4 \sim 10^5$ 次/s，就会发生离开平衡位置的跃迁。

式（1.67）是在假定原子每次跃迁的距离都相等，且等于晶面间距的条件下，简化推导的结果。一般说来，原子跃迁的距离并不一定相等，也不一定等于晶面间距，所以应以原子跃迁距离平方的平均值 $\bar{\delta}^2$ 代替 a^2，从而有

$$D = \frac{\bar{\delta}^2}{6\tau} = \frac{1}{6} f \bar{\delta}^2 \tag{1.68}$$

1.5.3 科肯道尔效应

将一段金棒和一段镍棒接在一起构成一个扩散偶。在两棒连接的界面处固定一根细钨

丝作为惰性的标志。在900℃经长时间退火，就可以观察到越过带有钨丝标志的界面的扩散。实验得到的金和镍相互扩散的浓度分布示于图1.2。

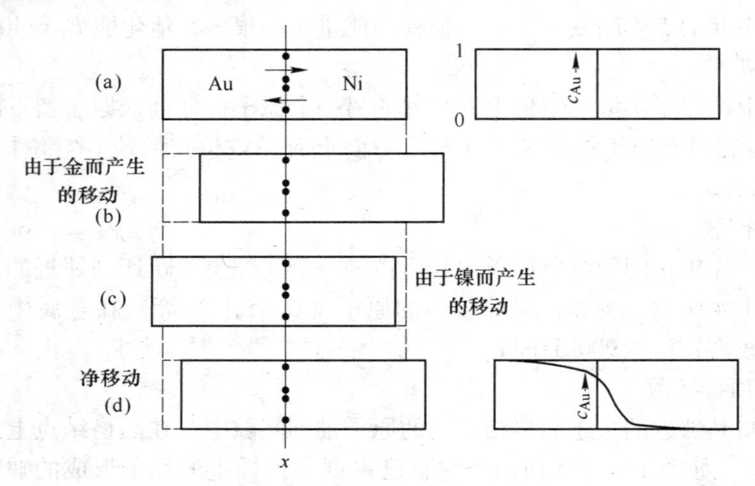

图1.2　金和镍相互扩散的浓度分布

图1.2（a）为金、镍扩散的示意图。图1.2（b）为假设没有任何镍原子通过惰性标志的界面，只有金原子扩散所产生的结果。如果假设晶体中空位浓度在扩散过程保持为一常数，即棒的体积不变，则金原子的扩散导致金棒缩短，而镍棒有相同尺寸的伸长。图1.2（c）给出了在没有金原子通过惰性界面，只有镍原子扩散所产生的结果，这导致镍棒缩短，而金棒有相同尺寸的伸长。而实际观察到的是（b）、（c）两种效果的综合。由于金原子比镍原子扩散得快，因而通过惰性界面标志的金原子比在相反方向上通过惰性界面的镍原子多。所以（b）、（c）的综合结果是惰性界面的金棒这边比原来短一些，镍棒那边比原来长一些。也就是说，如果以扩散前的纯金棒的末端作为参考面，则扩散结果造成惰性界面标志从其初始位置向金棒这端移动。惰性标志的这种运动表明扩散体系中不仅有微观扩散流，还有宏观扩散流。这种现象是科肯道尔（Kirkendall）在1947年实验发现的，称为科肯道尔效应。科肯道尔效应表明，二元系中存在互扩散，两个组元在扩散时不一定是等原子数互换位置。

1.5.4　达肯公式

对于科肯道尔效应，达肯（Darken）在1948年推导出二元系中互扩散系数与其两个单一组元扩散系数的关系式。图1.3为用于质量平衡的体积元。

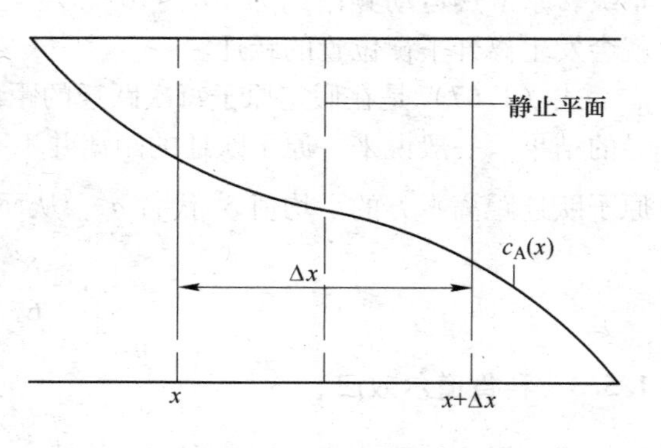

图1.3　用于质量平衡的体积元

由科肯道尔的实验已知，在A-B构成的扩散偶中，体积运动速度与A和B的扩散速度有关。若令观察者处在移动的惰性标记所在的晶面上，则观察到可通过该面的A原子的数量为

$$J_A = -D_A \frac{\partial c_A}{\partial x} \tag{1.69}$$

当观察者处在扩散偶之外的空间的平面上时，所观察到的原子通过的数量为

$$J_{MA} = -D_A \frac{\partial c_A}{\partial x} + v_x c_A \tag{1.70}$$

式中，右边第一项为组元 A 扩散引起的物质的迁移；第二项为惰性标记移动导致的标识本体运动所引起的组元 A 的迁移。

方程（1.69）表示的是相对于运动坐标系的 A 的通量。方程（1.70）表示的是相对于静止的坐标系的 A 的通量。如图 1.3 所示，跨于静止面上的体积元由组元 A 的累积量等于进入该体积的 A 量与离开的 A 量之差，因而有

$$\Delta x\left(\frac{\partial c_A}{\partial t}\right) = J_{MA}\big|_x - J_{MA}\big|_{x+\Delta x} \tag{1.71}$$

令 $\Delta x \to 0$，得

$$\frac{\partial c_A}{\partial t} = -\frac{\partial J_{MA}}{\partial x} \tag{1.72}$$

将式（1.70）代入式（1.72），得

$$\frac{\partial c_A}{\partial t} = \frac{\partial}{\partial x}\left(D_A \frac{\partial c_A}{\partial x} - v_x c_A\right) \tag{1.73}$$

同理可得

$$\frac{\partial c_B}{\partial t} = \frac{\partial}{\partial x}\left(D_B \frac{\partial c_B}{\partial x} - v_x c_B\right) \tag{1.74}$$

设 A-B 二元系中，空位浓度为一常数，即体积不变，则

$$c = c_A + c_B \tag{1.75}$$

$$\frac{\partial c}{\partial t} = \frac{\partial c_A}{\partial t} + \frac{\partial c_B}{\partial t} = 0 \tag{1.76}$$

将式（1.73）和式（1.74）相加，并利用上式，然后对 x 积分，得

$$D_A \frac{\partial c_A}{\partial x} + D_B \frac{\partial c_B}{\partial x} - v_x(c_A + c_B) = \Phi(t) \tag{1.77}$$

由于扩散区域比样品小得多，所以对任何时间都可以应用如下边界条件：

在 $x=0$ 处（即距分界远的地方），

$$v_x = 0,\ \frac{\partial c_A}{\partial x} = 0,\ \frac{\partial c_B}{\partial x} = 0$$

因此，$\Phi(t)=0$，这样就有

$$v_x = \frac{1}{c_A + c_B}\left(D_A \frac{\partial c_A}{\partial x} + D_B \frac{\partial c_B}{\partial x}\right) = \frac{1}{c}(D_A - D_B)\frac{\partial c_A}{\partial x} \tag{1.78}$$

将式（1.78）代入式（1.72），得

$$\frac{\partial c_A}{\partial t} = \frac{\partial}{\partial x}\left[(x_B D_A + x_A D_B)\frac{\partial c_A}{\partial x}\right] \tag{1.79}$$

令

$$\tilde{D} = x_B D_A + x_A D_B \tag{1.80}$$

则

$$\frac{\partial c_A}{\partial t} = \frac{\partial}{\partial x}\left(\tilde{D} \frac{\partial c_A}{\partial x}\right) \tag{1.81}$$

这是菲克第二定律的形式，其中 $\tilde{D}$ 为互扩散系数；D_A、D_B 分别为组元 A 和 B 的本征扩散系数或偏扩散系数。互扩散系数和本征扩散系数都随浓度变化。式（1.78）和式（1.81）称做达肯公式。达肯公式给出了二元系互扩散系数与两个组元各自的本征扩散系数的关系。若二元系中一个组元的浓度极低，例如 $x_B \to 0$，$x_A \to 1$，则由式（1.80）可得

$$\tilde{D} = D_B \tag{1.82}$$

这种情况下，互扩散系数与浓度极低的组元的本征扩散系数近似相等。

1.5.5 纯固体物质中的扩散

纯固体物质中的扩散有两种：自扩散和同位素扩散。

1.5.5.1 自扩散

在纯物质中，当原子、分子或离子的迁移距离大于点阵常数时，发生的扩散叫做自扩散。自扩散系数满足爱因斯坦方程

$$D_i^* = B_i^* kT \tag{1.83}$$

式中，D_i^* 为物质 i 的自扩散系数；B_i^* 表示物质 i 在无任何外力场或化学势梯度驱动下，由于内部结构而迁移的能力，是与物质 i 自扩散相应的“淌度”。

1.5.5.2 同位素扩散

在由元素与其同位素构成的体系中，其同位素的扩散称为同位素扩散。同一元素的不同同位素之间的差别仅是核物理性质不同、化学性质相同，所以就其化学性质来说仍是纯物质。通常用同一元素的放射性元素做示踪剂，通过测量示踪原子的浓度分布，可以得到示踪原子的扩散系数 D^T。若将某元素与其同位素看做两个组元，则有

$$\tilde{D} = xD^T + x^T D \tag{1.84}$$

式中，x^T 为同位素的摩尔分数。

由于同位素的量可以很少，即

$$x^T \to 0 \text{ , } x \to 1$$

所以

$$\tilde{D} = D^T \tag{1.85}$$

测出的互扩散系数就可以作为同位素的扩散系数，也可以当做该物质的自扩散系数。

精确的研究表明，用示踪法得到的自扩散系数 D^T 稍低于真正的扩散系数 D^*。两者的关系可写做

$$D^T = fD^* \tag{1.86}$$

式中，f 值与晶体结构和扩散机理有关。对于间隙扩散，$f=1$，间隙扩散基本与晶体结构无关。

1.6 影响固体中扩散的因素

扩散速率的大小主要取决于扩散系数，由扩散系数公式

$$D = D_0 e^{-\frac{Q}{RT}} \tag{1.87}$$

可知扩散系数 D 是由 D_0、Q 和温度 T 决定的。因此，温度 T 和凡是能影响 D_0、Q 的因素都会影响扩散系数，都会影响扩散过程。

1.6.1 温度的影响

扩散系数与温度呈指数关系。温度对扩散系数有很大的影响，温度越高，原子能量越大，越容易迁移，扩散系数越大。例如，1027℃时碳在 γ 铁中的扩散系数是 927℃时的 3 倍多。

将式（1.87）取对数，得

$$\ln D = \ln D_0 - \frac{Q}{RT} \tag{1.88}$$

可见，$\ln D$ 与 $\frac{1}{T}$ 呈直线关系，$\ln D_0$为截距，$-\frac{Q}{R}$ 为斜率。

图 1.4 给出了金在铅中的扩散系数与温度的关系。将直线外延到 $\frac{1}{T}=0$，可得

$$\ln D = \ln D_0$$

$$D_0 = \lim_{T\to\infty} D \tag{1.89}$$

$$\tan\alpha = -\frac{Q}{R}$$

$$Q = -R\tan\alpha \tag{1.90}$$

可见，可以由实验确定 D_0和 Q 的值。

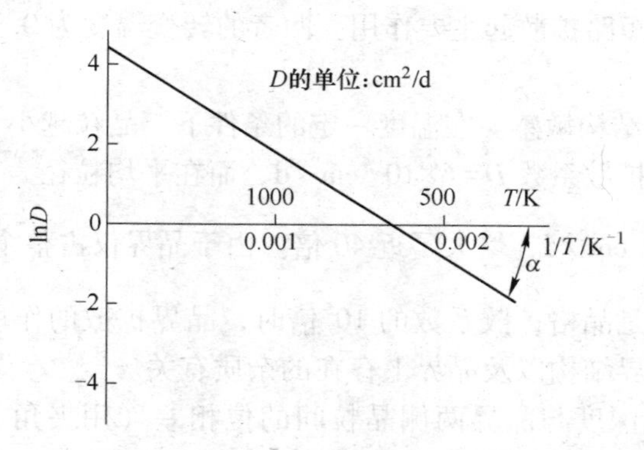

图 1.4 金在铅中的扩散系数与温度的关系

1.6.2 晶体结构的影响

晶体结构对扩散有明显的影响。通常在密堆积结构中的扩散比在非密堆积结构中的扩

散慢。例如，在900℃时，α-Fe的自扩散系数是γ-Fe的280倍，而碳在α-Fe中的扩散系数是其在γ-Fe中扩散系数的100倍。其他元素如铬、镍、钼等，在α-Fe中的扩散系数也比在γ-Fe中大。

固溶体的类型会影响扩散系数。间隙固溶体中的间隙原子已处于间隙的位置，而置换式固溶体中的置换原子通过空位机制扩散时，需要先形成空位。因此，置换式固溶体原子的扩散活化能比间隙原子大很多。

对称性低、各向异性的晶体，在其中扩散的物质的扩散速率各向异性。例如，汞和铜在密排六方金属锌和镉中的扩散系数具有明显的方向性，平行于［0001］方向的扩散系数小于垂直于［0001］方向的扩散系数。这是因为平行于［0001］方向扩散的原子要通过原子排列最密的（0001）面。扩散系数的各向异性随温度升高而减小。

1.6.3 短路扩散

前面讨论晶体的扩散是晶格中的扩散。实际晶体中还存在着晶界、晶面、表面和位错，它们都会影响物质的扩散。沿表面、界面和位错等缺陷部位的扩散称为短路扩散。实验结果表明，多晶的扩散系数大于单晶的扩散系数。这表明，通过缺陷部位的扩散比通过晶格扩散容易。沿晶格、晶界、表面的扩散系数分别为

$$D_{\mathrm{v}} = D_{\mathrm{v}}^{0}\exp\left(-\frac{Q_{\mathrm{v}}}{k_{\mathrm{B}}T}\right) \tag{1.91}$$

$$D_{\mathrm{b}} = D_{\mathrm{b}}^{0}\exp\left(-\frac{Q_{\mathrm{b}}}{k_{\mathrm{B}}T}\right) \tag{1.92}$$

$$D_{\mathrm{s}} = D_{\mathrm{s}}^{0}\exp\left(-\frac{Q_{\mathrm{s}}}{k_{\mathrm{B}}T}\right) \tag{1.93}$$

式中，D_{v}、D_{b}、D_{s}分别表示沿晶格、晶界、表面的扩散系数；Q_{v}、Q_{b}、Q_{s}为相应的扩散活化能。

在熔点附近，Q_{v}较小，所以高温条件下显不出晶界的作用，即高温条件下晶格扩散起主要作用。低温条件下短路扩散起主要作用。两者的转变温度为$0.75 \sim 0.80T_{\mathrm{m}}$，$T_{\mathrm{m}}$为晶体的熔点。

（1）沿晶界扩散对结构敏感。在温度一定的条件下，晶粒越小，晶界扩散越显著。例如，镍在黄铜单晶中的扩散系数$D=6\times10^{-4}\mathrm{cm}^2/\mathrm{d}$，而在平均粒径为0.13mm的黄铜多晶中的扩散系数$D=2.3\times10^{-2}\mathrm{cm}^2/\mathrm{d}$，增大了近40倍。由于晶界仅占整个晶体截面积的$\frac{1}{10^5}$，所以只有在晶界扩散系数是晶格扩散系数的$10^5$倍时，晶界扩散的作用才能显现出来。晶界扩散还与晶粒位相、晶界结构以及晶界上存在的杂质有关。

（2）沿晶界扩散的深度与晶界两侧晶粒间的位相差（用夹角θ表示）有关。θ角在$10° \sim 80°$之间，沿晶界的扩散深度大于在晶粒内部的扩散深度，θ为45°时沿晶界扩散的深度最大。这是由晶界的结构所决定。以立方晶系为例，［100］方向相互垂直。在$10° \sim 80°$之间，晶界两侧位相差较大，在$\theta=45°$，晶界两侧位相差最大，晶界上原子排列的规律性最差，所以扩散容易进行。

（3）过饱和空位和位错对扩散有显著影响。过饱和空位可以和溶质原子形成“空位-

溶质原子对”。空位-溶质原子对的迁移率比单个空位大，使扩散速率提高。刃型位错线可以看做是一条孔道，原子扩散可以通过刃型位错线较快地进行。刃型位错线的扩散活化能还不到完整晶体中扩散活化能的一半。

还有其他因素也会影响扩散，如外界压力、形变、残余应力，以及温度梯度、应力梯度、电势梯度等。这里不做详细讨论。

1.7 反应扩散

前面所讨论的都是单相固溶体中的扩散，特点是扩散原子的浓度不超过其在基体中的溶解度。在很多体系中，扩散原子的含量超过了溶解度，而形成中间相。这种因扩散而形成新相的现象，称为多相扩散或相变扩散及反应扩散。

1.7.1 反应扩散过程动力学

反应扩散包括两个过程：一是扩散过程；二是在界面上达到一定浓度而发生相变的反应过程。

研究反应扩散动力学，需要讨论三个问题：一是相界面的移动速度；二是相宽度变化规律；三是新相生成顺序。为简便计，设过程为扩散控制，反应可在瞬间完成。

1.7.1.1 相界面的移动速度

考虑一个 AB 二元系，试样左端为纯 B，右端为纯 A，组元 B 由左向右扩散。如图 1.5 所示，在 dt 时间内，α 相与 γ 相的界面由 x 移至 $x+dx$，移动量为 dx。

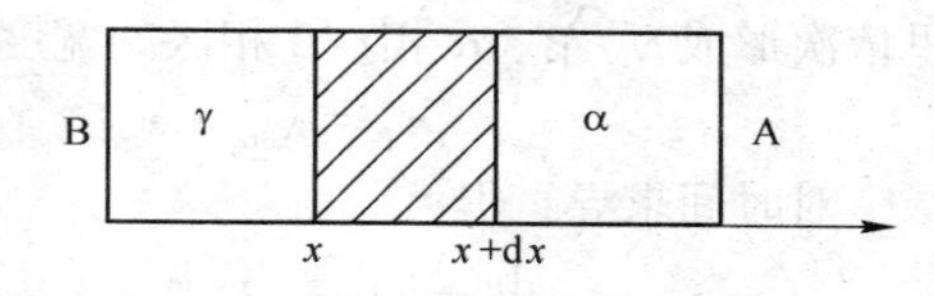

图 1.5 相界面的移动

设试样垂直于扩散方向的截面积为 1，阴影部分溶质质量的增加 δ_m 是由沿 x 方向的扩散引起，则

$$\delta_m = (c_{\gamma\alpha} - c_{\alpha\gamma})dx = \left[-D_{\gamma\alpha}\left(\frac{\partial c}{\partial x}\right)_{\gamma\alpha} + D_{\alpha\gamma}\left(\frac{\partial c}{\partial x}\right)_{\alpha\gamma}\right]dt \tag{1.94}$$

式中，$c_{\gamma\alpha}$ 为 γ 相分解产生 α 相时溶质的浓度；$c_{\alpha\gamma}$ 为所产生的 α 相中溶质的浓度；$-D_{\gamma\alpha}\left(\frac{\partial c}{\partial x}\right)_{\gamma\alpha}$ 为在浓度为 $c_{\gamma\alpha}$ 的界面流入阴影区的扩散通量；$D_{\alpha\gamma}\left(\frac{\partial c}{\partial x}\right)_{\alpha\gamma}$ 为在浓度为 $c_{\alpha\gamma}$ 的界面流出阴影区的扩散通量。

由上式得

$$\frac{dx}{dt} = \frac{1}{c_{\gamma\alpha} - c_{\alpha\gamma}}\left[D_{\alpha\gamma}\left(\frac{\partial c}{\partial x}\right)_{\alpha\gamma} - D_{\gamma\alpha}\left(\frac{\partial c}{\partial x}\right)_{\gamma\alpha}\right] \tag{1.95}$$

令 $\lambda = \frac{x}{\sqrt{t}}$，则

$$\frac{\partial c}{\partial x} = \frac{\partial c}{\partial \lambda}\frac{\partial \lambda}{\partial x} = \frac{1}{\sqrt{t}}\frac{dc}{d\lambda} \tag{1.96}$$

式（1.95）和式（1.96）都是对于浓度为 $c_{\gamma\alpha}$、$c_{\alpha\gamma}$ 的界面而言。由于界面浓度一定，

所以 $\frac{dc}{d\lambda}$ 是与浓度有关的常数，以 k 表示。将式（1.96）代入式（1.95），得相界面移动速度

$$\frac{dx}{dt}=\frac{1}{c_{\gamma\alpha}-c_{\alpha\gamma}}[(Dk)_{\alpha\gamma}-(Dk)_{\gamma\alpha}]\frac{1}{\sqrt{t}}=\frac{A'(c)}{\sqrt{t}} \tag{1.97}$$

式中

$$A'(c)=\frac{1}{c_{\gamma\alpha}-c_{\alpha\gamma}}[(Dk)_{\alpha\gamma}-(Dk)_{\gamma\alpha}]$$

将式（1.97）积分，得相界面位置与时间的关系为

$$x=2A'(c)\sqrt{t}=A(c)\sqrt{t} \tag{1.98}$$

或

$$x^2=B(c)t \tag{1.99}$$

式中，$A(c)=2A'(c)$，$B(c)=A^2(c)$。

式（1.97）和式（1.98）都表明，相界面（等浓度面）移动的距离与时间成抛物线关系。反应伊始，新相长得快，以后越来越慢。因此，化学热处理过程时间太长意义不大。

1.7.1.2 扩散过程中相宽度的变化

如图 1.6 所示，组元 B 由表面向里扩散，由表面向里依次形成 γ、β、α 相，β 相区的宽度为 w_β。则

$$w_\beta=x_{\beta\alpha}-x_{\gamma\beta} \tag{1.100}$$

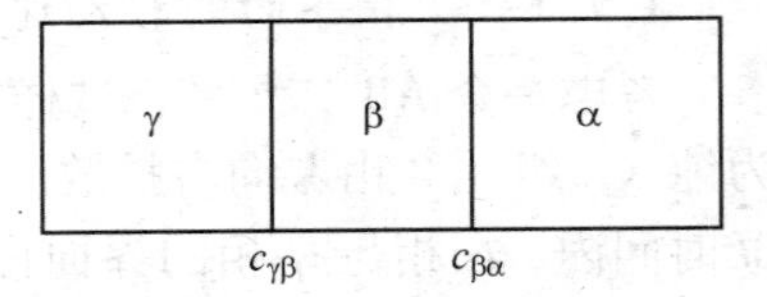

图 1.6 相宽度的变化

对时间求导，得

$$\frac{dw_\beta}{dt}=\frac{dx_{\beta\alpha}}{dt}-\frac{dx_{\gamma\beta}}{dt}=\frac{A_\beta}{\sqrt{t}} \tag{1.101}$$

积分得

$$w_\beta=B_\beta\sqrt{t} \tag{1.102}$$

式中，B_β 为反应扩散的速率常数。如果该体系不止 α、β、γ 三相，一般可写做

$$w_j=x_{j,\,j+1}-x_{j-1,\,j} \tag{1.103}$$

及

$$w_j=B_j\sqrt{t} \tag{1.104}$$

式中，w_j 为 j 相区的宽度；B_j 为反应扩散的速率常数。由实验测出 t 及 w_j，则可求得 B_j。

1.7.1.3 新相出现的规律

对于实际过程，影响新相能否出现及新相出现次序的因素很多，因此新相出现的规律很复杂。在实际体系相图中的中间相不一定都能出现，甚至可能出现相图中没有的相。因为实际过程是在非平衡条件下进行的，新相的出现要克服界面能、弹性能等因素的影响，需要一定的时间，即一定的孕育期。如果孕育期比扩散的时间长，则该新相就不会出现。

新相的长大速率也不一定符合抛物线规律。因为符合抛物线规律须有两个条件：一是必须是体扩散，而不是短路扩散；二是反应须在瞬间完成，界面始终处于平衡状态。实际过程难以满足这两个条件。实际过程符合下面的公式

$$x^n = k(c)t \tag{1.105}$$

式中，$n=1\sim4$。

根据速率常数 B_j 可以判断新相出现的情况：

(1) $B_j > 0$，即 $x_{j,\ j+1} - x_{j-1,\ j} > 0$，说明 j 相与 $j+1$ 相的界面移动比 $j-1$ 相与 j 相的界面移动得快。在这种情况，j 相可以出现，且符合抛物线规律。

(2) $B_j=0$，意味着 j 相与相邻两相的界面移动速度相等，$w_j=0$。这种情况不会出现 j 相。

(3) $B_j < 0$，表明 j 相的两个界面之间的距离要缩小。此种情况也不会出现 j 相。

若扩散时间短或温度低，即使 $B_j > 0$，有些情况也可能不出现 j 相。

从扩散的角度看，j 相宽度大的条件是 D_j 大，D_{j-1} 和 D_{j+1} 小；当 j 相的浓度差 $\Delta c_j = c_{j-1,\ j} - c_{j,\ j+1}$ 大，则 Δc_{j-1} 和 Δc_{j+1} 小。这由菲克定律可以解释。

1.7.2 实例——纯铁渗碳

在图 1.7（a）中，c_1 是 880℃ 铁素体的饱和浓度，c_2 和 c_3 是 880℃ 奥氏体的最低浓度和饱和浓度。若在渗碳过程中保持铁棒表面奥氏体的碳浓度为 c_3，则随着扩散过程的进行，碳原子不断渗入，γ 和 α 两个相区的界面将向着铁棒右端移动，相界面两边的浓度分别保持 c_2、c_1 不变，如图 1.7（b）所示。

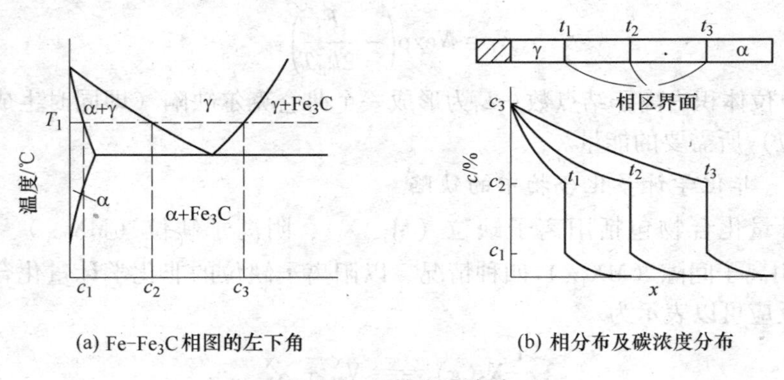

(a) Fe-Fe₃C 相图的左下角　　(b) 相分布及碳浓度分布

图 1.7 纯铁表面渗碳

1.8 离子晶体中的扩散

1.8.1 离子晶体中的缺陷

大多数离子晶体中的扩散是按空位（缺陷）机制进行的。因此，在讨论离子晶体中的扩散之前，先讨论离子晶体中的缺陷。符合化学计量的纯物质的离子晶体中存在本征缺陷——肖特基（Schottky）缺陷和弗仑克尔（Frankel）缺陷。而对于非化学计量和掺杂的离子晶体来说，缺陷更复杂一些。

1.8.1.1 肖特基缺陷

肖特基缺陷由热激活产生，它由一个阳离子空位和一个阴离子空位组成一个缺陷离子对。以氧化物 MO 为例，肖特基缺陷的产生可用下面的化学反应式表示：

$$\square \rightleftharpoons V''_M + V_O^{\cdot\cdot}$$

式中，□表示完整晶体；V''_M表示金属（M）空位，″表示相对于完整晶体的等效负电荷；$V_O^{\cdot\cdot}O$ 表示氧（O）空位，¨表示相对于完整晶体的等效正电荷。

在离子晶体中，肖特基空位浓度可以表示为：

$$N_s = N\exp\left(-\frac{E_s}{2k_B T}\right) \tag{1.106}$$

式中，N 为单位体积内离子对的数目；E_s为离解一个阳离子或一个阴离子并达到表面所需要的能量。

1.8.1.2 弗仑克尔缺陷

弗仑克尔缺陷也由热激活产生，它由一个正的间隙原子和一个负的空位或者由一个负的间隙原子和一个正的空位组成，后者又称为反弗仑克尔缺陷。弗仑克尔缺陷的产生可以由下面的化学反应方程式表示，对于正离子无序的情况为

$$M_M \rightleftharpoons M_i^{\cdot\cdot} + M''_M$$

式中，M_M表示金属晶格结点上的一个金属原子；$M_i^{\cdot\cdot}$ 表示位于间隙 i 位置的带等效二价正电荷的金属离子；M''_M表示带等效二价负电荷的金属离子空位。

弗仑克尔缺陷的填隙原子和空位的浓度相等，可以表示为

$$N_f = N\exp\left(-\frac{E_f}{2k_B T}\right)$$

式中，N 为单位体积内离子结点数；E_f为形成一个弗仑克尔缺陷（即同时生成一个间隙离子和一个空位）所需要的能量。

1.8.1.3 非化学计量化合物中的缺陷

非化学计量化合物包括阳离子缺位（$M_{1-y}X$）、阴离子缺位（MX_{1-y}）、阳离子间隙（$M_{1+y}X$）和阴离子间隙（MX_{1+y}）四种情况。以阳离子缺位的非化学计量化合物 $M_{1-y}X$ 为例，其缺陷反应可以表示为

$$\frac{1}{2}X_2(g) \rightleftharpoons V_M^X + X_X^X$$

$$V_M^X \rightleftharpoons V'_M + h$$

$$V'_M \rightleftharpoons V''_M + h$$

式中，V_M^X 表示金属原子空位；X_X^X 表示 X^{2-} 在正常的晶格结点上；h 表示电子空穴。若缺陷反应按上述过程充分进行，则有

$$\frac{1}{2}X_2(g) \rightleftharpoons V''_M + 2h + X_X^X \tag{1.107}$$

由式（1.107）可见，在阳离子缺位的非化学计量化合物中，会产生阳离子空位和电子空穴；同样，阳离子缺位的非化学计量化合物中，会产生阴离子空位和自由电子。对于阳离子间隙和阴离子间隙的情况，也可类推。

1.8.2 离子晶体的扩散机制

离子晶体的扩散机制有空位扩散、间隙扩散和亚晶格间隙扩散。空位扩散是阳离子或

阴离子空位作为载流子的扩散。间隙扩散是间隙离子作为载流子的直接扩散，即间隙离子从某个间隙位置扩散到另一个间隙位置。间隙-亚晶格扩散是某一间隙离子取代附近的晶格离子，被取代的晶格离子进入间隙而产生离子移动。间隙扩散比空位扩散的活化能大，较难进行。间隙-亚晶格扩散的晶格变形小，比较容易产生。三种扩散机制分别示意于图 1.8。

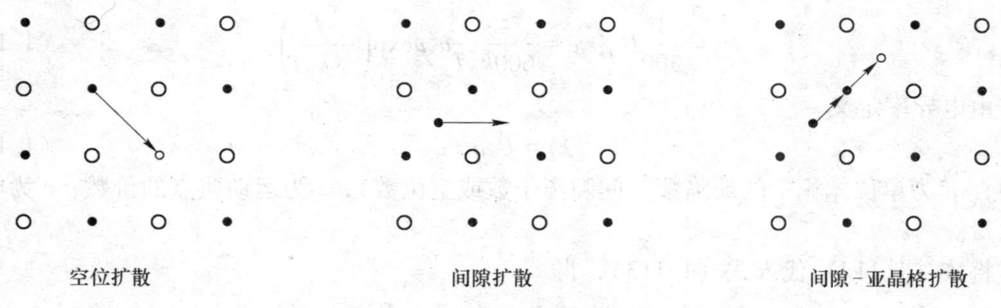

图 1.8　离子扩散机制示意图

1.8.3　离子电导与电导率

由于热振动和能量起伏，离子晶体中的离子和空位会脱离平衡位置做无规则的布朗运动。如果存在浓度梯度，就会发生定向扩散；如果有外电场，就会做定向运动形成电流。

离子晶体的电导可以分为两种类型：其一为固有离子电导或本征电导，其二为杂质电导。前者是由构成晶体的基本离子贡献的，这些离子因热运动形成热缺陷。这种热缺陷无论是离子或空位都带电，都是离子电导的载流子，在外电场作用下定向迁移。后者是离子晶体中杂质离子贡献的。

离子晶体中离子的迁移是通过空位或间隙进行的，相对地也可以看做是空位或间隙的反方向迁移。离子与空位的相对运动过程中，会不断地发生缺陷的复合与生成。离子迁移方式有：（1）晶格上的离子进入邻近的空位，原来晶格上离子的位置成为空位，这可看做空位迁移；（2）晶格间隙的离子进入另一晶格间隙，即间隙迁移。间隙-亚晶格迁移是产生弗仑克尔缺陷（晶格离子进入间隙位置产生空位）和弗仑克尔缺陷消失（间隙离子进入迁移到间隙位置的离子所产生的空位）的动态平衡过程。通常弗仑克尔缺陷的平衡数量不大，所以其对迁移的贡献也不大。

离子迁移需要克服能垒，因而要有足够的活化能。其跃迁频率为

$$f = \nu \exp\left(-\frac{E_a}{k_B T}\right) \tag{1.108}$$

式中，ν 为离子的试跳频率，即微粒在平衡位置上的振动频率；E_a 为活化能；k_B 为玻耳兹曼常数；T 为绝对温度。

由爱因斯坦-斯莫鲁克斯基（Сморуксти）公式

$$x^2 = 2Dt \tag{1.109}$$

得扩散系数

$$D = \frac{1}{2}Pa^2 = \frac{1}{2}a^2\,\nu \exp\left(-\frac{E_a}{k_B T}\right) \tag{1.110}$$

式中，D 为扩散系数；$a=x$ 为离子从晶格位置跃迁到空位中或从间隙位置跃迁到间隙位置的距离。由爱因斯坦的淌度与扩散系数关系得

$$U_{\mathrm{abs}} = \frac{D}{k_{\mathrm{B}}T} = \frac{1}{2}\frac{a^2}{k_{\mathrm{B}}T}\nu\exp\left(-\frac{E_{\mathrm{a}}}{k_{\mathrm{B}}T}\right) \tag{1.111}$$

电化学淌度（迁移率）

$$U_i = \frac{1}{300}U_{\mathrm{abs}}z_ie = \frac{z_ie}{600k_{\mathrm{B}}T}a^2\nu\exp\left(-\frac{E_{\mathrm{a}}}{k_{\mathrm{B}}T}\right) \tag{1.112}$$

由电导率定义

$$\lambda_i = U_i\eta_iz_ie \tag{1.113}$$

式中，η_i 为单位体积中的缺陷数（间隙离子数或空位数）；z_i为运动质点的价数；e 为电子的电量。

将式（1.112）代入式（1.113），得

$$\lambda_i = \frac{\eta_iz_i^2e^2}{600k_{\mathrm{B}}T}a^2\nu\exp\left(-\frac{E_{\mathrm{a}}}{k_{\mathrm{B}}T}\right) \tag{1.114}$$

如果跃迁离子是间隙离子，而间隙离子主要由弗仑克尔机理产生，则间隙离子数为

$$n_{\mathrm{F}} = \alpha^{\frac{1}{2}}N\exp\left(-\frac{E_{\mathrm{F}}}{2k_{\mathrm{B}}T}\right) \tag{1.115}$$

$$\lambda_i = \frac{\alpha^{\frac{1}{2}}Nz_i^2e^2}{600k_{\mathrm{B}}T}\nu a^2\exp\left(-\frac{E_{\mathrm{F}}}{k_{\mathrm{B}}T}\right)\exp\left(-\frac{E_{\mathrm{a}}}{k_{\mathrm{B}}T}\right) \tag{1.116}$$

如果跃迁的是空位（即离子通过空位迁移），这些空位由肖特基机理产生，则

$$n_{\mathrm{P}} = N\exp\left(-\frac{E_{\mathrm{P}}}{2k_{\mathrm{B}}T}\right) \tag{1.117}$$

$$\lambda_{\mathrm{h}} = \frac{Nz_{\mathrm{h}}^2e^2}{600k_{\mathrm{B}}T}\nu a^2\exp\left(-\frac{E_{\mathrm{P}}}{2k_{\mathrm{B}}T}\right)\exp\left(-\frac{E_{\mathrm{a}}}{k_{\mathrm{B}}T}\right) \tag{1.118}$$

式中，E_{P} 为形成空位时所需要的能量；N 为单位体积内的离子对数；E_{a} 为质点跃迁时所需要的能量，即活化能。

在碱金属卤化物中，最常见的是肖特基缺陷，表 1.2 为碱金属卤化物中肖特基空位对的生成能和正离子通过空位运动的活化能数据。

表 1.2　碱金属离子空位对生成能和阳离子扩散活化能

化合物	E_{a}（阳离子扩散活化能）/eV	E_{P}（离子空位对生成能）/eV
NaCl	0.86	2.02
LiF	0.65	2.68
LiCl	0.41	2.12
LiBr	0.31	1.80
LiI	0.38	1.34
KCl	0.89	2.1~2.4

通常离子的振动频率 $\nu = 1 \times 10^{13}$。以 NaCl 为例，$a=0.56\mathrm{nm}$，$N = 2.0 \times 10^{22}$，$z=1$，

$e=1.60\times10^{-19}$C，$k=1.38\times10^{-23}$J/K，1eV = 1.60×10^{-19}J，取 $T=500$K。将以上数据代入上式（1.118）可算得 $\lambda_h=5.2\times10^{-5}$s/m，计算值与实测值相近。

1.8.4 离子电导率与扩散系数的关系

物体导电是载流子在电场作用下的定向迁移，载流子漂移形成的电流密度为

$$J = nqv \tag{1.119}$$

式中，n 为载流子密度；q 为每个载流子所带的电量；v 为平均漂移速度。

根据欧姆定律，有

$$J = \lambda E \tag{1.120}$$

式中，λ 为电导率；E 为电场强度。

比较以上两式，得

$$\lambda = \frac{nqv}{E} \tag{1.121}$$

载流子在单位电场强度中的迁移速率，即迁移率为

$$U = \frac{v}{E} \tag{1.122}$$

代入式（1.121），得电导率与迁移率之间的关系为

$$\lambda = nqU \tag{1.123}$$

在离子晶体中，电载流子离子浓度所形成的电流密度为

$$J_1 = -Dq\frac{\partial n}{\partial x} \tag{1.124}$$

在电场作用下，载流子产生的电流密度为

$$J_2 = \lambda E = \lambda\frac{\partial V}{\partial x} \tag{1.125}$$

式中，V 为电势。

总电流密度为

$$J_i = J_1 + J_2 = -Dq\frac{\partial n}{\partial x} + \lambda\frac{\partial V}{\partial x} \tag{1.126}$$

在热平衡状态下，可以认为 $J_i = 0$，根据玻耳兹曼分布，有

$$n = n_0\exp\left(-\frac{qV}{k_B T}\right) \tag{1.127}$$

式中，n_0为常数。因此，载流子的浓度梯度可以表示为

$$\frac{\partial n}{\partial x} = -\frac{qn}{k_B T}\frac{\partial V}{\partial x} \tag{1.128}$$

将式（1.128）代入式（1.126），得

$$J_i = \frac{nDq^2}{k_B T}\frac{\partial V}{\partial x} - \lambda\frac{\partial V}{\partial x} = 0 \tag{1.129}$$

所以

$$\lambda = D\frac{nq^2}{k_B T} \tag{1.130}$$

式（1.130）给出了离子电导率与扩散系数之间的关系，称为能斯特-爱因斯坦方程。

比较式（1.123）和式（1.130），可得扩散系数和离子迁移率之间的关系

$$D = \frac{U}{q} k_B T = B k_B T \tag{1.131}$$

式中，B 称为离子绝对迁移率。

扩散系数与温度的关系为

$$D = D_0 \exp\left(- \frac{E_{扩}}{kT} \right) \tag{1.132}$$

式中，$E_{扩}$ 为离子扩散活化能，它包括缺陷形成能和迁移能两部分。

1.9 高分子聚合物中的扩散

当高分子聚合物与液态或气态物质接触时，物质分子就会向高分子聚合物内部扩散。此外，当温度高于高分子的玻璃化温度时，高分子键段的热运动，尤其是结点在高分子聚合物中的运动，也是扩散过程。

高分子固体中的扩散符合菲克定律

$$\frac{\partial c}{\partial t} = \frac{\partial}{\partial x}\left(D \frac{\partial c}{\partial x} \right) \tag{1.133}$$

简单气体在高分子聚合物中的扩散，扩散系数与温度的关系仍符合

$$D = D_0 \exp\left(- \frac{E_{扩}}{k_B T} \right) \tag{1.134}$$

式中，$E_{扩}$ 为扩散活化能。

有机蒸气在高分子中的扩散行为比简单气体复杂，扩散系数与温度和气体的浓度有关。

习 题

1-1 概述菲克第一定律和菲克第二定律。

1-2 说明气体扩散的规律。

1-3 何谓克努森扩散？

1-4 简述液体的空洞理论、类晶理论。

1-5 说明原子的扩散机理。

1-6 何谓科肯道尔效应，达肯如何处理科肯道尔效应？

1-7 何谓自扩散，何谓互扩散，何谓本征扩散？

1-8 何谓相变扩散？说明相变规律。

1-9 简述离子扩散机制。

1-10 说明电导率与扩散系数的关系。

2 对流传质与相间传质理论

本章学习要点：

对流传质，层流和湍流，边界层理论，相似数，因次分析，传递过程的相似性，固体-流体传质，相间传质理论，传质微分方程。

对流传质是指运动的流体和与其相接触的界面之间的传质。对流传质可以发生在固体和流体之间的界面，也可以发生在两个不相溶解（或相互溶解很少）的流体之间的界面。对流传质也是分子的扩散。对流传质不仅与传输性质（如扩散系数）有关，还与流体的性质和流动有关。

对流有自然对流和强制对流。自然对流是由流体本身的密度差异、浓度差异或温度差异引起的流体流动；强制对流是由外界的作用所引起的流体流动。因此，对流传质也有自然对流传质和强制对流传质。

本章主要讨论对流传质，但也会涉及动量和热量的对流传递。

2.1 对流传质与流体的流动特性

2.1.1 对流传质的传质速率

2.1.1.1 对流传质的传质速率表达式

对流传质的传质速率为：

$$J_A = k_A \Delta c_A \tag{2.1}$$

式中，J_A 为组元 A 的传质通量，mol/(s · cm^2)；Δc_A 为组元 A 在界面上和流体内部的浓度差，mol/cm^3；k_A 是组元 A 的对流传质系数，cm/s，k_A 不仅与组元 A 的性质有关，还与流体的流动特性有关。

流体流经固体表面，固体表面的溶质 A 会由固体向流体传递。设固体表面上 A 的浓度为 c_{AS}，流体本体中 A 的浓度为 c_{Ab}，则固体表面和流体本体间的传质可写做

$$J_A = k_A(c_{AS} - c_{Ab}) \tag{2.2}$$

2.1.1.2 对流传质与扩散传质的关系

由于在固体表面上的传质是以分子扩散的形式进行的，所以其传质也可以写为

$$J_A = -D_A \left.\frac{\mathrm{d}c_A}{\mathrm{d}x}\right|_{x=0} \tag{2.3}$$

若固体表面上 A 的浓度 c_{AS}为常数，则上式可写做

$$J_A = -D_A \frac{d}{dx}(c_A - c_{AS})\bigg|_{x=0} \tag{2.4}$$

比较式（2.2）和式（2.4），得

$$k_A(c_{AS} - c_{Ab}) = -D_A \frac{d}{dx}(c_A - c_{AS})\bigg|_{x=0} \tag{2.5}$$

整理，得

$$\frac{k_C}{D_A} = \frac{-\frac{d}{dx}(c_A - c_{AS})\bigg|_{x=0}}{c_{AS} - c_{Ab}} \tag{2.6}$$

将方程两边同乘体系的特征尺寸 L，得出无因次式

$$\frac{k_C L}{D_A} = \frac{-\frac{d}{dx}(c_A - c_{AS})\bigg|_{x=0}}{\frac{c_{AS} - c_{Ab}}{L}} \tag{2.7}$$

式（2.7）的右边为界面上的浓度梯度与总浓度梯度之比，也是扩散传质阻力与对流传质阻力之比。式中

$$Nu = Sh = \frac{k_C L}{D_A} \tag{2.8}$$

称为传质的努赛尔（Nusselt）数或谢伍德（Sherwood）数。

2.1.2 层流和湍流

根据流体的流动特性，流体的流动可分为层流和湍流（或紊流）两种状态。流速较低时为层流，流速达到某一数值则变为湍流。两种状态转变的临界速度值 v_c 与流体的黏度、密度和容器的尺寸有关，可以表示为

$$v_c = Re_c \frac{\eta}{\rho L} \tag{2.9}$$

式中，v_c 为流体的临界速度；η 为流体的黏度；ρ 为流体的密度；L 为容器的尺寸，对于圆管就是管子的直径；Re_c 为比例系数，称为临界雷诺（Reynolds）数，是无因次数。雷诺数可以表示为

$$Re = \frac{v\rho L}{\eta} = \frac{vL}{\eta_m} \tag{2.10}$$

式中，η_m 为流体的运动黏度，$\eta_m = \frac{\eta}{\rho}$；$Re$ 为雷诺数；v 为流体的流速。

当 v 为 v_c 时，则 $Re = Re_c$，即为临界状态雷诺数的值。

雷诺数是惯性力 $v\rho$ 和黏滞力 η 的比值。当黏滞力影响大时，流体的流动受黏滞力控制，做层状的平行滑动，即为层流；当惯性力影响大时，流体的流动受惯性力控制，流体内部产生旋涡，即为湍流，也称做紊流。若两种力的影响相近，则流体的流动处于过渡状态。

流体在圆管内的流动，$Re<2300$ 为层流，$Re>13800$ 为湍流，$2300<Re<13800$ 为过渡

状态。

对于层流，在流动方向上，流体中的传质体运动贡献大。但在垂直于流动方向上，没有体运动，只有分子扩散一种传质方式。对于湍流，在流动方向和垂直于流动方向上，流体中都有体运动引起的传质。

2.2 边 界 层

1909 年，普兰特（Prandtl）提出边界层的概念。边界层有速度边界层、浓度边界层和温度边界层，下面分别阐述。

2.2.1 速度边界层

当可压缩的流体流过固体壁表面，流体的本体流速为 v_b，固体壁表面处流体的流速为零。由于流体的黏滞作用，在靠近固体壁表面处有一速度逐渐降低的薄层，称为速度边界层。定义从固体壁表面流体的流速为零的位置到流速为流体本体速度的99%的位置之间的距离叫做速度边界层厚度，以 δ 表示。

速度边界层中流体的流动也有层流和湍流两种情况。当流体流过平板时，如果流体的流速较小，平板的长度也不大，则在平板的全长上只形成层流边界层。如果流体的流速大，平板的长度较长，则在平板的全长上形成由层流边界层向湍流边界层的过渡。图 2.1 是在湍流强制对流的条件下，在平板上形成的速度边界层的示意图。在平板起始部分形成层流边界层段，其厚度用 δ_L 表示；沿着流动方向，紧接层流边界层是过渡段，再向前形成湍流边界层段，其厚度用 δ_{tur} 表示；在湍流边界层内紧贴平板表面的底层，还有一很薄的层流底层（或称层流亚层），以 δ_{sub} 表示。

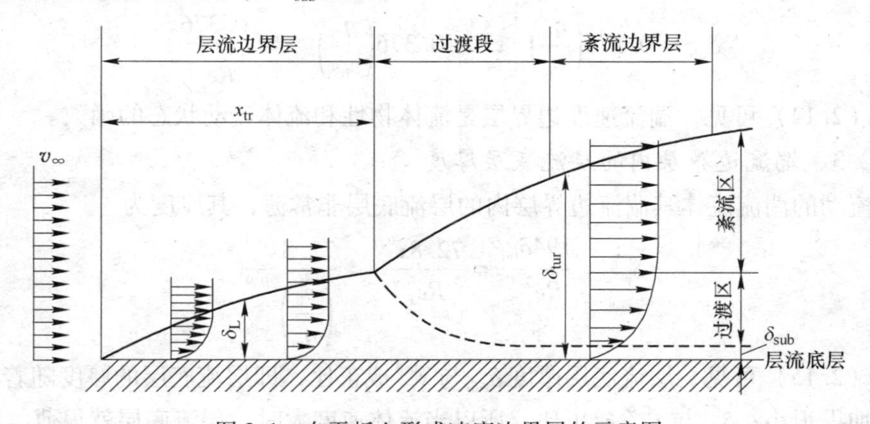

图 2.1 在平板上形成速度边界层的示意图

在层流边界层过渡为湍流边界层时，边界层厚度突然增大，边界层流体中的内摩擦应力也骤然增加。由层流边界层过渡到湍流边界层的点（叫过渡点）距平板前缘的距离 x_{tr} 通过专门定义的雷诺数来确定，即

$$Re_{tr} = \frac{x_{tr} v_b}{\eta_m} \tag{2.11}$$

式中，v_b 为流体本体的流速；过渡点的位置 x_{tr} 和雷诺数 Re_{tr} 与流体的湍流度密切相关，在流体的湍流度较小的情况下，Re_{tr} 可达 $2\times10^5 \sim 3\times10^6$，工程上常取 $Re_{tr}=3.5\times10^5$。实际上，从层流边界层到湍流边界层中间，是一个过渡段。

若流体流过平板的上下两面，则在板的上面和下面存在着相对称的层流边界层和湍流边界层。

2.2.2 平板上的速度边界层厚度

2.2.2.1 *层流边界层厚度*

强制流动流经平板的层流流体，其层流速度边界层厚度为

$$\delta_L = 4.64\sqrt{\frac{\eta x}{\rho v_b}} = 4.64\sqrt{\frac{\eta_m x}{v_b}} \tag{2.12}$$

或

$$\delta_L = \frac{4.64x}{\sqrt{Re_x}} \tag{2.13}$$

式中，x 为距平板前缘的距离（流体由平板前缘沿平板向后流）；Re_x 为以 x 为特性尺寸的雷诺数。

式（2.13）是经简化后，用相似原理求出的联立的连续性方程和运动方程的近似解，所以有的文献系数取 4.64，有的取 5.2。上式说明，流体的黏度越大，则 δ_L 越大；流体的流速 v_b 越大，δ_L 越小；流体流过平板前缘的距离越长，δ_L 值越大，呈抛物线形关系。

2.2.2.2 *湍流边界层厚度*

强制流动流经平板的湍流流体，其湍流边界层的厚度为

$$\delta_{tur} = 0.376\left(\frac{\eta_m}{v_b}\right)^{\frac{1}{5}} x^{\frac{4}{5}} = 0.376\left(\frac{\eta_m}{v_b x}\right)^{\frac{1}{5}} x = \frac{0.376x}{Re_x^{\frac{1}{5}}} \tag{2.14}$$

由式（2.14）可见，湍流速度边界层是流体物性和流体流动状态的函数。

2.2.2.3 *湍流边界层内的层流底层厚度*

强制流动的湍流流体其湍流边界层内的层流底层非常薄，其厚度为

$$\delta_{sub} = \frac{194\delta_{tur}}{Re_x^{0.7}} = \frac{72.8x^{0.1}}{Re_x^{0.9}} = \frac{72.8x^{0.1}}{\left(\frac{v_b}{\eta_m}\right)^{0.9}} \tag{2.15}$$

由式（2.15）可见，层流底层厚度 δ_{sub} 与 $x^{0.1}$ 成正比，即层流底层的厚度随着距离 x 的增加而增加得很小；δ_{sub} 与 $v_b^{0.9}$ 成正比，所以当流体速度大时，层流底层就很薄。

2.2.3 圆管内流体的速度边界层

2.2.3.1 *层流流动的边界层*

图 2.2（a）为圆管内强制流动流体做层流流动时，层流边界层厚度随距管口距离的变化。图中 x_0 的值是稳定段长度，x_0 与圆管直径 d 之间的关系为

$$x_0 = 0.0575d \tag{2.16}$$

雷诺数为

$$Re = 0.575\frac{d\bar{v}}{\eta_m} \tag{2.17}$$

式中，$\bar{v}$ 为流体的平均速度。

由图 2.2（a）可见，当流体到管子入口的距离等于稳定段长度 $0.0575d$ 时，即 $x=x_0$ 处边界层厚度 δ_L 等于圆管半径。

2.2.3.2 湍流流动的边界层

图 2.2（b）表示强制流动流体做湍流流动时，层流边界层及湍流边界层厚度随距离的变化。图中的 x_0 也是稳定段的长度。对于内壁光滑的圆管，雷诺数 Re 小于 10^5 时，湍流边界层的层流底层的厚度为

$$\delta_{sub} = \frac{63.5d}{Re^{\frac{7}{8}}} \tag{2.18}$$

应用上式可算得：内径为 0.1m 的光滑圆管，当 Re 为 10^4 时，δ_{sub} 为 1.98mm；当 Re 为 10^5 时，δ_{sub} 为 0.261mm。

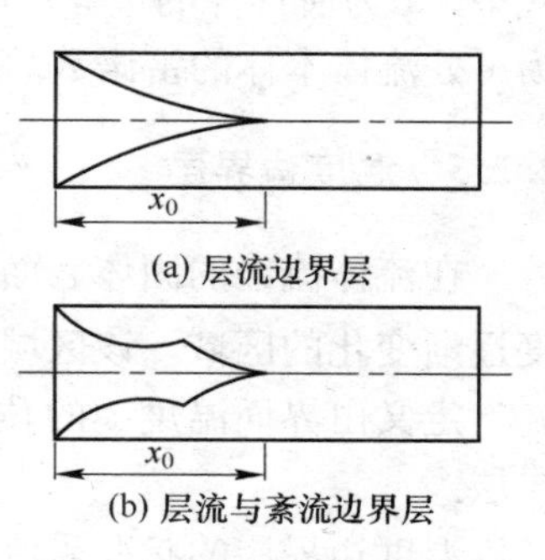

图 2.2 圆管进口处速度边界层的形成

2.2.4 扩散边界层

在流体流经的固体表面扩散组元的浓度为 c_0，而在流体本体该组元的浓度为 c_b，则在固体表面和流体本体有一个该组元浓度逐渐变化的区域。该区域叫做扩散边界层或浓度边界层。

定义被传递物质由界面浓度 c_0 的位置变到流体内部浓度为 $99\%c_b$ 的位置之间的距离为浓度边界层的厚度。

强制流动流经平板的流体，当其为层流时，由传质方程可以求出扩散边界层厚度与速度边界层厚度之间的关系为

$$\frac{\delta_c}{\delta_v} = \left(\frac{\eta_m}{D}\right)^{-\frac{1}{3}} = Sc^{-\frac{1}{3}} \tag{2.19}$$

式中，δ_v 即为式（2.12）中的 δ_L；$Sc=\frac{\eta_m}{D}$ 称为斯密特（Schmidt）无因次数，是流体的运动黏度与分子扩散系数的比值，是体系的特征数。

当流体的流速和位置确定后，δ_v 为常数，而扩散系数 D 却因扩散组元不同而不同。所以，对于同一流体中的不同组元可以具有不同的扩散边界层厚度。

在层流情况下，把层流速度边界层公式（2.12）代入式（2.19），得

$$\delta_c = 4.64\left(\frac{\eta_m x}{v_b}\right)^{\frac{1}{2}}\left(\frac{\eta_m}{D}\right)^{-\frac{1}{3}} = 4.64D^{\frac{1}{3}}\eta_m^{\frac{1}{6}}\left(\frac{x}{v_b}\right)^{\frac{1}{2}} \tag{2.20}$$

由式（2.20）可见，浓度边界层厚度 $\delta_c \propto \eta_m^{\frac{1}{6}}$，而式（2.12）给出速度边界层厚度 $\delta_v \propto \eta_m^{\frac{1}{2}}$。因此，虽然 δ_c 与 δ_v 都随流体的黏度而增加，但 δ_v 受黏度的影响比 δ_c 大。式（2.20）可以写为

$$\frac{\delta_c}{x}=4.64Re_x^{-\frac{1}{2}}Sc^{-\frac{1}{3}} \tag{2.21}$$

当流经平板的强制流动的流体为湍流时，会形成湍流浓度边界层，其厚度为

$$\delta_c=c_T Re_x^{-0.8}Sc^{-\frac{1}{3}}x \tag{2.22}$$

式中，x 为所计算的边界层厚度的位置到平板起始端的距离；c_T 为常数，由实验确定；Re_x 为 x 处流体本体的雷诺数。

2.2.5 温度边界层

在流体流经的固体表面温度为 t_S，流体的温度为 t_b，则在固体表面和流体本体有一温度逐渐变化的区域。该区域叫做温度边界层或热边界层。

定义由界面温度 t 的位置变到流体内部温度为 $99\% t_b$ 的位置之间的距离为温度边界层。

温度边界层的状况受流体边界层的影响很大。层流时，垂直于壁面方向上的热量的传递依靠流体内部的导热；湍流时，垂直于壁面方向的传热，在层流底层仍靠流体内部的导热，而在湍流边界层内除导热外，更主要的是依靠流体质点的脉动等所引起的流体剧烈混合。

强制对流流经平板的层流流体，其温度边界层厚度与速度边界层厚度的关系为

$$\frac{\delta_t}{\delta_v}=\left(\frac{\eta_m}{\alpha}\right)^{-\frac{1}{3}}=Pr^{-\frac{1}{3}} \tag{2.23}$$

式中，α 为导温系数（或热扩散系数）。将式（2.13）代入式（2.23），得

$$\delta_t=4.64xRe_x^{-\frac{1}{2}}Pr^{-\frac{1}{3}} \tag{2.24}$$

强制湍流流经平板，则温度边界层厚度为

$$\delta_t=c_t xRe_x^{-0.8}Pr^{-\frac{1}{3}} \tag{2.25}$$

式中，c_t 为由实际确定的常数。

2.2.6 有效边界层

为了数学上处理的方便，瓦格纳（Wagner）引入有效边界层的概念。如图 2.3 所示，两条曲线分别为边界层和流体本体的速度分布和浓度分布。c_s 为界面处的浓度，c_b 为流体本体的浓度。实际上，边界层和流体本体没有明显的界限，这给问题的处理造成不便。为简化问题，在数学上做等效处理。在 $y=0$ 的界面处，对浓度曲线做一切线，此切线与流体本体浓度 c_b 的延长线相交。过交点做一与界面平行的平面。此平面与界

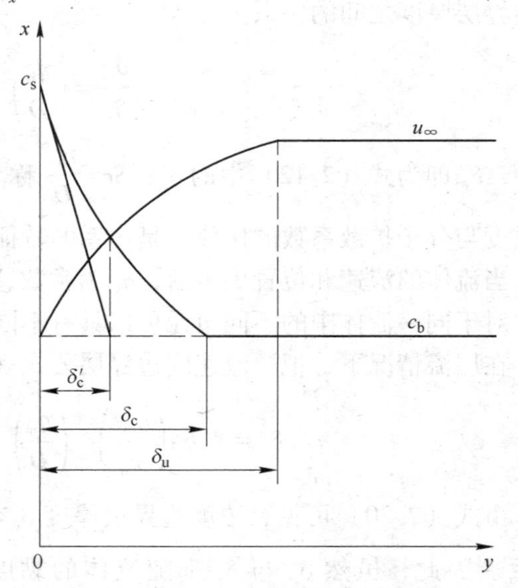

图 2.3 速度边界层、扩散边界层及有效扩散边界层

面之间的区域即为有效边界层，以 δ'_c 表示。

切线的斜率即为界面处的浓度梯度

$$\left(\frac{\partial c}{\partial y}\right)_{y=0} = \frac{c_b - c_s}{\delta'_c} \tag{2.26}$$

$$\delta'_c = \frac{c_b - c_s}{\left(\frac{\partial c}{\partial y}\right)_{y=0}} \tag{2.27}$$

在界面处（$y=0$），流体流速为零，即 $v_{y=0}=0$，传质以分子扩散的方式进行。因此，在稳态服从菲克第一定律，则垂直于界面方向的物质流为

$$J = -D\left(\frac{\partial c}{\partial y}\right)_{y=0} \tag{2.28}$$

对于湍流，在 $y=0$ 处，$v_{y=0}=0$，所以上式同样适用于湍流。将式（2.26）代入式（2.28），得

$$J = \frac{D}{\delta'_c}(c_s - c_b) \tag{2.29}$$

若流体本体浓度 c_b 不随传质过程变化，界面处的浓度也不变，则上式为符合菲克第一定律的稳态扩散。这样一来，数学处理就大为简化了。

在湍流的浓度边界层中，同时存在分子扩散和湍流传质。有效边界层把边界层中的分子扩散和湍流传质等效地处理为厚度 δ_c 的边界层中的分子扩散。因此，可以用稳态扩散方程处理流体和固体界面附近的传质问题。

有效边界层的厚度约为浓度边界层厚度的$\frac{2}{3}$，即

$$\delta'_c = \frac{2}{3}\delta_c \approx 0.667\delta_c \tag{2.30}$$

层流强制对流传质的有效边界层厚度为

$$\delta'_c = 3.09Re^{-\frac{1}{2}}Sc^{-\frac{1}{3}}x \tag{2.31}$$

这是利用了式（2.21）。

2.3 相 似 数

对于实际的传输过程，有些可以用微分方程描述，而多数由于过程过于复杂，难以用微分方程描述。对于那些难以用微分方程描述的过程，通常采用相似模拟的方法加以解决。

相似模拟方法也叫模型研究方法，在工程实际中已有很长的应用历史。相似模拟方法是通过改变设备的尺寸或设备中介质种类，实现难以进行的试验，模拟实际的工艺过程。例如在冶金中用有机玻璃模型代替连铸中间包，用水代替钢液的试验。

为了使模拟试验的结果能够推广应用到实际设备和过程，必须有一定的规则和方法。其规则就是相似原理；其方法就是用方程分析方法或因次分析方法导出相似数。通过试验，求出根据相似原理建立的模型中相似数之间的函数关系。

2.3.1　相似数

2.3.1.1　相似

在几何学里，相似是指两个图形的对应几何元素成比例。例如，三角形 $A_1B_1C_1$和三角形 $A_2B_2C_2$相似，则其对应边成比例，即

$$\frac{a_1}{a_2}=\frac{b_1}{b_2}=\frac{c_1}{c_2} \tag{2.32}$$

在模拟试验中，要求模型和原型应该几何相似，即两者对应部位的尺寸具有相同的比例，称为相似比。例如

$$\frac{L'}{L}=\lambda,\ \frac{S'}{S}=\lambda^2,\ \frac{V'}{V}=\lambda^3 \tag{2.33}$$

式中，L'、L、S'、S、V'、V 分别为模型和原型的长度、面积和体积。

模型和原型中相应的物理量也具有相似倍数，而且根据该物理量的因次，可以将其相似比变换为基本量的相似倍数。

2.3.1.2　相似数的表述

对于彼此相似的现象，存在着由表征该现象性质的一些物理量组成的一个或一些数值相等的无因次数组，也叫做相似数。每个相似数都有一定的物理意义。

前面用的雷诺数就是一个相似数，表示为

$$Re=\frac{v\rho L}{\eta} \tag{2.34}$$

式中，v、ρ、η 和 L 都是描述流动体系特征的物理量；Re 表示流体的惯性力和黏滞力之比。

前面讲的努赛尔数也是相似数。下面再介绍几个与传质、传热、传动有关的相似数。

对三种传递现象的分子传递系数定义分别为：

动量分子传递系数
$$\eta_m=\frac{\eta}{\rho} \tag{2.35}$$

热量分子传递系数
$$\alpha=\frac{k_H}{\rho c_p} \tag{2.36}$$

质量分子传递系数
$$D$$

其中，k_H 为导热系数；c_p 为物质的比定压热容；其他符号此前已有说明。

上面三个传递系数具有相同的因次 L^2/t。其中任意两个传递系数之比是一个无因次数。动量分子传递与质量分子传递系数之比称做施密特数

$$Sc=\frac{\text{动量分子传递系数}}{\text{质量分子传递系数}}=\frac{\eta_m}{D}=\frac{\eta}{\rho D} \tag{2.37}$$

常用于同时传动和传质的现象。

热量分子传递系数与质量分子传递系数之比称为路易斯（Lewis）数

$$Le=\frac{\text{热量分子传递系数}}{\text{质量分子传递系数}}=\frac{\alpha}{D}=\frac{k_H}{\rho c_p D} \tag{2.38}$$

常用于同时传热和传质的现象。

动量分子传递系数和热量分子传递系数之比称为普朗特（Prandtl）数

$$Pr = \frac{动量分子传递系数}{热量分子传递系数} = \frac{\eta_m}{\alpha} = \frac{c_p \eta}{k_H} \tag{2.39}$$

常用于同时传动和传质的现象。

若模型与原型相似，则其相似数相等。例如模型与原型的流动相似，则其雷诺数相等，即

$$\frac{Re'}{Re} = 1 \tag{2.40}$$

式中，Re'和 Re 分别表示模型和原型的雷诺数。

相似数是体系中一些量的内在比。当两个体系相似时，其对应的内在比相等。

2.3.2 相似定理

第一定理 彼此相似的现象或体系必定具有数值相等的相似数。

第二定理 同一类现象或体系，当单值条件相似，而且由单值条件的物理量所组成的相似数相等，则这些现象或体系必定相似。

单值条件是把同种类的现象区别开的标志，有了单值条件，才能描述一个体系（或现象、过程）。对于流体流动的单值条件，包括如下四个方面：

（1）几何条件，指体系的形状及特征长度。例如在管内流动的流体系指管的直径 d、长度 L 等。

（2）物理条件，指体系（或现象、过程）的物理性质。例如流体的密度、黏度等。

（3）边界条件，指体系（或现象、过程）在边界位置上的物理或数学特征。

（4）初始条件，指体系（或现象、过程）起始时刻的物理或数学特征。

2.3.3 相似数的推导

导出相似数的方法有两种：方程分析法和因次分析法。方程分析法又有相似转换法和积分类比法两种。这里以两根金属棒非稳态传热的相似现象为例介绍相似转换法。其步骤为：

（1）写出体系（或现象、过程）的基本微分方程和全部单值条件。

两个金属棒除顶端外，其余部分都绝热，则由棒向环境的传热沿一维方向进行，则非稳态一维传热方程为

$$\frac{\partial T_1}{\partial t_1} = \alpha_1 \frac{\partial^2 T_1}{\partial x_1^2} \tag{2.41}$$

和

$$\frac{\partial T_2}{\partial t_2} = \alpha_2 \frac{\partial^2 T_2}{\partial x_2^2} \tag{2.42}$$

式中，T_1、T_2 为两个金属棒的温度；t_1、t_2 为时间；α_1、α_2 为两个棒的导温系数。

（2）写出相似倍数的表示式。长度相似倍数为 C_L，则

$$L_2 = C_L L_1, \ x_2 = C_L x_1 \tag{2.43}$$

时间的相似倍数为 C_t，则

$$t_2 = C_t t_1 \tag{2.44}$$

温度相似倍数为 C_T，则

$$T_2 = C_T T_1 \tag{2.45}$$

导温系数的相似倍数为 C_α，则

$$\alpha_2 = C_\alpha \alpha_1 \tag{2.46}$$

(3) 将相似倍数表示式代入方程组进行相似转换，从而得出相似指标式。

将式 (2.43)~式 (2.46) 各式代入式 (2.42)，得

$$\frac{C_T}{C_t}\frac{\partial T_1}{\partial t_1} = \frac{C_\alpha C_T}{C_L^2}\alpha_1 \frac{\partial^2 T_1}{\partial x_1^2} \tag{2.47}$$

将式 (2.42) 与式 (2.36) 对比，得

$$\frac{C_T}{C_t} = \frac{C_\alpha C_T}{C_L^2} \tag{2.48}$$

即

$$\frac{C_\alpha C_T}{C_L^2} = 1 \tag{2.49}$$

式中，$\frac{C_\alpha C_T}{C_L^2}$ 即为相似指标式。

(4) 将相似倍数表示式代入相似指标式，即得相似数。

将式 (2.43)、式 (2.44) 和式 (2.46) 代入式 (2.49)，得

$$\frac{\dfrac{\alpha_2 t_2}{\alpha_1 t_1}}{\left(\dfrac{L_2}{L_1}\right)^2} = 1 \tag{2.50}$$

即

$$\frac{\alpha_2 t_2}{L_2^2} = \frac{\alpha_1 t_1}{L_1^2} \tag{2.51}$$

上式等号两边得数即为相似数，称为傅里叶 (Fourier) 数，以 Fo 表示。

由式 (2.49) 可见，由相似倍数组成的“相似指标”等于 1，这是普遍成立的。这说明各单值条件的相似倍数不是任意的，而是要被式 (2.49) 所约束，否则两现象不相似，导出的不是相似数。据此，相似第一定理也可以说成：在相似现象中，相似指标等于 1。

2.4 因次分析方法

应用方程分析方法可以导出相似数，但是对于不能列出微分方程描述的复杂现象，则需考虑用因次分析的方法求相似数。

在因次分析中，常用到物理量的因次或量纲。例如，在 CGS 单位制中，以 g、cm、s 表示，在其他单位制中采用相应的单位。通常分别用 M、L、t 表示质量单位、长度单位和

时间单位。在因次分析中，以质量单位、长度单位和时间为基本因次，其他物理量为非基本因次或导出因次，可以由基本因次导出。例如，面积和体积为 L^2 和 L^3，密度为 M/L^3，速度为 L/t，加速度为 L/t^2，力为 ML/t^2。讨论传质过程，只需 M、L、t 三个基本因次即可。讨论传热过程，还要用到温度和热量的基本因次 T 和 Q。

2.4.1 因次分析基础

因次分析可用于对实验数据的处理，以得出经验公式或半经验公式。由因次分析建立起来的经验方程的自变量和因变量都为无因次数。

因次分析方法的基础是假定“体系中物理量之间的关系可以用指数的乘积表示。”即

$$\varphi = Af_1^a f_2^b f_3^c \tag{2.52}$$

式中，因变量 φ 与自变量 f_1^a、f_2^b、f_3^c 有关；A、a、b、c 为常数。

上述假定在一般情况下是正确的。

2.4.2 因次分析的原理

因次分析的基本原理是“一个完整的物理方程等号两边的因次应该一致或相等”。

那么，确定一个现象需要多少个无因次数呢？这可由因次分析 π 定理或者叫布金汉姆（Bukingham）规则确定。布金汉姆规则为：

（1）具有因次一致性的物理方程，可以用一定数目无因次解 π_1，π_2，π_3，… 表示。即

$$F(\pi_1, \pi_2, \pi_3, \cdots) = 0 \tag{2.53}$$

或

$$\pi_1 = f(\pi_2, \pi_3, \cdots) \tag{2.54}$$

式中，f 为系数。

（2）如果一个现象由 n 个变量（物理量）表示，而这些变量有 m 个基本因次，则表示该现象的独立的无因次数的数目为 $n-m$ 个。

2.4.3 因次分析的应用实例

2.4.3.1 圆管内的强制对流传质

一圆管内有强制对流的流体通过。组元 A 在管壁处的浓度为 c_{AS}，在流体本体中的浓度为 c_{Ab}。组元 A 由管壁向流体传质。强制对流的传质系数与圆管的直径 d、流体的黏度 η、流体的密度 ρ、流体的速度 v、流体的扩散系数和传质系数有关。它们的因次和相应的因次指数见表 2.1 和表 2.2。

表 2.1 圆管内强制对流有关的物性的因次

变 量	符 号	因 次
圆管直径	d	L
流体的密度	ρ	M/L^3
流体的黏度	η	M/Lt

续表 2.1

变　量	符　号	因　次
流体的速度	v	L/t
扩散系数	D_A	L^2/t
传质系数	k_c	L/t

表 2.2　圆管内强制对流有关的物性的因次指数

变　量		D_A	ρ	η	v	d	k_c
因次	M	0	1	1	0	0	0
	L	2	−3	−1	1	1	1
	t	−1	0	−1	−1	0	−1

变量数 $n=6$，基本因次数 $m=3$，无因次数目 $=n-m=6-3=3$。分别以 π_1，π_2，π_3 表示三个无因次数。需从 6 个变量中选出 3 个作为核心变量。选择的标准是这 3 个核心变量必须出现在 π_1，π_2，π_3 每个无因次数中。选择方法是先挑出那些需要孤立考查的变量，然后从剩下的变量中挑选核心变量。

选择 D_A、ρ 和 d 作为核心变量，它们包括了基本因次 M、L 和 t。k、v 和 η 则为非核心变量。这样，三个无因次数可表示为

$$\pi_1 = D_A^a \rho^b d^c k_c$$

$$\pi_2 = D_A^d \rho^e d^f v$$

$$\pi_3 = D_A^g \rho^h d^i \eta$$

非核心变量的指数取做 1。把 π_1 的表达式写成因次形式，π_1 的因次是零（无因次数），所以有

$$M^0 L^0 t^0 = 1 = \left(\frac{L^2}{t}\right)^a \left(\frac{M}{L^3}\right)^b (L)^c \left(\frac{L}{t}\right) \tag{2.55}$$

等式两边 M、L 和 t 的指数应相等，即

$$M: 0 = b$$

$$L: 0 = 2a - 3b + c + 1$$

$$t: = 0 = - a - 1$$

解得

$$a = -1,\ b = 0,\ c = 1$$

代入 π_1 的表达式中，得

$$\pi_1 = \frac{k_c d}{D_A} = Nu = Sh$$

称为努赛尔数或谢伍德数。

同理，可以求得其他两个无因次数

$$\pi_2 = \frac{dv}{D_A}$$

$$\pi_3 = \frac{\eta}{\rho D_A} = Sc$$

将 π_2 除以 π_3，得

$$\frac{\pi_2}{\pi_3} = \frac{dv\rho}{\eta} = Re$$

因次分析表明，无因次数间存在函数关系

$$Nu = Sh = f(Re,\ Sc) \tag{2.56}$$

其具体形式需由实验确定。

2.4.3.2 自然对流的传质

若流体的流动不由外力（例如压力差）引起，而是由其自身的密度差造成，则这种流动称为自然对流。自然对流中的传质称为自然对流传质，自然对流中的传热称为自然对流传热。自然对流的速度边界层、浓度边界层和温度边界层及流体的速度分布、浓度分布和温度分布与强制对流不同。下面以平板上自然对流流体的传质为例，讨论与其相应的无因次数。

由于自然对流的原因，引起组元 A 由壁面向流体传质。自然对流的变量及相应的符号、因次见表 2.3。

表 2.3 自然对流变量的符号和因次

变 量	符 号	因 次
特征尺寸	L	L
扩散系数	D_A	$\frac{\mathrm{L}^2}{\mathrm{t}}$
流体的密度	ρ	$\frac{\mathrm{M}}{\mathrm{L}^3}$
流体的黏度	η	$\frac{\mathrm{M}}{\mathrm{Lt}}$
浮力	$g\Delta\rho_A$	$\frac{\mathrm{M}}{\mathrm{L}^2\mathrm{t}^2}$
传质系数	k_c	$\frac{\mathrm{L}}{\mathrm{t}}$

变量数为 6，基本因次数为 3，无因次数为 6−3＝3。以 D_A、L、η 作为核心变量，则三个无因次数分别为

$$\pi_1 = D_A^a L^b \eta^c k_c$$

$$\pi_2 = D_A^d L^e \eta^f \rho$$

$$\pi_3 = D_A^g L^h \eta^i g\Delta\rho_A$$

求解可得

$$\pi_1 = \frac{k_c L}{D_A} = Nu = Sh$$

$$\pi_2 = \frac{\rho D_A}{\eta} = \frac{1}{Sc}$$

$$\pi_3 = \frac{L^3 g \Delta\rho_A}{\eta D_A} = Sc$$

将 π_2 乘以 π_3，得

$$\pi_2 \pi_3 = \left(\frac{\rho D_A}{\eta}\right)\left(\frac{L^3 g \Delta\rho_A}{\eta D_A}\right) = \frac{L^3 \rho g \Delta\rho_A}{\eta^2} = \frac{L^3 g \Delta\rho_A}{\rho V^2} = Gr$$

式中，Gr 为传质格拉晓夫（Grashof）数。

因此，自然对流传质有下面的无因次数间的关系：

$$Sh = f(Gr, Sc) \tag{2.57}$$

因次分析的方法要求对过程的机理清楚，如此才能保证把所有的重要变量包括进去。否则，引入多余的变量，所得方程没有实用价值。忽略重要变量，会导致错误的结论。所以，只有对那些包括有限个变量，并能准确确定变量的体系，因次分析的方法才具有意义。

2.5 传递过程的相似性

2.5.1 传递过程具有相似性的条件

若体系满足下列条件，则动量传递、质量传递和热量传递这三种传递过程在数学表达式和传递机理方面具有相似性。这些条件为：

（1）体系的物理性质为常数。

（2）在体系中没有化学反应发生。

（3）体系没有辐射能的发射和吸收。

（4）体系没有黏性能耗。

（5）体系中传质速度小，不影响速度分布。

2.5.2 其尔顿-寇尔伯恩类比

传递现象的相似性表现在传递现象间存在着相似关系。其尔顿-寇尔伯恩（Chilton-Colburn）发现传质数据符合下面的相关式

$$\frac{k_c}{v_b} = \frac{c_f}{2Sc^{\frac{2}{3}}} \tag{2.58}$$

$$\frac{c_f}{2} = \frac{k_c}{v_b} Sc^{\frac{2}{3}} = j_D \tag{2.59}$$

且有

$$\frac{k_c}{v_b} Sc^{\frac{2}{3}} = \frac{h}{\rho v_b c_p} Pr^{\frac{2}{3}} = j_H \tag{2.60}$$

$$Pr = \frac{c_p \eta}{\lambda} \tag{2.61}$$

$$j_D = j_H = \frac{c_f}{2} \tag{2.62}$$

式中，c_f 为摩擦系数；c_p 为比定压热容；h 为传热系数；λ 为导热系数；j_D 为传质因子；j_H 为传热因子。

式（2.62）称为其尔顿-寇尔伯恩类似式，适用于 $0.6<Sc<2500$，$0.6<Pr<100$ 的体系，对层流区和湍流区都成立。式（2.62）对平板是精确的，对其他几何形状的体系也适用，但应没有形状的阻力。若体系存在形状阻力，则

$$j_D = j_H \neq \frac{c_f}{2} \tag{2.63}$$

或

$$\frac{h}{\rho v_\infty c_p} Pr^{\frac{2}{3}} = \frac{h}{v_\infty} Sc^{\frac{2}{3}} \tag{2.64}$$

另外，还有其他一些类比，这里不做介绍。

2.6　几种标准几何形状的固体-流体的传质

固-液间的传质与流体的流动状况有关，也与固体的几何形状有关。下面介绍几种标准形状的固体和液体之间的传质。

2.6.1　平板

对于在气流中，平的液体表面的蒸发过程和平的固体表面的挥发过程，有如下的经验公式。

（1）气流为层流

$$Sh_L = 0.664 Re_L^{\frac{1}{2}} Sc^{\frac{1}{2}} \tag{2.65}$$

$$j_D = \frac{Sh_L}{Re_L Sc^{\frac{1}{3}}} \tag{2.66}$$

将式（2.65）代入式（2.66），得

$$j_D = 0.664 Re_L^{-\frac{1}{2}} \tag{2.67}$$

（2）气流为湍流

$$Sh_L = 0.036 Re_L^{0.8} Sc^{\frac{1}{3}} \tag{2.68}$$

将式（2.68）代入式（2.66），得

$$j_D = 0.036 Re_L^{-0.2} \tag{2.69}$$

式（2.65）、式（2.67）、式（2.68）、式（2.69）的适用范围是 $0.6<Sc<2500$。

2.6.2　圆球

在流动的流体中，圆球和流体间的传质的无因次数间有如下关系：

$$Nu_{AB} = Sh_{AB} + cRe^m Sc^{\frac{1}{3}} = 2.0 + cRe^m Sc^{\frac{1}{3}} \tag{2.70}$$

式中，c 和 m 为常数。

（1）对于液体，有

$$Sh_{AB} = 2.0 + cRe^{\frac{1}{2}} Sc^{\frac{1}{3}} \tag{2.71}$$

其适用范围是 $100<Re<700$，$1200<Sc<1525$。

（2）对于气体，有

$$Sh_{AB} = 2.0 + 0.552Re^{\frac{1}{2}}Sc^{\frac{1}{3}} \tag{2.72}$$

其适用范围为 $2<Re<800$，$0.6<Sc<2.7$。

上述公式是在自然对流可以忽略的情况下用来描述强制对流的传质情况，即当

$$Re \geqslant 0.4Gr_{AB}^{\frac{1}{2}}Sc^{-\frac{1}{6}} \tag{2.73}$$

条件下适用。若存在自然对流，则应为

$$Sh_{AB} = Sh'_{AB} + 0.347(ReSc^{\frac{1}{2}})^{0.62} \tag{2.74}$$

其适用范围是 $1\leqslant Re\leqslant 3\times10^4$，$0.6<Sc\leqslant 3200$。

当 $Gr_{AB}Sc<10^8$，式（2.74）中

$$Sh'_{AB} = 2.0 + 0.569(Gr_{AB}Sc)^{0.25} \tag{2.75}$$

当 $Gr_{AB}Sc>10^8$，式（2.74）中

$$Sh'_{AB} = 2.0 + 0.0254(Gr_{AB}Sc)^{\frac{1}{3}}Sc^{0.244} \tag{2.76}$$

2.6.3 圆柱体

圆柱体和流体间的传质有两种情况：一种是圆柱体和与圆柱体轴线方向垂直流动的流体间的传质；另一种是旋转的圆柱体和流体之间的传质。下面分别予以讨论。

2.6.3.1 圆柱体和与圆柱体轴线方向垂直流动的流体间的传质

对于这种情况，如果流体是液体，有

$$j_D = \frac{k_c}{v_{平}}Sc^{\frac{2}{3}} \tag{2.77}$$

式中，$v_{平}$ 为圆柱表面的平均速率；k_c 为传质系数。如果流体是气体，有

$$j_D = \frac{k_c p_{Bln}}{M_g}Sc^{\frac{2}{3}} \tag{2.78}$$

式中，M_g 为气体的相对分子质量；p_{Bln} 为气体的对数平均分压，

$$p_{Bln} = \frac{p_{Bg} - p_{Bi}}{\ln\left(\frac{p_{Bg}}{p_{Bi}}\right)} \tag{2.79}$$

式中，p_{Bg} 为气流本体中组元 i 的分压；p_{Bi} 为圆柱表面上组元 i 的分压。

式（2.77）和式（2.78）也适用于传热过程。

2.6.3.2 旋转圆柱体与流体之间的传质

在湍流中的旋转圆柱体与流体之间的传质因子为

$$j'_D = \frac{k_c}{v}Sc^{-0.644} = 0.0791Re^{-0.30} \tag{2.80}$$

式中

$$Re = \frac{vd}{\eta_m} \tag{2.81}$$

v 为圆柱体表面的线速率；d 为圆柱体底面的直径。

2.7 相间传质理论

两相间的传质机理是什么？人们对相间传质进行了许多研究，提出了以下几种理论。

2.7.1 溶质渗透理论

1935 年，黑碧（Higbie）提出溶质渗透理论。该理论认为，两相间的传质是靠流体中的微元体短暂、重复地与界面接触实现的。如图 2.4 所示，流体 1 与流体 2 相互接触，由于自然对流或湍流的原因，流体 2 中的某些组元被带到界面与流体 1 相接触。如果流体 1 中某组元的浓度大于流体 2 中该组元的浓度，则流体 1 中该组元就向流体 2 的微元体中迁移。经过一段时间 t_e 以后，该微元体离开界面，回到流体 2 内，另一微元体到达界面，重复上述的传质过程。这就实现了两相间的传质过程。微元体在界面处停留的时间 t_e 为微元体的寿命。由于微元体的寿命很短，

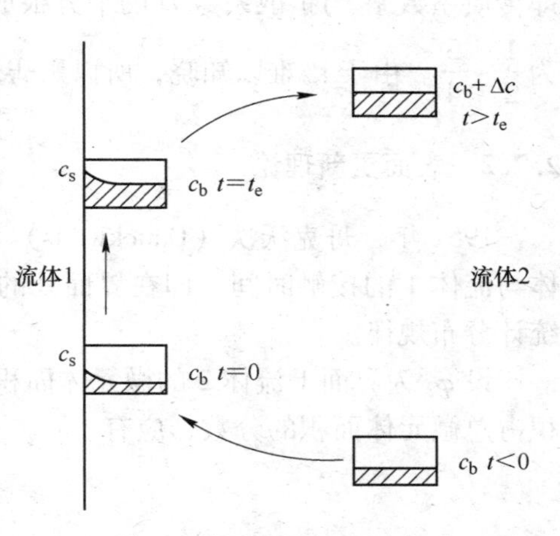

图 2.4　溶质渗透理论示意图

组元渗透到微元体中的深度小于微元体的厚度，还来不及建立起稳态扩散，可以当做一维半无穷大的非稳态扩散过程处理。设流体边界层为一维，微分方程为

$$\frac{\partial c}{\partial t} = D\frac{\partial^2 c}{\partial x^2}$$

其初始条件和边界条件为

$$t = 0,\ x \geqslant 0,\ c = c_b$$
$$0 \leqslant t \leqslant t_e,\ x = 0,\ c = c_s$$
$$x = \infty,\ c = c_b$$

其中，c_b 为被传输组元在流体 2 中的浓度；c_s 为被传输组元在界面上的浓度，即在流体 1 中的浓度。对于半无限大的非稳态扩散，菲克第二定律的解为

$$\frac{c - c_b}{c_s - c_b} = 1 - \operatorname{erf}\left(\frac{x}{2\sqrt{Dt}}\right)$$

$$c = c_s - (c_s - c_b)\operatorname{erf}\left(\frac{x}{2\sqrt{Dt}}\right) \tag{2.82}$$

在界面处 $x=0$，被传输组元的扩散速度为

$$J = -D\left(\frac{\partial c}{\partial x}\right)_{x=0} = D(c_s - c_b)\left[\frac{\partial}{\partial x}\left(\operatorname{erf}\frac{x}{2\sqrt{Dt}}\right)\right]_{x=0} = D(c_s - c_b)\frac{1}{\sqrt{\pi Dt}} = \sqrt{\frac{D}{\pi t}}(c_s - c_b) \tag{2.83}$$

在微元体的寿命时间 t_e 内平均扩散速度为

$$\bar{J}=\frac{1}{t_e}\int_0^{t_e}\sqrt{\frac{D}{\pi t}}(c_s-c_b)\mathrm{d}t=2\sqrt{\frac{D}{\pi t_e}}(c_s-c_b) \tag{2.84}$$

与传质系数的定义相比较，得

$$k_c=2\sqrt{\frac{D}{\pi t_e}} \tag{2.85}$$

即传质系数 k_c 与扩散系数 D 的平方根成正比。这比较符合实际情况，一般认为 D 的幂次为$\frac{1}{2}\sim\frac{3}{4}$。由于 t_e 难以知晓，所以黑碧理论不能预估传质系数。

2.7.2 表面更新理论

1951 年，丹克沃次（Danckwerts）对黑碧的理论进行了修正，认为流体 2 中的各微元体与流体 1 的接触时间，即在界面处的停留时间是各不相同的，其值在 0~∞ 之间且服从统计分布规律。

设 φ_t 为界面上流体 2 的微元体面积的寿命分布函数，表示界面上寿命为 t 的微元体面积占总微元体面积的分数，应有

$$\int_0^\infty \varphi_t\mathrm{d}t=1 \tag{2.86}$$

以 S 表示表面更新率，即在单位时间内更新的微元体的表面积与在界面上总微元体的表面积的比例。在 t 到 $t+\mathrm{d}t$ 的时间间隔内，未被更新的面积为 $\varphi_t\mathrm{d}t(1-S\mathrm{d}t)$，此数值应等于寿命为 $t+\mathrm{d}t$ 的微元体面积 $\varphi_{t+\mathrm{d}t}\mathrm{d}t$，因此

$$\varphi_t\mathrm{d}t(1-S\mathrm{d}t)=\varphi_{t+\mathrm{d}t}\mathrm{d}t$$

$$\varphi_{t+\mathrm{d}t}\mathrm{d}t-\varphi_t=-\varphi_t S\mathrm{d}t$$

$$\frac{\mathrm{d}\varphi_t}{\varphi_t}=-S\mathrm{d}t \tag{2.87}$$

设 S 为一常数，则

$$\varphi_t=A\mathrm{e}^{-St} \tag{2.88}$$

式中，A 为积分常数，代入式（2.86）得

$$\int_0^\infty A\mathrm{e}^{-St}\mathrm{d}t=1 \tag{2.89}$$

$$\frac{A}{S}\int_0^\infty \mathrm{e}^{-St}\mathrm{d}(St)=1 \tag{2.90}$$

而

$$\int_0^\infty \mathrm{e}^{-St}\mathrm{d}(St)=1 \tag{2.91}$$

故

$$\frac{A}{S}=1 \tag{2.92}$$

即

$$A=S \tag{2.93}$$

代入式（2.88），得

$$\varphi_t = Se^{-St} \tag{2.94}$$

式（2.83）中的扩散速度 J 是对微元体寿命为 t 的传质速度。因此，对于寿命为由零到无穷大的微元体的总传质速度为

$$J = \int_0^\infty J_t \varphi_t \mathrm{d}t = \int_0^\infty \sqrt{\frac{D}{\pi t}}(c_s - c_b)Se^{-St} = \sqrt{DS}(c_s - c_b) \tag{2.95}$$

根据传质系数的意义，得

$$k_c = \sqrt{DS} \tag{2.96}$$

由于表面更新率 S 难以确定，所以不能预估传质系数 k_c 值。

2.7.3 双膜传质理论

1924 年，路易斯（Lewis）和惠特曼（Wvhitman）提出双膜传质理论。该理论认为：在互相接触的两个流体相的界面两侧，都存在一层薄膜。物质从一个相进入另一个相的传质阻力主要在界面两侧的薄膜内。扩散组元穿过两相界面没有阻力。在每个相内部，被传输组元的传输速度，对液体而言与该组元在液体内和界面处的浓度差成正比；对气体而言与该组元在气体内和界面处的分压差成正比。薄膜中的流体是静止的，不受流体内部流动状态的影响。各相中的传质是独立进行的，互不影响。

下面以气液两相间的传质为例进行讨论。假设组元 i 由液相传入气相。则有

$$J_{il} = k_l(c_{ib} - c_{is}) \tag{2.97}$$

$$J_{ig} = k_g(p_{is} - p_{ib}) \tag{2.98}$$

式中，c_{ib}、c_{is}分别为组元 i 在液相本体中和液相一侧界面上的浓度差；p_{is}和 p_{ib}分别为组元 i 在气相一侧界面上和气相本体中的分压；k_l、k_g 分别为组元 i 在液相和气相中的传质系数，且有

$$k_e = \frac{D_{il}}{\delta_l} \tag{2.99}$$

$$k_g = \frac{D_{ig}}{RT\delta_g} \tag{2.100}$$

式中，D_{il}、D_{ig} 为组元 i 在液体、气体中的扩散系数；δ_l、δ_g 为液相侧和气相侧薄膜的厚度。

在稳态条件下，第一相中的物质流等于第二相的物质流。即

$$J_{il} = J_{ig} \tag{2.101}$$

$$k_l(c_{ib} - c_{is}) = k_g(p_{is} - p_{ib})$$

$$\frac{k_l}{k_g} = \frac{p_{is} - p_{ib}}{c_{ib} - c_{is}} \tag{2.102}$$

界面上组元 i 的浓度 c_{is}和压力 p_{is}难以测量，实际上需应用流体本体相的浓度 c_{ib}和压力 p_{ib}计算总传质系数。而有

$$J_i = K_L(c_{ib} - c_{ig}^*) \tag{2.103}$$

或

$$J_i = K_{CT}(p_{il}^* - c_{ib}) \tag{2.104}$$

式中，c_{ib}为液相中组元 i 的温度；c_{ig}^* 为气相中与气相分压 p_{ib} 相平衡的组元 i 的浓度；p_{il}^* 为与 c_{ib} 相平衡的组元 i 的分压；p_{ib} 为气相中组元 i 的分压。

如果界面上组元 i 的压力与其浓度之间呈线性关系，即

$$p_{is} = mc_{is} \tag{2.105}$$

则有

$$p_{ib} = mc_{ig}^* \tag{2.106}$$

$$p_{il}^* = mc_{ib} \tag{2.107}$$

将式（2.103）改写为

$$\frac{1}{K_L} = \frac{c_{ib} - c_{is}}{J_{Mi}} + \frac{c_{is} - c_{ig}^*}{J_{Mi}} = \frac{c_{ib} - c_{is}}{J_{Mi}} + \frac{p_{is} - p_{ib}}{mJ_{Mi}} = \frac{1}{k_l} + \frac{1}{mk_g} \tag{2.108}$$

后一步利用了式（2.105）和式（2.106）。同理可得

$$\frac{1}{K_G} = \frac{1}{k_g} + \frac{m}{k_l} \tag{2.109}$$

由上两式可知，每个相的阻力的相对大小与气体的溶解速度有关。若 m 很小，气相阻力与其体系的总阻力基本相等，传质阻力主要在气相，这样的体系称为气相控制体系；若 m 很大，以至于气相的传质阻力可以省略，总的传质阻力主要在液相，这样的体系称为液相控制体系。前者如溶有氨的水溶液，后者如溶有二氧化碳的水溶液。在 m 值不算大也不算小的情况下，总的传质阻力由两相共同决定。

在应用双膜理论时，需注意下列几点：

（1）传质系数 k_l、k_g 与扩散组元的性质、扩散组分所通过的相的性质有关，还与相的流动状况有关。总传质系数 k_G、k_L 只能在与测定条件相类似的情况下使用，而不能外推到其他浓度范围。除非在所使用的浓度范围内 m 为常数（这时 k_G 或 k_L 也为常数）。

（2）对于两个互不相混的液体体系，m 就是扩散组元在两个液相中的分配系数。

（3）单独的传质系数 k_l、k_g 一般是在其相应的相的传质阻力为控制步骤时测得，与两相阻力都起作用的 k_l、k_g 不同。

（4）在下列情况下，传质过程会变得复杂：

1）界面上存在表面活性物质，引起附加的传质阻力。

2）界面上产生湍流或者微小的扰动会使 k_l、k_g 值变大。

3）界面上发生化学反应会使 k_l、k_g 变大。

2.8 传质的微分方程

前面分别讨论了扩散传质和对流传质。在实际过程中，还有随流体流动一同传输的物质，而且在体系内还可能伴随有化学反应，也会有某些组元的生成和减少。因此，需要对这些情况做综合考虑。

2.8.1 质量守恒方程

2.8.1.1 *以质量为单位表示的质量守恒方程*

在体系的某一体积元内，物质 i 的质量改变可以由化学反应和相邻体积元间的物质交

换引起。可以写做

$$dm_i = d_e m_i + d_i m_i \tag{2.110}$$

式中，$d_e m_i$ 为由于物质交换在某体积元内引起的物质 i 的改变量；$d_i m_i$ 为由于化学反应所引起的某体积元内物质 i 的改变量。

体积为 V 的开放体系，体积 V 内组元 i 的质量变化率，应等于单位时间内通过表面 Ω 流入体积 V 内的组元 i 的质量与在体积 V 内发生化学反应所产生的组元 i 的质量之和。即

$$\frac{d}{dt}\int_V \rho_i dV = \int_V \frac{\partial \rho_i}{\partial t} dV = -\int_\Omega \rho_i \boldsymbol{v}_i \cdot d\boldsymbol{\Omega} + \int_V j_i dV \tag{2.111}$$

式中，$\boldsymbol{v}_i$ 为 i 组元的流速；面积元 $d\boldsymbol{\Omega}$ 是大小为 $d\boldsymbol{\Omega}$ 而方向与体积 V 表面垂直（法线方向）的面积矢量，以指向体积 V 外的方向为正；j_i 为单位体积内化学反应所产生的组元 i 的质量。

将高斯（Gauss）定理应用于式（2.111）等号右边的第一项，则有

$$\int_\Omega \rho_i \boldsymbol{v}_i \cdot d\boldsymbol{\Omega} = \int_V \nabla \cdot \rho_i \boldsymbol{v}_i \cdot dV \tag{2.112}$$

将式（2.109）代入式（2.108），得

$$\int_V \frac{\partial \rho_i}{\partial t} dV = -\int_\Omega \rho_i \boldsymbol{v}_i \cdot d\boldsymbol{\Omega} + \int_V j_i dV = \int_V (-\nabla \cdot \rho_i \boldsymbol{v}_i + j_i) dV \tag{2.113}$$

所以

$$\frac{\partial \rho_i}{\partial t} = -\nabla \cdot \rho_i \boldsymbol{v}_i + j_i \tag{2.114}$$

此即组元 i 的质量守恒方程。

将方程（2.114）对所有组元求和，

$$\text{左边} = \sum_{i=1}^{n} \frac{\partial \rho_i}{\partial t} = \frac{\partial}{\partial t} \sum_{i=1}^{n} \rho_i = \frac{\partial \rho}{\partial t} \tag{2.115}$$

$$\text{右边} = -\sum_{i=1}^{n} \nabla \cdot \rho_i \boldsymbol{v}_i + \sum_{i=1}^{n} j_i = -\nabla \cdot \sum_{i=1}^{n} \rho_i \boldsymbol{v}_i = -\nabla \cdot \rho \sum_{i=1}^{n} \rho_i \boldsymbol{v}_i / \rho = -\nabla \cdot \rho \boldsymbol{v}_m \tag{2.116}$$

式中，ρ 为流体的密度；$\sum_{i=1}^{n} j_i = 0$，为由化学反应的质量守恒定律所得；$\boldsymbol{v}_m = \sum_{i=1}^{n} \rho_i \boldsymbol{v}_i / \rho$ 为质心速度（即质量平均速度）。

比较式（2.115）和式（2.116），得

$$\frac{\partial \rho}{\partial t} = -\nabla \cdot \rho \boldsymbol{v}_m \tag{2.117}$$

此即总的质量守恒方程，即连续性方程。

若体系的总浓度不随时间变化，则有

$$\frac{\partial \rho}{\partial t} = 0 \tag{2.118}$$

$$-\nabla \cdot \rho \boldsymbol{v}_m = 0 \tag{2.119}$$

由式（1.20）得

$$\boldsymbol{j}_{mi} = -\rho D_i \nabla w_i + w_i \sum_{i=1}^{n} \rho_i \boldsymbol{v}_i = -\rho D_i \nabla w_i + \rho_i \boldsymbol{v}_m = \rho_i \boldsymbol{v}_i \tag{2.120}$$

将式（2.120）代入式（2.114），得

$$\frac{\partial \rho_i}{\partial t} = \nabla \cdot \rho D_i \nabla w_i - \nabla \cdot \rho_i \boldsymbol{v}_m + j_i \tag{2.121}$$

2.8.1.2　以摩尔为单位表示的质量守恒方程

如果以摩尔为单位，将 $\rho_i = c_i M_i$ 代入式（2.114），得

$$\frac{\partial c_i}{\partial t} = -\nabla \cdot c_i \boldsymbol{v}_i + j_{i,M} \tag{2.122}$$

式中，c_i 为组元 i 的体积摩尔浓度；M_i 为组元 i 的相对分子质量；$j_{i,M}$ 为单位体积由化学反应生成的组元 i 的物质的量。

将方程（2.122）对所有组元求和，得

$$\frac{\partial c}{\partial t} = -\nabla \cdot c \boldsymbol{v}_M + \sum_{i=1}^{n} j_{i,M} \tag{2.123}$$

式中，c 为体系的摩尔浓度；$\boldsymbol{v}_M$ 为摩尔平均速度，$\boldsymbol{v}_M = \frac{\sum_{i=1}^{n} c_i \boldsymbol{v}_i}{c}$；$\sum_{i=1}^{n} j_{i,M}$ 为由于化学反应引起的体系内物质的量的变化。

由式（1.15）得

$$J_{Mi} = -cD_i \nabla x_i + x_i \sum_{i=1}^{n} J_{Mi} = -cD_i \nabla x_i + c_i \boldsymbol{v}_M = c_i \boldsymbol{v}_i \tag{2.124}$$

将式（2.124）的后一个等号关系代入式（2.122），得

$$\frac{\partial c_i}{\partial t} = \nabla \cdot cD_i \nabla x_i - \nabla \cdot c_i \boldsymbol{v}_M + j_{i,M} \tag{2.125}$$

2.8.2　质量守恒方程的简化

在一些特殊条件下，质量守恒方程式（2.121）和式（2.125）可以简化：

（1）若 ρ 和 D_i 为常数，则式（2.121）成为

$$\frac{\partial \rho_i}{\partial t} = D_i \nabla^2 \rho_i - \boldsymbol{v}_M \cdot \nabla \rho_i + j_i \tag{2.126}$$

各项除以组元 i 的相对分子质量，得

$$\frac{\partial c_i}{\partial t} = D_i \nabla^2 c_i - \boldsymbol{v}_M \cdot \nabla c_i + j_{i,M} \tag{2.127}$$

（2）若 ρ 和 D_i 为常数，并且无化学反应发生，式（2.127）成为

$$\frac{\partial c_i}{\partial t} = D_i \nabla^2 c_i - \boldsymbol{v}_M \cdot \nabla c_i \tag{2.128}$$

（3）除上述条件外，流体还不流动，则上式成为

$$\frac{\partial c_i}{\partial t} = D_i \nabla^2 c_i \tag{2.129}$$

此即菲克第二定律的表达式，适用于固体和静止的流体中，以及流体或气体二元系中的等摩尔逆扩散。

(4) 若 c 和 D_i 为常数，且 $\frac{\partial c_i}{\partial t}=0$，即稳态扩散情况式（2.127）可简化为

$$\boldsymbol{v}_{\mathrm{M}} \cdot \nabla c_i = D_i \nabla^2 c_i + j_{i,\mathrm{M}} \tag{2.130}$$

若再无化学反应，则进一步简化为

$$\boldsymbol{v}_{\mathrm{M}} \cdot \nabla c_i = D_i \nabla^2 c_i \tag{2.131}$$

写做普通的微分方程形式则为

$$v_{\mathrm{M}x}\frac{\partial c_i}{\partial x} + v_{\mathrm{M}y}\frac{\partial c_i}{\partial y} + v_{\mathrm{M}z}\frac{\partial c_i}{\partial z} = D_i\left(\frac{\partial^2 c_i}{\partial x^2} + \frac{\partial^2 c_i}{\partial y^2} + \frac{\partial^2 c_i}{\partial z^2}\right) \tag{2.132}$$

若液体不流动则式（2.131）简化为

$$\nabla^2 c_i = 0 \tag{2.133}$$

(5) 若 ρ 和 D_i 为常数，并且流体不流动，则式（2.127）成为

$$\frac{\partial c_i}{\partial t} = D_i \nabla^2 c_i + j_{i,\mathrm{M}} \tag{2.134}$$

上述传质微分方程中的化学反应指的是均相化学反应，即化学反应与扩散都发生在同一流体中，其在传质微分方程中是以生成项 j_i 的形式表示的。而非均相的化学反应通常发生在相界面处，与扩散或流体流动不在同一相内。在这种情况下，传质微分方程中不包含生成项（即化学反应项），而是把化学反应作为边界条件来处理。例如，化学反应发生在相界面处，物质向界面扩散。在整个过程中，既存在扩散，又存在化学反应，如同一组接力赛的每个成员，它们之间的相对快慢是十分重要的。当化学反应与扩散相比快得多，则决定整个过程速率的是扩散过程，这个过程称做扩散过程控制；反之，化学反应比扩散慢得多，则决定整个过程速率的是化学反应，这个过程称做化学反应控制。如果两者快慢相近，这个过程为化学反应和扩散共同控制。

2.8.3 常见的边界条件

一个传质过程可以通过求解其微分方程来描述。解微分方程时，需要初始条件和边界条件。传质过程的初始条件就是过程初始时刻的浓度，即

在 $t=0$ 时，　　$c_i=c_{i0}$（摩尔浓度单位）

在 $t=0$ 时，　　$\rho_i=\rho_{i0}$（质量浓度单位）

或

在 $t=0$ 时，　　$c_i=f(x、y、z)\big|_{t=0}$

在 $t=0$ 时，　　$\rho_i=f(x、y、z)\big|_{t=0}$

常见的边界条件如下：

(1) 表面浓度。流体表面处的浓度 c_i 或 ρ_i 有确定值。对于气体也可以是分压。例如，液体中组元 i 在表面蒸发向气相扩散，假设组元 i 符合拉乌尔定律，则边界条件为

$$p_i = x_i p_i^0$$

(2) 表面通量。流体表面处的质量通量 J_i 或 j_i 有确定值。

(3) 化学反应速率。界面上组元 i 的变化速率由化学反应确定，$j_i=k_i c_i$。

(4) 如果所考虑的体系有对流体传质存在，则对流传质在边界上的摩尔通量可作为边界条件

$$J_i = k_c(c_{il} - c_{ib})$$

式中，c_{il}为固液界面流体中的i组元浓度；c_{ib}为流体本体中i组元的浓度；k_c为对流传质系数。

习　题

2-1　什么是对流传质？给出对流传质公式，并说明对流传质与扩散传质的关系。

2-2　什么是层流，什么是湍流，两种状态转变的临界值是什么？

2-3　什么是边界层？举例说明几种边界层。

2-4　相间传质有哪些理论？简述各种相间传质理论。

2-5　推导传质微分方程，并解释。

3 化学反应动力学基础

本章学习要点：

化学反应速率，质量作用定律，经验速率定律，反应级数，稳态近似，非均相反应，化学反应速率的控制步骤。

3.1 化学反应速率

3.1.1 化学反应速率的定义

为了定量地了解化学反应的快慢，引入化学反应速率的概念。

化学反应速率以反应物或产物的浓度对时间的变化率表示。

化学反应方程式为

$$aA+bB = cC+dD \tag{3.a}$$

反应物和产物的浓度对时间的变化率为

$$j_A=-\frac{dc_A}{dt} \tag{3.1}$$

$$j_B=-\frac{dc_B}{dt} \tag{3.2}$$

$$j_C=\frac{dc_C}{dt} \tag{3.3}$$

$$j_D=\frac{dc_D}{dt} \tag{3.4}$$

式中，c_A、c_B、c_C、c_D表示参与反应的物质 A、B、C、D 的浓度，其单位有多种表达方式，有单位体积的摩尔数 mol/L 或 mol/cm^3，单位面积摩尔数 mol/cm^2，单位质量摩尔数 mol/g 等；t 为时间，单位可以是 s、min、h、d 或 a。

反应速率表达式中，反应物前加负号，因为反应物的变化率为负，随着反应的进行，反应物减少；产物前为正号，随着反应的进行，产物增加。

在化学反应方程式中，各物质的计量系数不相同时，各物质的浓度随时间的变化率不同。例如化学反应

$$2H_2+O_2 = 2H_2O \tag{3.b}$$

因为 1mol 的 O_2和 2mol 的 H_2反应，H_2的变化率是 O_2的两倍，即

$$-\frac{dc_{H_2}}{dt}=-\frac{2dc_{O_2}}{dt} \tag{3.5}$$

可见，在化学反应方程式中各物质的浓度随时间的变化率有如下关系

$$-\frac{1}{a}\frac{dc_A}{dt}=-\frac{1}{b}\frac{dc_B}{dt}=\frac{1}{c}\frac{dc_C}{dt}=\frac{1}{d}\frac{dc_D}{dt}=j \tag{3.6}$$

将化学反应方程式写成

$$\sum_{i=1}^{n}\nu_i A_i = 0 \tag{3.7}$$

反应速率写成通式

$$j=\frac{1}{\nu_i}\frac{dc_{A_i}}{dt}(i=1,2,\cdots,n) \tag{3.8}$$

式中，ν_i 为第 i 个反应物或产物的计量系数，反应物的 ν_i 取负值，产物的 ν_i 取正值；A_i为第 i 个反应物或产物的分子式。

3.1.2 化学反应速率的各种表示方法

由于物质的浓度有多种表示方法，为方便计，化学反应速率也有多种表示方法。

物质的浓度以质量分数表示，反应速率为

$$j_A=-\frac{d}{dt}(w_A/W^{\ominus}) \tag{3.9}$$

物质的浓度以单位体积内的摩尔数表示，反应速率为

$$j_A=\frac{1}{V}\left(-\frac{dN_A}{dt}\right)=-\frac{dc_A}{dt} \tag{3.10}$$

物质的浓度以单位质量固体中含有组元 A 的摩尔数表示，反应速率为

$$j_A=\frac{1}{W}\left(-\frac{dN_A}{dt}\right) \tag{3.11}$$

在多相反应中，浓度以相界面上单位面积含有的摩尔数，即面积浓度表示，反应速率为

$$j_A=\frac{1}{\Omega}\left(-\frac{dN_A}{dt}\right) \tag{3.12}$$

式中，Ω 为相界面面积。

在多相反应中，浓度以单位固体体积中含有的摩尔数表示，即体积浓度

$$j_A=\frac{1}{V_S}\left(-\frac{dN_A}{dt}\right) \tag{3.13}$$

式中，V_S 为固体体积。

对于气相反应，可以用反应物的转化率代替浓度。转化率定义为

$$\alpha_A=\frac{N_{A_0}-N_A}{N_{A_0}} \tag{3.14}$$

得

$$N_A = N_{A_0}(1-\alpha_A) \tag{3.15}$$

$$J_A = -\frac{dN_A}{dt} = N_{A_0}\frac{d\alpha_A}{dt} \tag{3.16}$$

3.2 化学反应速率方程

3.2.1 质量作用定律

质量作用定律为：在一定温度下，化学反应速率与各反应物浓度的 n 次方的乘积成正比。

质量作用定律由基元反应得到，适用于基元反应。例如，基元反应

$$aA+bB \xlongequal{\quad} cC$$

的化学反应速率方程可以表示为

$$j = kc_A^a c_B^b \tag{3.17}$$

式中，k 为速率常数，是 $c_A=1$，$c_B=1$ 时的反应速率，k 值越大，反应速率越大，k 越小，则其倒数越大，反应速率越小，即反应阻力大，所以 $\frac{1}{k}$ 具有反应阻力的意义；a、b 分别为反应物 A 和 B 的反应级数，也是基元反应的分子数。

3.2.2 经验速率定律

对于非基元反应，化学方程式

$$aA+bB \xlongequal{\quad} cC+dD \tag{3.c}$$

表示的是总反应，即由何种反应物生成了何种产物，以及它们之间的计量关系。因此，计量系数不是表示反应机理的分子数。非基元反应的化学方程式反映了化学反应的始态（反应物）和终态（产物）的定量关系，可以说是化学反应的热力学方程，而不是化学反应的动力学方程。

对于实际的化学反应，弄清反应机理，给出基元反应是非常困难的事情。为了得到非基元反应的反应速率和浓度的关系，将质量作用定律推广到非基元反应，即所谓经验速率定律：在一定温度下，化学反应速率与各反应物浓度 n 次方的乘积成正比。可以表示为

$$j = kc_A^{n_A} c_B^{n_B} \tag{3.18}$$

式中，n_A 和 n_B 由实验确定。对于基元反应，$n_A=a$、$n_B=b$；对于非基元反应，则 n_A 不一定等于 a，n_B 不一定等于 b。

3.2.3 反应级数和反应分子数

将各反应物的反应级数相加，得

$$n_A+n_B=n \tag{3.19}$$

式中，n 称为总反应级数。$n=0$ 为零级反应，$n=1$ 为一级反应，$n=2$ 为二级反应，$n=3$ 为三级反应。对于基元反应，n 为整数；对于非基元反应，n 可以为分数或负数，分别为分数级和负数级反应。如果反应不符合式（3.18），反应没有级数的意义，则为无级数反应。

反应分子数是指化学反应方程式给出的反应物的分子个数。任何化学反应都有反应分子参加，反应分子数必为正数。

基元反应的反应级数等于反应分子数，非基元反应的反应级数可能等于也可能不等于反应分子数。

若以反应物的浓度变化表示反应速率，则由

$$j=\frac{1}{a}j_A=-\frac{1}{a}\frac{dc_A}{dt} \tag{3.20}$$

$$j=\frac{1}{b}j_B=-\frac{1}{b}\frac{dc_B}{dt} \tag{3.21}$$

得

$$j_A=-\frac{dc_A}{dt}=\frac{1}{a}kc_A^{n_A}c_B^{n_B} \tag{3.22}$$

$$j_B=-\frac{dc_B}{dt}=\frac{1}{b}kc_A^{n_A}c_B^{n_B} \tag{3.23}$$

3.3 化学反应速率和温度的关系

化学反应速率和温度有关。阿伦尼乌斯（Arrbenius）对实验结果进行理论分析，得到化学反应速率常数 k 与反应温度的关系式

$$\ln k=-\frac{E}{RT}+C \tag{3.24}$$

式中，E 为活化能，kJ/mol；R 为气体常数，C 为与时间无关的常数。

阿伦尼乌斯公式的微分形式为

$$\frac{d\ln k}{dt}=\frac{E}{RT^2} \tag{3.25}$$

阿伦尼乌斯公式常用指数形式，为

$$k=Ae^{-\frac{E}{RT}} \tag{3.26}$$

式中，A 为与温度无关的常数，称为指前因子或频率因子。

由实验求得两个不同温度 T_1 和 T_2 的速率常数 k_1 和 k_2，分别代入公式（3.24）后，两者相减，得到

$$\ln\frac{k_1}{k_2}=\frac{E}{R}\left(\frac{1}{T_2}-\frac{1}{T_1}\right) \tag{3.27}$$

就可以得到活化能 E。

阿伦尼乌斯公式适用于基元反应，也适用于大多数非基元反应。非基元反应的活化能称为表观活化能或经验活化能，它反映的是化学反应所要克服的总的能垒。

3.4 确定化学反应级数

确定化学反应级数，首先需要实验测量化学反应的反应物或产物浓度随时间变化的数

据、半衰期数据等，再将实验数据带入已有的多种化学反应速率方程中进行处理，由所符合的方程求出反应级数。其实验方法，需要根据具体的化学反应的性质和特点确定。

3.5 稳 态 近 似

3.5.1 基元反应

由两个一级基元反应构成的复杂反应可以表示为

$$A \xrightarrow[s_1]{k_1} B \xrightarrow[s_2]{k_2} C$$

其中，A 为反应物；B 为中间产物；C 为产物。

第一步的反应速率为

$$j_1 = -\frac{dc_A}{dt} = k_1 c_A \tag{3.28}$$

第二步的反应速率为

$$j_2 = -\frac{dc_B}{dt} = k_2 c_B \tag{3.29}$$

中间产物 B 的生成速率为

$$\frac{dc_B}{dt} = k_1 c_A - k_2 c_B \tag{3.30}$$

产物 C 的生成速率为

$$\frac{dc_C}{dt} = k_2 c_B \tag{3.31}$$

求解上面的微分方程，可以得到各物质的浓度随时间变化关系的解。对于很多反应，在很多情况下，求解微分方程是很困难的。

为了简化该类问题的处理，伯登斯坦（Bodenstein）提出稳态近似方法。

对于中间产物 B 而言，随着反应的进行，速率方程右边第一项不断变小。第二项不断增大。反应进行到某一时刻，两者可能相等，而

$$\frac{dc_B}{dt} = k_1 c_A - k_2 c_B = 0 \tag{3.32}$$

在此时刻以后，中间产物 B 的生成速率和消耗速率相等，B 的浓度不再随时间变化。对于中间产物所处的这种状态，称为稳态，如果在此时刻后，中间产物 B 的生成速率和消耗速率虽然不相等，但 B 的浓度随时间变化很小，可以取

$$\frac{dc_B}{dt} = k_1 c_A - k_2 c_B \approx 0 \tag{3.33}$$

这种情况叫做准稳态。

利用稳态方法处理上面的反应，可以求出各种物质的浓度随时间变化的关系。

$$-\frac{dc_A}{dt} = k_1 c_A \tag{3.34}$$

积分，得

$$c_{\mathrm{A}}=c_{\mathrm{A}_0}\mathrm{e}^{-k_1t} \tag{3.35}$$

由

$$-\frac{\mathrm{d}c_{\mathrm{B}}}{\mathrm{d}t}=k_1c_{\mathrm{A}}-k_2c_{\mathrm{B}}=0 \tag{3.36}$$

得

$$c_{\mathrm{B}}=\frac{k_1}{k_2}c_{\mathrm{A}}=\frac{k_1}{k_2}c_{\mathrm{A}_0}\mathrm{e}^{-k_1t} \tag{3.37}$$

由

$$\frac{\mathrm{d}c_{\mathrm{C}}}{\mathrm{d}t}=k_2c_{\mathrm{B}} \tag{3.38}$$

$$c_{\mathrm{C}}=\int_0^t k_1c_{\mathrm{B}}\mathrm{d}t=\int_0^t k_1c_{\mathrm{A}_0}\mathrm{e}^{-k_1t}\mathrm{d}t=c_{\mathrm{A}_0}(1-\mathrm{e}^{k_1t}) \tag{3.39}$$

由稳态法的条件

$$\frac{\mathrm{d}c_{\mathrm{B}}}{\mathrm{d}t}=0 \tag{3.40}$$

得

$$-\frac{\mathrm{d}c_{\mathrm{A}}}{\mathrm{d}t}=\frac{\mathrm{d}c_{\mathrm{C}}}{\mathrm{d}t} \tag{3.41}$$

而

$$\frac{\mathrm{d}c_{\mathrm{B}}}{\mathrm{d}t}=k_1c_{\mathrm{A}}-k_2c_{\mathrm{B}}-\frac{\mathrm{d}c_{\mathrm{A}}}{\mathrm{d}t}=k_1c_{\mathrm{A}} \tag{3.42}$$

$$\frac{\mathrm{d}c_{\mathrm{C}}}{\mathrm{d}t}=k_2c_{\mathrm{B}} \tag{3.43}$$

则

$$-\frac{\mathrm{d}c_{\mathrm{B}}}{\mathrm{d}t}=\frac{\mathrm{d}c_{\mathrm{B}}}{\mathrm{d}t}+\frac{\mathrm{d}c_{\mathrm{C}}}{\mathrm{d}t} \tag{3.44}$$

比较式（3.41）和式（3.44），可见，只有当

$$\frac{\mathrm{d}c_{\mathrm{B}}}{\mathrm{d}t}\ll\frac{\mathrm{d}c_{\mathrm{C}}}{\mathrm{d}t} \tag{3.45}$$

或

$$\frac{\mathrm{d}c_{\mathrm{B}}}{\mathrm{d}t}\ll-\frac{\mathrm{d}c_{\mathrm{A}}}{\mathrm{d}t} \tag{3.46}$$

式（3.41）才能成立，即中间产物的浓度变化率远小于稳定的反应物或生成物的浓度的变化率才能应用稳态法或准稳态法。这也是应用稳态法或准稳态法的条件。

3.5.2　非均相反应

对于非基元反应，很多是由多个步骤串联而成。尤其是多相反应，这些步骤不全是化学反应，还有传质、传热等过程。通过解微分方程来处理，常常十分困难，有些情况还难

以求解。为了简化这类问题的处理，类似于对基元反应的处理，也采用稳态或准稳态近似的方法。

以气-固反应为例，一固体颗粒与气体发生反应。气体从本体通过气膜扩散到固体表面，在固体表面发生化学反应。该过程可以表示为

$$A \xrightarrow[J_1]{D_A} A(+B') \xrightarrow[J_2]{k_s} C$$

气体反应物 A 在气体本体中的浓度为 c_{Ag}，在固体颗粒表面的浓度为 c_{As}，气膜厚度为 δ，则气膜两侧的浓度梯度为

$$|\nabla c_A| = \frac{c_{Ag} - c_{As}}{\delta} \tag{3.47}$$

在固体表面，气体 A 与固体 B 发生化学反应，可以表示为

$$aA(g) + bB(s) = cC(g) \tag{3.d}$$

在固体单位面积上的反应速率为

$$j_A = -\frac{1}{S}\frac{dc_A}{dt} = k_s c_{As}^{n_A} c_B^{n_B} \tag{3.48}$$

达到稳态时，组元 A 的扩散速度等于固体表面的化学反应速率，有

$$J_{扩} = j_{反}$$

$$D\frac{c_{Ag} - c_{As}}{\delta} = k_g(c_{Ag} - c_{As}) = k_s c_{As}^{n_A} \tag{3.49}$$

式中，$k_g = \frac{D}{\delta}$；$c_B = 1$；k_s为化学反应速率常数。

由式（3.49）求得 c_{As}的表达式，代入式（3.48），即得到化学反应的动力学表达式。

设 $n_A = 1$，则式（3.49）成为

$$k_g(c_{Ag} - c_{As}) = k_s c_{As} \tag{3.50}$$

$$c_{As} = \frac{k_s}{k_g + k_s} c_{Ag} = k_{总} c_s \tag{3.51}$$

式中

$$k_{总} = \frac{1}{\frac{1}{k_s} + \frac{1}{k_g}} \tag{3.52}$$

将式（3.51）代入式（3.48），得

$$J_{扩} = j_{反} = k_{总}\ c_{As} \tag{3.53}$$

设 $a = 1$，则式（3.49）成为

$$k_g(c_{Ag} - c_{As}) = k_s c_{As}^2 \tag{3.54}$$

解得

$$c_s = \frac{-k_g + \sqrt{k_g^2 + 4k_g k_s}}{2k_s} \tag{3.55}$$

将式（3.55）代入式（3.48），得

$$J_{扩}=j_{反}=\frac{k_g}{2k_s}(2k_s c_{Ag}+k_g \pm \sqrt{k_g^2+4k_g k_s}) \tag{3.56}$$

可见，对于非一级化学反应，处理起来还是很麻烦的。

3.6　化学反应速率的控制步骤

由前面的例子可见，对于非一级化学反应而言，即使采用稳态方法，处理起来仍然很麻烦，还需要根据实际化学反应的情况进行简化。

在由多个步骤串联的化学反应过程中，如果其中一个步骤具有很大阻力，以至于其他步骤的阻力可以忽略不计，就可以用该步骤的速率近似代表整个过程的速率，就可以认为该步骤是整个过程速率的控制步骤。

在上面的例子里，若在气体和固体界面上的化学反应是速率的控制步骤，则可以认为由于化学反应速率慢，扩散到气-固界面上的气体 A 不能马上消耗掉而造成积累，最终固体表面上气体 A 的浓度与气体本体的浓度相等。因此，反应速率

$$J_{扩}=j_{反}=k_s c_{Ag}^n \tag{3.57}$$

式中，n 的取值与界面化学反应机理有关。

若扩散为速率的控制步骤，则扩散到气-固界面上的气体 A 马上被化学反应消耗掉。固体表面气体 A 的浓度可以近似为零，则

$$J=J_{扩}=k_g c_{Ag} \tag{3.58}$$

3.7　非线性速率的线性化

在多个步骤串联的化学反应过程中，如果不止一个步骤具有很大阻力，则是多个步骤共同控制的反应，称为混合控制。这时就不能用一个步骤的速率代替全部步骤的速率，问题又变得复杂。为简化处理，根据具体的化学反应可以采用线性化方法，即将非线性步骤的方程采用泰勒展开，仅取线性项。这要根据实际情况判断是否能允许线性化带来的误差。

习　题

3-1　叙述质量作用定律，指出其适用范围。

3-2　说明经验速率定律，指出其使用对象。

3-3　写出化学反应速率方程，并解释其意义。

3-4　写出阿伦尼乌斯方程，说明各符号的意义。

3-5　什么是稳态近似，什么是准稳态近似？

3-6　什么是化学反应的控制步骤？

3-7　如何确定反应级数？

3-8　如何将非线性速率线性化？

均相化学反应的动力学

本章学习要点：

气相反应，均匀液相反应，均一固相反应，均相反应的控制步骤。

均相反应是在均相体系中发生的化学反应，包括均一气相反应、均一液相反应和均一固相反应。

本节只讨论均相体系中发生的化学反应和控制步骤，而不讨论组元进入均相体系的过程，因为那样就涉及多相过程，属于多相反应了。在后面几章介绍的多相反应中，也会涉及一些均相反应。

4.1 气相反应

均一气相反应可以表示为

$$mA_2(g) + nB_2(g) = 2A_mB_n(g)$$

产物也可以是液体或固体。

$$mA_2(g) + nB_2(g) = 2A_mB_n(l)$$

$$mA_2(g) + nB_2(g) = 2A_mB_n(s)$$

反应速率为

$$-\frac{1}{m}\frac{dc_{A_2}}{dt} = -\frac{1}{n}\frac{dc_{B_2}}{dt} = \frac{1}{2}\frac{dc_{A_m,\ B_n}}{dt} = j$$

$$j = kc_{A_2}^{n_{A_2}}c_{B_2}^{n_{B_2}} \tag{4.1}$$

式中，c_{A_2}和c_{B_2}分别为气体组元A和B的浓度，单位为mol/L。

根据理想气体状态方程，有

$$c_{A_2} = \frac{p_{A_2}}{p^{\ominus}RT} \tag{4.2}$$

$$c_{B_2} = \frac{p_{B_2}}{p^{\ominus}RT} \tag{4.3}$$

将式（4.2）和式（4.3）代入式（4.1），得

$$j = k\left(\frac{p_{A_2}}{p^{\ominus}RT}\right)^{n_{A_2}}\left(\frac{p_{B_2}}{p^{\ominus}RT}\right)^{n_{B_2}} = \frac{k}{(RT)^{n_A+n_B}}\left(\frac{p_{A_2}}{p^{\ominus}}\right)^{n_{A_2}}\left(\frac{p_{B_2}}{p^{\ominus}}\right)^{n_{B_2}} = k'\left(\frac{p_{A_2}}{p^{\ominus}}\right)^{n_{A_2}}\left(\frac{p_{B_2}}{p^{\ominus}}\right)^{n_{B_2}} \tag{4.4}$$

式中

$$k' = \frac{k}{(RT)^{n_A + n_B}} \tag{4.5}$$

为速率常数。

4.2　均一液相反应

均一液相反应是指在均一液相中发生的化学反应，包括溶解在液体中的溶质之间的反应和溶质和溶剂之间的反应等。

均一液相反应的产物可以是液体、气体或固体，表示为

$$m(\mathrm{A}) + n(\mathrm{B}) = (\mathrm{A}_m\mathrm{B}_n)$$

$$m(\mathrm{A}) + n(\mathrm{B}) = \mathrm{A}_m\mathrm{B}_n(\mathrm{g}) \qquad m(\mathrm{A}) + n(\mathrm{B}) = \mathrm{A}_m\mathrm{B}_n(\mathrm{s})$$

均一液相反应的速率为

$$-\frac{1}{m}\frac{\mathrm{d}c_A}{\mathrm{d}t} = -\frac{1}{n}\frac{\mathrm{d}c_B}{\mathrm{d}t} = \frac{1}{2}\frac{\mathrm{d}c_{A_m,\ B_n}}{\mathrm{d}t} = j$$

$$j = kc_A^{n_A}c_B^{n_B} \tag{4.6}$$

式中，k 为反应速率常数；c_A 和 c_B 分别为组元 A、B 的浓度。

例如，溶解于钢液中铝、锰、硅、碳与溶解在钢液中氧的反应，即

$$2[\mathrm{Al}] + 3[\mathrm{O}] = \mathrm{Al_2O_3(s)}$$

$$[\mathrm{Mn}] + [\mathrm{O}] = \mathrm{MnO(l)}$$

$$[\mathrm{Si}] + 2[\mathrm{O}] = \mathrm{SiO_2(l)}$$

$$[\mathrm{C}] + [\mathrm{O}] = \mathrm{CO(g)}$$

溶解于钢液中的氢和氮分别反应生成氢气和氮气，有

$$2[\mathrm{H}] = \mathrm{H_2(g)}$$

$$2[\mathrm{N}] = \mathrm{N_2(g)}$$

化学反应速率为

$$j_H = k_H c_H^{n_H} - k_{H_2}\left(\frac{p_{H_2,i}}{p^\ominus}\right)^{n_{H_2}} \tag{4.7}$$

$$j_N = k_N c_N^{n_H} - k_{N_2}\left(\frac{p_{N_2,i}}{p^\ominus}\right)^{n_{N_2}} \tag{4.8}$$

式中，k_H、k_N、k_{H_2}、k_{N_2} 分别为氢、氮的正、逆化学反应速率常数；c_H、c_N 分别为氢、氮的浓度；$p_{H_2,i}$、$p_{N_2,i}$ 分别为气-液界面组元 H_2、N_2 的分压。

溶解水中的氮、氧析出，氨由水化分子变成气体，有

$$(\mathrm{N_2}) = \mathrm{N_2(g)}$$

$$(\mathrm{O_2}) = \mathrm{O_2(g)}$$

$$(\mathrm{NH_3 \cdot H_2O}) = \mathrm{NH_3(g)} + \mathrm{H_2O(l)}$$

$$j_{N_2} = k_{N_2} c_{N_2}^{n_{N_2}} - k'_{N_2}\left(\frac{p_{N_2,i}}{p^\ominus}\right)^{n_{N_2}} \tag{4.9}$$

$$j_{O_2} = k_{O_2} c_{O_2}^{n_{O_2}} - k'_{O_2} \left(\frac{p_{O_2,i}}{p^{\ominus}} \right)^{n_{O_2}} \tag{4.10}$$

$$j_{NH_3} = k_{NH_3} c_{NH_3}^{n_{NH_3}} - k'_{NH_3} \left(\frac{p_{NH_3,i}}{p^{\ominus}} \right)^{n_{NH_3}} \tag{4.11}$$

式中，k_{N_2}、k_{O_2}、k_{NH_3}、k'_{N_2}、k'_{O_2}、k'_{NH_3} 分别为氮、氧、氨的正、逆化学反应速率常数；c_{N_2}、c_{O_2}、c_{NH_3} 分别为氮、氧、氨的浓度；$p_{N_2,i}$、$p_{O_2,i}$、$p_{NH_3,i}$ 分别为气-液界面组元 N_2、O_2、NH_3 的分压。

4.3 均一固相反应

均一固相反应是指发生在单相固体（固溶体）中的化学反应。例如，溶解在固态钢中的氢和氮在降温过程中析出

$$2[H] = H_2(g)$$

$$2[N] = N_2(g)$$

化学反应速率为

$$-\frac{1}{2}\frac{dc_H}{dt} = \frac{dc_{H_2}}{dt} = j_H$$

$$j_H = k_H c_H^{n_H} - k_{H_2} \left(\frac{p_{H_2,i}}{p^{\ominus}} \right)^{n_{H_2}} \tag{4.12}$$

$$-\frac{1}{2}\frac{dc_N}{dt} = \frac{dc_{N_2}}{dt} = j_N$$

$$j_N = k_N c_N^{n_N} - k_{N_2} \left(\frac{p_{N_2,i}}{p^{\ominus}} \right)^{n_{N_2}} \tag{4.13}$$

式中，k_H、k_N、k_{H_2}、k_{N_2} 分别为氢、氮的正、逆化学反应速率常数；c_H、c_N 分别为氢、氮的浓度。

溶解在固态钢中的碳、硫、磷等的反应

$$3Fe(s) + [C] = Fe_3C(s)$$

$$2Fe(s) + [S] = Fe_2S(s)$$

$$Fe(s) + [P] = FeP(s)$$

化学反应速率为

$$-\frac{1}{3}\frac{dc_{Fe}}{dt} = -\frac{dc_C}{dt} = j_C$$

$$j_C = k_C c_C^{n_C} c_{Fe}^{n_{Fe}} \approx k_C c_C^{n_C} \tag{4.14}$$

$$-\frac{1}{2}\frac{dc_{Fe}}{dt} = -\frac{dc_S}{dt} = j_S$$

$$j_S = k_S c_S^{n_S} c_{Fe}^{n_{Fe}} \approx k_S c_S^{n_S} \tag{4.15}$$

$$-\frac{dc_{Fe}}{dt} = -\frac{dc_P}{dt} = j_P$$

$$j_{\mathrm{P}} = k_{\mathrm{P}} c_{\mathrm{P}}^{n_{\mathrm{P}}} c_{\mathrm{Fe}}^{n_{\mathrm{Fe}}} \approx k_{\mathrm{P}} c_{\mathrm{P}}^{n_{\mathrm{P}}} \tag{4.16}$$

式中，k_C、k_S、k_P分别为碳、硫、磷的化学反应速率常数；c_C、c_S、c_P、c_{Fe}分别为碳、硫、磷、铁的浓度。

4.4 均相反应的控制步骤

均相反应的控制步骤有化学反应、扩散或化学反应和扩散共同控制。

4.4.1 气相反应的控制步骤

均一气相反应如果化学反应是控制步骤，反应速率如式（4.1）和式（4.4）所示。如果反应物的扩散为控制步骤，则有四种情况：

$$-\frac{1}{m}\frac{\mathrm{d}c_{\mathrm{A}_2}}{\mathrm{d}t} = -\frac{1}{n}\frac{\mathrm{d}c_{\mathrm{B}_2}}{\mathrm{d}t} = \frac{1}{2}\frac{\mathrm{d}c_{\mathrm{A}_m,\mathrm{B}_n}}{\mathrm{d}t} = \frac{1}{m}J_{\mathrm{A}_2} = \frac{1}{n}J_{\mathrm{B}_2} = \frac{1}{2}J_{\mathrm{A}_m,\mathrm{B}_n} = j$$

（1）反应物 A 的扩散速度慢，为过程的控制步骤。

由于反应物 A 的扩散速度慢，是整个过程的控制步骤，有

$$J_{\mathrm{A}_2} = -\frac{\mathrm{d}c_{\mathrm{A}_2}}{\mathrm{d}t} = D_{\mathrm{A}_2}(c_{\mathrm{A}_2,\mathrm{b}} - c_{\mathrm{A}_2,\mathrm{r}}) \tag{4.17}$$

（2）反应物 B 的扩散速度慢，为过程的控制步骤。

由于反应物 B 的扩散速度慢，是整个过程的控制步骤，有

$$J_{\mathrm{B}_2} = -\frac{\mathrm{d}c_{\mathrm{B}_2}}{\mathrm{d}t} = D_{\mathrm{B}_2}(C_{\mathrm{B}_2,\mathrm{b}} - C_{\mathrm{B}_2,\mathrm{r}}) \tag{4.18}$$

式中，D_{A_2}、D_{B_2} 分别为组元 A_2、B_2的扩散系数；$C_{A_2,b}$、$C_{B_2,b}$ 分别为气相组元 A_2、B_2的本体浓度；$C_{A_2,r}$、$C_{B_2,r}$ 分别为组元 A_2、B_2在反应区的浓度。

（3）产物 C 的扩散速度慢，为过程的控制步骤。

由于产物 C 的扩散速度慢，成为过程的控制步骤，有

$$J_{\mathrm{C}} = -\frac{\mathrm{d}c_{\mathrm{C}_2}}{\mathrm{d}t} = D_{\mathrm{C}_2}(c_{\mathrm{C}_2,\mathrm{r}} - c_{\mathrm{C}_2,\mathrm{b}}) \tag{4.19}$$

式中，D_{C_2} 为产物 C_2的扩散速率；$C_{C_2,r}$ 和 $C_{C_2,b}$ 分别为反应区和气相本体产物组元 C 的浓度。

（4）过程为化学反应和扩散共同控制。

如果化学反应和扩散都慢，过程由两者共同控制，有

$$-\frac{\partial c_{\mathrm{A}_2}}{\partial t} = aj + D_{\mathrm{A}}\nabla^2 c_{\mathrm{A}_2}$$

$$-\frac{\partial c_{\mathrm{B}_2}}{\partial t} = bj + D_{\mathrm{B}}\nabla^2 c_{\mathrm{B}_2}$$

$$\frac{\partial c_{\mathrm{C}_2}}{\partial t} = cj - D_{\mathrm{C}} c_{\mathrm{C}_2}$$

$$\frac{\partial c_{D_2}}{\partial t} = dj - D_D c_{D_2}$$

式中，a、b、c、d 分别为组元 A_2、B_2、C_2 和 D_2 在化学反应方程式中的计量系数。

4.4.2 均一液相反应控制步骤

对于均一液相反应，如果化学反应是控制步骤，反应速率如式（4.6）~式（4.11）所示。在很多情况下，扩散是控制步骤。

$$-\frac{1}{m}\frac{\mathrm{d}c_A}{\mathrm{d}t} = -\frac{1}{n}\frac{\mathrm{d}c_B}{\mathrm{d}t} = \frac{1}{2}\frac{\mathrm{d}c_{A_mB_n}}{\mathrm{d}t} = \frac{1}{m}J_A = \frac{1}{n}J_B = j$$

（1）反应物 A 的扩散速度慢，为过程的控制步骤。

由于反应物 A 的扩散速度慢，成为过程的控制步骤，有

$$J_A = -\frac{\mathrm{d}c_A}{\mathrm{d}t} = D_A(c_{A,b} - c_{A,i}) \tag{4.20}$$

（2）反应物 B 的扩散速度慢，为过程的控制步骤。

由于反应物 B 的扩散速度慢，成为过程的控制步骤，有

$$J_B = -\frac{\mathrm{d}c_B}{\mathrm{d}t} = D_B(c_{B,b} - c_{B,i}) \tag{4.21}$$

（3）反应物 A 和 B 的扩散速度都慢，共同为过程的控制步骤。

由于反应物 A 和 B 的扩散速度都慢，两者共同为过程的控制步骤，有

$$J = \frac{1}{m}J_A = \frac{1}{n}J_B$$

$$J = \frac{1}{2}\left(\frac{1}{m}J_A + \frac{1}{n}J_B\right)$$

其中

$$J_A = -\frac{\mathrm{d}c_A}{\mathrm{d}t} = D_A(c_{A,b} - c_{A,r})$$

$$J_B = -\frac{\mathrm{d}c_B}{\mathrm{d}t} = D_B(c_{B,b} - c_{B,r})$$

式中，c_A、c_B 分别为组元 A、B 的浓度；$c_{A,b}$、$c_{B,b}$ 分别为组元 A、B 在液相本体的浓度；$c_{A,r}$、$c_{B,r}$ 为进行化学反应的区域组元 A、B 的浓度；D_A、D_B 分别为组元 A、B 的扩散系数。

（4）产物 C 的扩散速度慢，成为过程的控制步骤。

由于产物 C 的扩散速度慢，成为过程的控制步骤，有

$$J_C = -\frac{\mathrm{d}c_C}{\mathrm{d}t} = D_C(c_{C,r} - c_{C,b})$$

式中，D_C 为产物 C 的扩散系数；$c_{C,r}$ 和 $c_{C,b}$ 分别为反应区和液相本体产物组元 C 的浓度。

（5）化学反应和扩散共同为过程的控制步骤。

反应物和产物为均一液相，有

$$-\frac{\partial c_A}{\partial t}=aj+D_A\nabla^2 c_A$$

$$-\frac{\partial c_B}{\partial t}=bj+D_B\nabla^2 c_B$$

$$\frac{\partial c_C}{\partial t}=cj-D_C\nabla^2 c_C$$

$$\frac{\partial c_D}{\partial t}=dj-D_D\nabla^2 c_D$$

式中，a、b、c 和 d 分别为反应物组元 A、B 和产物组元 C、D 在化学反应方程式中的计量系数。

例如溶解在钢液中的碳和氧的反应。由于在钢液中均匀形成质相一氧化碳气泡核困难，而在渣-金界面、反应容器等固相表面异相形成气泡核容易，再者在钢液中形成气泡核还要承受渣和钢液的静压力，因此，气泡核易在渣-金界面形成。溶解在钢液中的碳、氧扩散到渣-金界面反应形成气泡核。随着反应的进行，气泡长大、上浮进入气相。而通常过程的控制步骤是溶解在钢液中碳和氧的扩散。

碳的浓度高，则碳氧反应的控制步骤由氧的扩散速度决定；氧的浓度高，则碳氧反应的控制步骤由碳的扩散速度决定，即

$$J_{CO}=D_O(c_{O,b}-c_{O,i}) \tag{4.22}$$

或

$$J_C=D_C(c_{C,b}-c_{C,i}) \tag{4.23}$$

式中，$c_{O,b}$ 和 $c_{C,b}$ 分别为氧和碳在钢液本体的浓度；$c_{O,i}$ 和 $c_{C,i}$ 分别为渣-金（容器壁和钢液界面）氧和碳的浓度。

溶解在钢液中的铝和氧反应，产物为三氧化二铝。生成的三氧化二铝含量超过饱和溶解度，就形成固体三氧化二铝晶核。可以均匀形核，也可以非均匀形核。在炼钢前期，氧化反应生成的固体氧化物不可能排除干净，因而三氧化二铝以非均匀形核为主。晶核形成后，生成的三氧化二铝在其表面生长，颗粒上浮。上浮速度服从斯托克斯公式

$$v=\frac{gd^2(\rho_{Fe}-\rho_{Mo})}{18\eta}$$

式中，g 为重力加速度；ρ_{Fe} 和 ρ_{Mo} 为脱氧产物的密度；η 为钢液黏度。

溶解在钢液中的铝和氧扩散到钢液和渣的界面或三氧化二铝颗粒表面，反应生成三氧化二铝，即

$$2[Al]+3[O]=\!=\!=Al_2O_3(s)$$

反应达到稳态，生成 Al_2O_3 的速率为

$$j_{Al_2O_3}=\frac{1}{2}J_{Al}=\frac{1}{3}J_O=j$$

$$J_{Al}=D_{Al}(c_{Al,b}-c_{Al,i})$$

$$J_O=D_O(c_{O,b}-c_{O,i})$$

$$j_{Al_2O_3}=\frac{1}{2}D_{Al}(c_{Al,b}-c_{Al,i})=\frac{1}{3}D_O(c_{O,b}-c_{O,i}) \tag{4.24}$$

式中，$c_{Al,b}$和$c_{O,b}$为钢液本体铝和氧的浓度；$c_{Al,i}$和$c_{O,i}$为钢液和渣界面或钢液和三氧化二铝颗粒界面铝和氧的浓度。

或者，溶解在钢液中的铝和氧反应，生成的三氧化二铝扩散到钢-渣界面，进入渣中或扩散到三氧化二铝颗粒表面，析出长在三氧化二铝表面。

$$2[Al]+3[O] = [Al_2O_3]$$

$$[Al_2O_3] = (Al_2O_3)$$

$$[Al_2O_3] = Al_2O_3(s)$$

$$J_{Al_2O_3} = D_{Al_2O_3}(c_{Al_2O_3,b} - c_{Al_2O_3,i}) \tag{4.25}$$

式中，$c_{Al_2O_3,b}$为反应区钢液中三氧化二铝的浓度；$c_{Al_2O_3,i}$为钢渣界面或钢液和三氧化二铝颗粒界面三氧化二铝的浓度。

由于非均相形核困难，反应区的三氧化二铝的浓度可以过饱和。

溶解在钢液中的锰和氧反应，产物为氧化锰。生成的氧化锰含量超过饱和溶解度，就形成氧化锰液滴。在钢液中存在固相杂质，所以应以非均匀形成液滴核为主。液滴核长大成液滴后，溶解在钢液中的锰和氧扩散到钢液和渣的界面或钢液和氧化锰液滴界面反应，生成氧化锰，即

$$[Mn] + [O] = [MnO]$$

反应达到稳态，有

$$j_{MnO} = J_{Mn} = J_O = j$$

$$J_{Mn} = D_{Mn}(c_{Mn,b} - c_{Mn,i})$$

$$J_O = D_O(c_{O,b} - c_{O,i})$$

$$j_{MnO} = D_{Mn}(c_{Mn,b} - c_{Mn,i}) = D_O(c_{O,b} - c_{O,i}) \tag{4.26}$$

式中，$c_{Mn,b}$和$c_{O,b}$为钢液本体锰和氧的浓度；$c_{Mn,i}$和$c_{O,i}$为钢液和渣的界面或钢液和液体MnO界面锰和氧的浓度。

或者，溶解在钢液中的锰和氧反应，生成的氧化锰扩散到钢液和渣的界面或钢液和液体氧化锰的界面析出进入渣或液体氧化锰中。

$$[Mn] + [O] = [MnO]$$

$$[MnO] = (MnO)$$

$$[MnO] = MnO(l)$$

$$J_{MnO} = D_{MnO}(c_{MnO,b} - c_{MnO,i}) \tag{4.27}$$

式中，$c_{MnO,b}$为反应区钢液中氧化锰的浓度；$c_{MnO,i}$为钢-液界面或钢液和氧化锰界面氧化锰的浓度。由于非均相形成液滴困难，反应区的氧化锰浓度可以过饱和，钢液和液体氧化锰界面氧化锰含量为饱和浓度。

溶解在钢液中的硅和氧反应生成液态二氧化硅，情况和锰相似。

溶解在钢液中的原子氢形成氢气析出，先要形成氢气气泡核。由于在钢液中均匀形成气泡核困难，因而要在渣-金界面、钢液中或杂物表面、反应容器表面形成气泡核。再者，在钢液中形成气泡核还要承受渣和钢液的静压力，因此气泡核易在渣-金界面形成。溶解在钢液中的氢扩散到渣-金界面，反应形成气泡核，随着反应进行，气泡长大、上浮进入气相。钢液中氢的扩散通常是过程的控制步骤，有

$$J_H = D_H(c_{H,b} - c_{H,i}) \tag{4.28}$$

溶解在水中的气体随着温度升高，溶解度变小，达到过饱和，在容器底部和容器壁上或气-液界面形成气泡核，长大、上浮进入气相。

例如，溶解在水中的氧气，析出速率为扩散速率，有

$$J_{O_2} = D_{O_2}(c_{O_2,b} - c_{O_2,i}) \tag{4.29}$$

式中，$c_{O_2,b}$为水本体的氧气浓度，$c_{O_2,i}$为气-水界面或水和气泡界面氧气的浓度。

其他气体与氧气类似。

固态钢中铁的量大，几乎溶解在钢中的碳、硫、磷等周围全是铁。因此，它们不需要扩散就直接和铁反应。由于化学反应生成新的化合物相，需要形核功，非均匀形核需要能量少，因此，Fe_3C、Fe_2S、FeP 等在晶界、位错、空穴、孔隙等铁晶体缺陷处析出，即碳、硫、磷等扩散到晶体缺陷处与铁反应。有

$$J_C = D_C(c_{C,b} - c_{C,i}) \tag{4.30}$$

$$J_S = D_S(c_{S,b} - c_{S,i}) \tag{4.31}$$

$$J_P = D_P(c_{P,b} - c_{P,i}) \tag{4.32}$$

式中，D_C、D_S、D_P为碳、硫、磷在固体钢中的扩散系数；下角标的 b 和 i 分别表示钢在本体和晶体缺陷部位。

温度低时，化学反应速率变慢，过程由扩散和化学反应共同控制。达到稳态，有

$$J = J_C = j_C \tag{4.33}$$

由式（4.33），得

$$J = \frac{1}{2}(J_C + j_C) \tag{4.34}$$

式中

$$J_C = D_C(c_{C,b} - c_{C,i}) \tag{4.35}$$

$$j_C = k_C c_{C,i}^{n_C} \cdot c_{Fe}^{n_{Fe}} \approx k_C c_{C,i}^{n_C} \tag{4.36}$$

为总反应系数。

同理，有

$$J = J_S = j_S \tag{4.37}$$

$$J = \frac{1}{2}(J_S + j_S) \tag{4.38}$$

式中

$$J_S = D_S(c_{S,b} - c_{S,i}) \tag{4.39}$$

$$j_S = k_S c_{S,i}^{n_S} \tag{4.40}$$

为总反应常数。

$$J = J_P = j_P \tag{4.41}$$

$$J = \frac{1}{2}(J_P + j_P) \tag{4.42}$$

式中

$$J_P = D_P(c_{P,b} - c_{P,i}) \tag{4.43}$$

$$j_{\mathrm{P}} = k_{\mathrm{P}} c_{\mathrm{P,i}}^{n_{\mathrm{P}}} \tag{4.44}$$

溶解在固态钢中的氢、氮等气体随着温度的降低从钢中析出，先形成气泡核。为降低形核能，在晶界、孔隙、位错等晶体缺陷处形成气泡核，理论计算表明，形成气泡核需要数百兆帕的压力，这需要很大的过饱和度。

氢、氮等从钢的本体向晶体缺陷处扩散，达到气泡表面反应生成分子进入气泡。有

$$J_{\mathrm{H}} = D_{\mathrm{H}}(c_{\mathrm{H,b}} - c_{\mathrm{H,i}}) \tag{4.45}$$

$$J_{\mathrm{N}} = D_{\mathrm{N}}(c_{\mathrm{N,b}} - c_{\mathrm{N,i}}) \tag{4.46}$$

达到稳态有

$$J = \frac{1}{2} J_{\mathrm{H}} = j_{\mathrm{H}} \tag{4.47}$$

由式（4.47）得

$$J = \frac{1}{2}\left(\frac{1}{2} J_{\mathrm{H}} + j_{\mathrm{H}}\right) \tag{4.48}$$

式中

$$J_{\mathrm{H}} = D_{\mathrm{H}}(c_{\mathrm{H,b}} - c_{\mathrm{H,i}}) \tag{4.49}$$

$$j_{\mathrm{H}} = k_{\mathrm{H}} c_{\mathrm{H,i}}^{n_{\mathrm{H}}} - k_{\mathrm{H_2}}\left(\frac{p_{\mathrm{H_2}}}{p^{\ominus}}\right)^{n_{\mathrm{H_2}}} \tag{4.50}$$

同理

$$J = \frac{1}{2} J_{\mathrm{N}} = j_{\mathrm{N}} \tag{4.51}$$

$$J_{\mathrm{N_2}} = k_{\mathrm{t}} c_{\mathrm{N,b}} \tag{4.52}$$

式中

$$J_{\mathrm{N}} = D_{\mathrm{N}}(c_{\mathrm{N,b}} - c_{\mathrm{N,i}}) \tag{4.53}$$

$$j_{\mathrm{N}} = k_{\mathrm{N}} c_{\mathrm{N,i}}^{n_{\mathrm{N}}} - k_{\mathrm{N_2}}\left(\frac{p_{\mathrm{N_2,i}}}{p^{\ominus}}\right)^{n_{\mathrm{N_2}}} \tag{4.54}$$

习　题

4-1　何为均相反应？举例说明。

4-2　钢液中的碳氧反应在什么情况下由碳的扩散控制，在什么情况下由氧的扩散控制？

4-3　溶解在钢液中的氢和氧反应易发生在什么位置，为什么？

4-4　说明溶解在钢液中的铝、锰、硅和氧发生反应的情况。

4-5　写出溶解在固态钢中的碳、磷、硫和铁反应的动力学方程，并解释在什么情况下由扩散控制，在什么情况下由扩散和化学反应共同控制？

4-6　写出溶解在固态钢中的氢、氮析出氢气和氮气的动力学方程，并加以解释。

5 气-固相反应动力学

本章学习要点：

气体与无孔隙固体的反应，反应前后固体颗粒尺寸不变，反应前后固体颗粒尺寸变化，气体与多孔隙固体的反应，吸附现象。

冶金、化工和材料制备过程的气-固相反应一般是在大的空间中进行，反应物和产物的量都很大，并常伴有气体的流动、浓度的变化、热量的传递、温度的变化等。本章主要讨论单一颗粒的固体与气体的反应。固体颗粒浸没在气体中。气体静止或缓慢运动，其浓度均匀。除特别指出外，整个反应体系温度均匀，过程为等温。而研究在反应器中进行的反应过程，则属化学反应工程学和冶金反应工程学的范围，这里不做讨论。对于液-固相反应也如此。

冶金、化工和材料制备过程有很多气-固相反应，例如精矿的焙烧、固体物料的还原、固体化合物的分解、金属的氧化。

根据参加反应的固体有无孔隙，可以将气-固相反应分为无孔隙固体与气体的反应和多孔固体和气体间的反应。下面分别予以阐述。

5.1 无孔隙固体与气体反应的一般情况

5.1.1 反应产物

气体与无孔隙固体的反应发生在气固界面上，反应产物有下面三种情况：

（1）产物为气体

$$aA(g)+bB(s)=\!=\!=cC(g) \tag{5.a}$$

（2）产物为固体

$$aA(g)+bB(s)=\!=\!=cC(s) \tag{5.b}$$

（3）产物既有气体又有固体

$$aA(g)+bB(s)=\!=\!=cC(g)+dD(s) \tag{5.c}$$

第一种如炭的燃烧反应，第二种如金属的氧化反应，第三种如金属氧化物的还原反应。

5.1.2 反应类型

气体与无孔隙固体的反应可以分为三种类型：

（1）反应过程中固体颗粒体积变小，反应产物是气体或易脱落的固体，在反应过程中反应物总是裸露的。

（2）固体颗粒大小不变。在反应过程中，固态产物仍保留在未反应核的外边，颗粒总尺寸不变。

（3）反应前后固体颗粒大小不相等。固体颗粒的总尺寸随着反应的进行而发生变化，但产物包覆着反应物。

在气-固反应中，固体产物晶格的形成是一个重要的过程。在温度较低、颗粒尺寸很小的情况下，若反应为新相晶核的形成和长大所控制，转化率与时间的关系很复杂。在高温条件下，晶核的形成和长大很迅速，反应颗粒具有明显的界面，而且这种界面具有颗粒初始状态的形状。例如，球形颗粒为同心球面，圆柱形颗粒为共轴圆柱。

5.2　只生成气体产物的气-固相反应

5.2.1　反应步骤

气体与无孔隙固体反应最简单的是只生成气体产物的体系，化学反应为

$$aA(g) + bB(s) = cC(g)$$

这类反应的反应步骤为：

（1）气体反应物A由气流主体通过气相边界层（气膜）扩散到固体反应物表面，称为外扩散；

（2）在固体表面气体反应物A与固体反应物B进行化学反应生成气体产物C；

（3）气体产物C由固体表面通过气相边界层扩散到气流主体中（图5.1）。

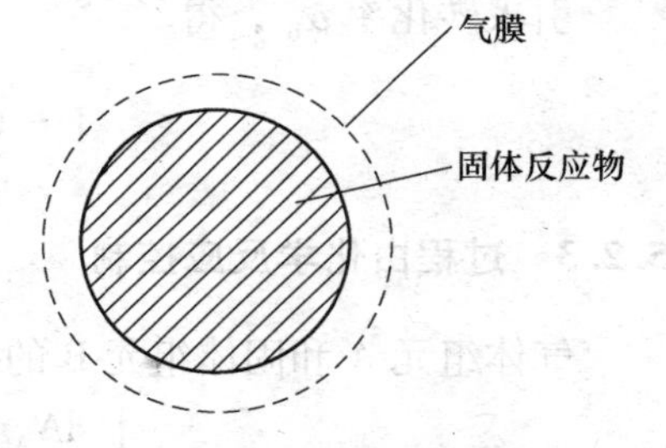

图5.1　只生成气体产物的气-固反应

此类反应仅需考虑气膜扩散与化学反应步骤。

5.2.2　过程由气体组元A在气膜中的扩散控制

气体组元A在气膜中的扩散速度慢，是整个过程的控制步骤。过程速率为

$$-\frac{1}{a}\frac{dN_{A(g)}}{dt} = -\frac{1}{b}\frac{dN_{B(s)}}{dt} = \frac{1}{c}\frac{dN_{C(g)}}{dt} = \frac{1}{a}\Omega_{g's}J_{Ag'} \tag{5.1}$$

式中，$N_{A(g)}$为气体组元A的摩尔数；$N_{B(s)}$为固体组元B的摩尔数；$N_{C(g)}$为气相产物组元C的摩尔数；$\Omega_{g's}$为气膜与未反应内核的界面面积；$J_{Ag'}$为气体A在气膜中的扩散速率，即到达单位面积气膜与未反应内核界面的组元A的扩散量，

$$J_{Ag'} = D_{Ag'}(c_{A,b} - c_{A,r}) = D_{Ag'}c_{A,b} \tag{5.2}$$

式中，$D_{Ag'}$为组元A在气膜内的扩散系数；$c_{A,b}$为组元A在气相本体的浓度；$c_{A,r}$为气膜与未反应内核界面组元A的浓度。由于化学反应速度快，$c_{A,r}$为零。

由式（5.1）和式（5.2），得

$$-\frac{dN_{A(g)}}{dt} = \Omega_{g's}J_{Ag'} = \Omega_{g's}D_{Ag'}c_{A,b} \tag{5.3}$$

对于半径为 r 的球形颗粒，有

$$-\frac{\mathrm{d}N_{\mathrm{A(g)}}}{\mathrm{d}t} = 4\pi r^2 D_{\mathrm{Ag'}} c_{\mathrm{A,b}} \tag{5.4}$$

将式

$$-\frac{1}{a}\frac{\mathrm{d}N_{\mathrm{A(g)}}}{\mathrm{d}t} = -\frac{1}{b}\frac{\mathrm{d}N_{\mathrm{B(s)}}}{\mathrm{d}t} \tag{5.5}$$

和

$$N_{\mathrm{B}} = \frac{4\pi r^3 \rho_{\mathrm{B}}}{M_{\mathrm{B}}} \tag{5.6}$$

代入式（5.4），得

$$-\frac{\mathrm{d}r}{\mathrm{d}t} = \frac{bM_{\mathrm{B}}D_{\mathrm{Ag'}}}{a\rho_{\mathrm{B}}} c_{\mathrm{A,b}} \tag{5.7}$$

分离变量积分式（5.7），得

$$1 - \frac{r}{r_0} = \frac{bM_{\mathrm{B}}D_{\mathrm{Ag'}}}{a\rho_{\mathrm{B}} r_0}\int_0^t c_{\mathrm{A,b}}\mathrm{d}t \tag{5.8}$$

引入转化率 α_{B}，得

$$1 - (1-\alpha_{\mathrm{B}})^{\frac{1}{3}} = \frac{bM_{\mathrm{B}}D_{\mathrm{Ag'}}}{a\rho_{\mathrm{B}} r_0}\int_0^t c_{\mathrm{A,b}}\mathrm{d}t \tag{5.9}$$

5.2.3 过程由化学反应控制

气体组元 A 和固体组元 B 的化学反应速率慢，是整个过程的控制步骤。过程速率为

$$-\frac{1}{a}\frac{\mathrm{d}N_{\mathrm{A(g)}}}{\mathrm{d}t} = -\frac{1}{b}\frac{\mathrm{d}N_{\mathrm{B(s)}}}{\mathrm{d}t} = \frac{1}{c}\frac{\mathrm{d}N_{\mathrm{C(g)}}}{\mathrm{d}t} = \Omega_{\mathrm{sg'}} j \tag{5.10}$$

式中，$\Omega_{\mathrm{sg'}}$ 为气膜与未反应核的界面面积；j 为在单位界面面积的化学反应速率，

$$j = kc_{\mathrm{A,r}}^{n_{\mathrm{A}}} c_{\mathrm{B,r}}^{n_{\mathrm{B}}} = kc_{\mathrm{A,b}}^{n_{\mathrm{A}}} c_{\mathrm{B,r}}^{n_{\mathrm{B}}} \tag{5.11}$$

式中，$c_{\mathrm{A,r}}$、$c_{\mathrm{B,r}}$ 为气膜与未反应核界面组元 A 和组元 B 的浓度，由于组元 A 在气膜中的扩散不是控制步骤，所以在气膜与未反应核界面组元 A 的浓度等于气相本体组元 A 的浓度。对于成分均匀的固体颗粒，气膜与未反应核界面组元 B 的浓度等于固相本体组元 B 的浓度。

由式（5.10）和式（5.11），得

$$-\frac{\mathrm{d}N_{\mathrm{A(g)}}}{\mathrm{d}t} = \Omega_{\mathrm{sg'}} aj = \Omega_{\mathrm{sg'}} akc_{\mathrm{A,b}}^{n_{\mathrm{A}}} c_{\mathrm{B,r}}^{n_{\mathrm{B}}} \tag{5.12}$$

对于半径为 r 的球形颗粒，有

$$-\frac{\mathrm{d}N_{\mathrm{A(g)}}}{\mathrm{d}t} = 4\pi r^2 akc_{\mathrm{A,b}}^{n_{\mathrm{A}}} c_{\mathrm{B,r}}^{n_{\mathrm{B}}} \tag{5.13}$$

将式（5.5）和式（5.6）代入式（5.13），得

$$-\frac{\mathrm{d}r}{\mathrm{d}t} = \frac{bM_{\mathrm{B}}k}{\rho_{\mathrm{B}}} c_{\mathrm{A,b}}^{n_{\mathrm{A}}} c_{\mathrm{B,r}}^{n_{\mathrm{B}}} \tag{5.14}$$

分离变量积分式（5.14），得

$$1-\frac{r}{r_0}=\frac{bM_Bk}{\rho_B}\int_0^t c_{A,b}^{n_A}c_{B,r}^{n_B}\mathrm{d}t \tag{5.15}$$

和

$$1-(1-\alpha_B)^{\frac{1}{3}}=\frac{bM_Bk}{\rho_B}\int_0^t c_{A,b}^{n_A}c_{B,r}^{n_B}\mathrm{d}t \tag{5.16}$$

5.2.4 过程由气体组元 A 在气膜中的扩散和化学反应共同控制

气体反应物 A 在气膜中的扩散和化学反应都慢，共同为过程的控制步骤。过程速率为

$$-\frac{1}{a}\frac{\mathrm{d}N_{A(g)}}{\mathrm{d}t}=-\frac{1}{b}\frac{\mathrm{d}N_{B(s)}}{\mathrm{d}t}=\frac{1}{c}\frac{\mathrm{d}N_{C(g)}}{\mathrm{d}t}=\frac{1}{a}\Omega_{g's}J_{Ag'}=\Omega_{g's}j=\frac{1}{a}\Omega J_{g'j} \tag{5.17}$$

式中

$$\Omega_{g's}=\Omega$$

$$J_{g'j}=\frac{1}{2}(J_{Ag'}+aj) \tag{5.18}$$

由式（5.17）得

$$J_{Ag'}=D_{Ag'}(c_{A,b}-c_{A,r}) \tag{5.19}$$

$$j=kc_{A,r}^{n_A}c_{B,r}^{n_B} \tag{5.20}$$

对于半径为 r 的球形颗粒，有

$$-\frac{\mathrm{d}N_{A(g)}}{\mathrm{d}t}=4\pi r^2D_{Ag'}J_{Ag'}=4\pi r^2D_{Ag'}(c_{A,b}-c_{A,r}) \tag{5.21}$$

$$-\frac{\mathrm{d}N_{A(g)}}{\mathrm{d}t}=4\pi r^2aj=4\pi r^2akc_{A,r}^{n_A}c_{B,r}^{n_B} \tag{5.22}$$

将式（5.5）和式（5.6）代入式（5.21）和式（5.22），得

$$-\frac{\mathrm{d}r}{\mathrm{d}t}=\frac{bM_BD_{Ag'}}{a\rho_B}(c_{A,b}-c_{A,r}) \tag{5.23}$$

和

$$-\frac{\mathrm{d}r}{\mathrm{d}t}=\frac{bM_Bk}{\rho_B}c_{A,r}^{n_A}c_{B,r}^{n_B} \tag{5.24}$$

将式（5.23）和式（5.24）分离变量积分，得

$$1-\frac{r}{r_0}=\frac{bM_BD_{Ag'}}{a\rho_Br_0}\int_0^t(c_{A,b}-c_{A,r})\mathrm{d}t \tag{5.25}$$

$$1-\frac{r}{r_0}=\frac{bM_Bk}{\rho_Br_0}\int_0^t c_{A,r}^{n_A}c_{B,r}^{n_B}\mathrm{d}t \tag{5.26}$$

写成转化率形式，有

$$1-(1-\alpha_B)^{\frac{1}{3}}=\frac{bM_BD_{Ag'}}{a\rho_Br_0}\int_0^t(c_{A,b}-c_{A,r})\mathrm{d}t \tag{5.27}$$

$$1-(1-\alpha_B)^{\frac{1}{3}}=\frac{bM_Bk}{\rho_Br_0}\int_0^t c_{A,r}^{n_A}c_{B,r}^{n_B}\mathrm{d}t \tag{5.28}$$

式（5.25）+式（5.26），得

$$2-2\left(\frac{r}{r_0}\right)=\frac{bM_BD_{Ag'}}{a\rho_Br_0}\int_0^t(c_{A,b}-c_{A,r})dt+\frac{bM_Bk}{\rho_Br_0}\int_0^t c_{A,r}^{n_A}c_{B,r}^{n_B}dt \tag{5.29}$$

$$2-2(1-\alpha_B)^{\frac{1}{3}}=\frac{bM_BD_{Ag'}}{a\rho_Br_0}\int_0^t(c_{A,b}-c_{A,r})dt+\frac{bM_Bk}{\rho_Br_0}\int_0^t c_{A,r}^{n_A}c_{B,r}^{n_B}dt \tag{5.30}$$

例 5.1 在900℃、含氧10%、压力为0.1MPa的静止气体中，一半径为1mm的球形石墨颗粒燃烧。设燃烧反应为

$$C+O_2 = CO_2$$

反应为一级不可逆反应。

石墨密度为2.26g/cm^3，$k=20$cm/s，$D=2$cm^2/s。石墨颗粒直径较大，过程为外扩散传质和化学反应共同控制。试计算完全反应所需时间。

解：据方程（5.29），当 $\alpha_B=1$ 时，有

$$t=\frac{\rho_Br_0}{bM_Bc_{Ab}k}+\frac{\rho_By_ir_0^2}{2bM_Bc_{Ab}D}$$

忽略惰性气体的影响，将数据代入上式，得

$$t=\frac{2.26\times0.1\times82.06\times(900+273)}{1\times12\times0.1\times20}+\frac{2.26\times0.1^2\times82.06\times(900+273)}{2\times1\times12\times0.1\times2}$$

$$=1359\text{s}=22.7\text{min}$$

5.3 固体颗粒尺寸不变的未反应核模型

在许多气-固相反应体系中，生成的固体产物可以包覆尚未反应的固体反应物，形成固体产物层，例如金属的氧化、金属氧化物的还原等。随着反应的进行，未反应的核不断地缩小，整个固体颗粒的尺寸可能变化也可能不变化。这由反应物和产物的相对密度大小而定。反应发生在固相产物与未反应核之间的界面上。固体产物层可以是多孔的，也可以是致密的，但都允许气体反应物通过产物层向内渗透，如图5.2所示。总的反应进程是由界面上的化学反应步骤和气体反应物通过固体颗粒表面气膜层的扩散步骤及穿过固体外表面并在固体产物层中的扩散步骤构成。整个过程可以由通过固体颗粒表面气膜层的扩散步骤控制，也可以由化学反应步骤控制，或者由在固体产物层中的扩散步骤控制，或者由化学反应步骤和扩散步骤共同控制。

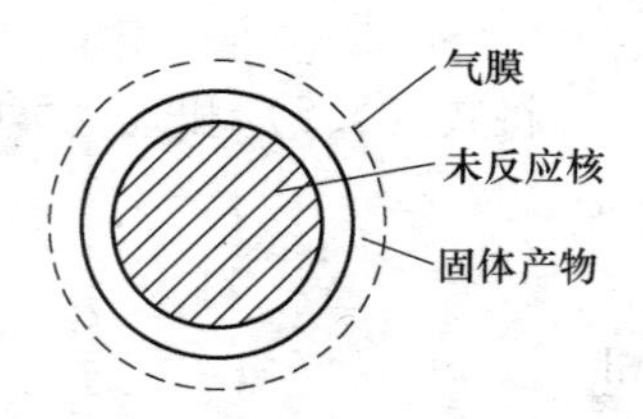

图5.2 生成固体产物包覆在固体反应物的表面的气-固反应

下面讨论反应前后固体颗粒尺寸不发生变化的情况。为简化计，作以下假设：

（1）反应过程是假稳态过程。其依据是，反应界面的移动速度远较气体反应物通过产物层的扩散速度小，气体反应物A的密度远较固体反应物的密度小。因此，相对于气体反应物的反应速率，固相反应界面的移动速度可以忽略不计，即在考虑气相组元A在产物层内的扩散时，反应界面近似地视为不动。

（2）假设固体内温度是均匀的。

5.3.1　气膜内的扩散控制

若气膜阻力远大于其他各步骤阻力，则气体反应物 A 通过气膜的扩散过程控制整个过程的速度。这种情况下反应物的浓度分布如图 5.3 所示。固体颗粒外表面的浓度 $c_{\mathrm{Ar_0}}$ 等于未反应核界面上的浓度 c_{Ar}，而 c_{Ar} 等于平衡浓度 c_{Ae}。对于不可逆的化学反应，平衡浓度 $c_{\mathrm{Ae}}=0$。图中 r_0 为球心到产物表面的距离，即球团的初始半径。

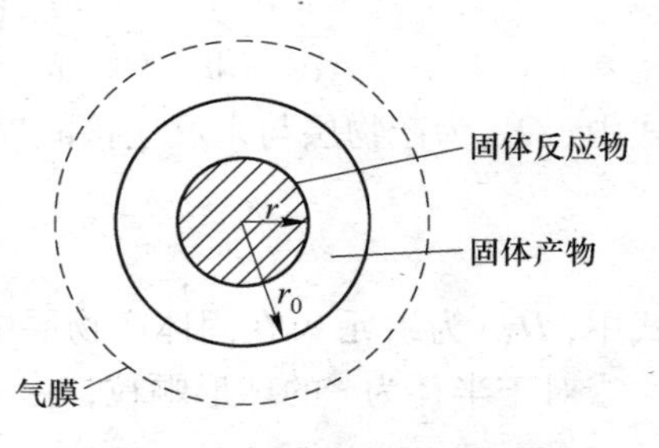

图 5.3　在气膜内的扩散控制的气-固相反应

过程速率为

$$-\frac{1}{a}\frac{\mathrm{d}N_{\mathrm{A(g)}}}{\mathrm{d}t}=-\frac{1}{b}\frac{\mathrm{d}N_{\mathrm{B(s)}}}{\mathrm{d}t}=\frac{1}{c}\frac{\mathrm{d}N_{\mathrm{C(g)}}}{\mathrm{d}t}=\frac{1}{d}\frac{\mathrm{d}N_{\mathrm{D(s)}}}{\mathrm{d}t}=\frac{1}{a}\Omega_{\mathrm{g's'}}J_{\mathrm{Ag'}} \tag{5.31}$$

式中，$\Omega_{\mathrm{g's'}}$ 为气膜与固体产物层的界面面积，在整个过程中，气膜与固体产物层的界面面积不变；

$$J_{\mathrm{Ag'}}=D_{\mathrm{Ag'}}(c_{\mathrm{A,b}}-c_{\mathrm{A},r_0}) \tag{5.32}$$

式中，$D_{\mathrm{Ag'}}$ 为组元 A 在气膜中的扩散系数；$c_{\mathrm{A,b}}$ 为组元 A 在气相本体的浓度；c_{A,r_0} 为组元 A 在气膜与产物层界面的浓度。

由式（5.31）和式（5.32）得

$$-\frac{\mathrm{d}N_{\mathrm{A(g)}}}{\mathrm{d}t}=\Omega_{\mathrm{g's'}}J_{\mathrm{Ag'}}=\Omega_{\mathrm{g's'}}D_{\mathrm{Ag'}}(c_{\mathrm{A,b}}-c_{\mathrm{A},r_0}) \tag{5.33}$$

将式（5.5）和式（5.6）代入式（5.33），得

$$-\frac{\mathrm{d}r}{\mathrm{d}t}=\frac{r_0bM_{\mathrm{B}}D_{\mathrm{Ag'}}}{r^2a\rho_{\mathrm{B}}}(c_{\mathrm{A,b}}-c_{\mathrm{A},r_0}) \tag{5.34}$$

分离变量积分式（5.34），得

$$1-\left(\frac{r}{r_0}\right)^3=\frac{3bM_{\mathrm{B}}D_{\mathrm{Ag'}}}{a\rho_{\mathrm{B}}r_0}\int_0^t(c_{\mathrm{A,b}}-c_{\mathrm{A},r_0})\,\mathrm{d}t \tag{5.35}$$

和

$$\alpha_{\mathrm{B}}=\frac{3bM_{\mathrm{B}}D_{\mathrm{Ag'}}}{a\rho_{\mathrm{B}}r_0}\int_0^t(c_{\mathrm{A,b}}-c_{\mathrm{A},r_0})\,\mathrm{d}t \tag{5.36}$$

5.3.2　固相产物层内的扩散控制

若气膜内的扩散阻力和化学反应阻力都远小于固体产物层内的扩散阻力，则整个过程由固相产物层内的扩散控制。气体反应物 A 的浓度分布如图 5.4 所示。固体颗粒表面反应物 A 的浓度 c_{A,r_0} 等于气流主体中反应物 A 的浓度 $c_{\mathrm{A,b}}$，大于未反应核表面（即反应界面）反应物 A 的浓度 $c_{\mathrm{A},r}$。对于不可逆反应，$c_{\mathrm{A},r}=0$。

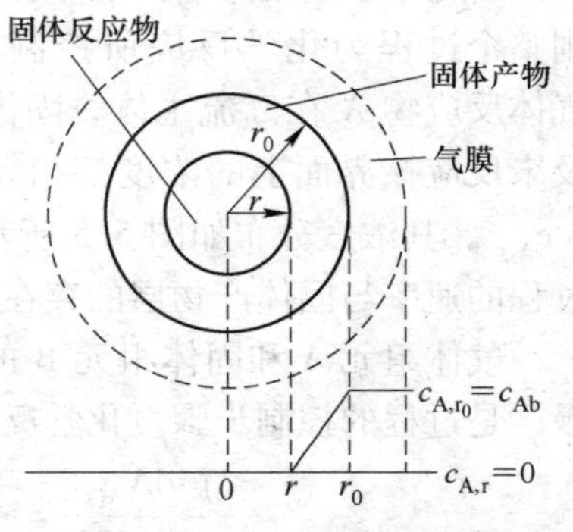

图 5.4　固体产物层内的扩散控制，反应物的浓度分布

气体组元 A 在固体产物层中的扩散速度慢，是过程

的控制步骤。过程速率为

$$-\frac{1}{a}\frac{\mathrm{d}N_{\mathrm{A(g)}}}{\mathrm{d}t}=-\frac{1}{b}\frac{\mathrm{d}N_{\mathrm{B(s)}}}{\mathrm{d}t}=\frac{1}{c}\frac{\mathrm{d}N_{\mathrm{C(g)}}}{\mathrm{d}t}=\frac{1}{d}\frac{\mathrm{d}N_{\mathrm{D(s)}}}{\mathrm{d}t}=\frac{1}{a}\Omega_{\mathrm{s's}}J_{\mathrm{As'}} \tag{5.37}$$

式中，$\Omega_{\mathrm{s's}}$ 为产物层与未反应核的界面面积。

$$J_{\mathrm{As'}}=D_{\mathrm{As'}}\frac{\mathrm{d}c_{\mathrm{A}}}{\mathrm{d}r} \tag{5.38}$$

式中，$D_{\mathrm{As'}}$ 为组元 A 在固体产物层中的扩散系数。

对于半径为 r 的球形颗粒，由式（5.37）得

$$-\frac{\mathrm{d}N_{\mathrm{A(g)}}}{\mathrm{d}t}=4\pi r^2 J_{\mathrm{As'}}=4\pi r^2 D_{\mathrm{As'}}\frac{\mathrm{d}c_{\mathrm{As'}}}{\mathrm{d}r} \tag{5.39}$$

过程达到稳态，可以将 $\frac{\mathrm{d}N_{\mathrm{A(g)}}}{\mathrm{d}t}$ 看做常数，将式（5.39）对 r 分离变量积分，得

$$-\frac{\mathrm{d}N_{\mathrm{A(g)}}}{\mathrm{d}t}=\frac{4\pi r_0 r D_{\mathrm{As'}}}{r_0-r}(c_{\mathrm{A},r_0}-c_{\mathrm{A},r}) \tag{5.40}$$

式中，c_{A,r_0} 为气膜与固体产物层界面组元 A 的浓度；$c_{\mathrm{A},r}$ 为固体产物层与未反应核界面组元 A 的浓度。

将式（5.5）和式（5.6）代入式（5.40），得

$$-\frac{\mathrm{d}r}{\mathrm{d}t}=\frac{r_0 b M_{\mathrm{B}} D_{\mathrm{As'}}}{r(r_0-r)a\rho_{\mathrm{B}}}(c_{\mathrm{A},r_0}-c_{\mathrm{A},r}) \tag{5.41}$$

将式（5.41）分离变量积分，得

$$1-3\left(\frac{r}{r_0}\right)^2+2\left(\frac{r}{r_0}\right)^3=\frac{6bM_{\mathrm{B}}D_{\mathrm{As'}}}{a\rho_{\mathrm{B}}r_0^2}\int_0^t(c_{\mathrm{A},r_0}-c_{\mathrm{A},r})\mathrm{d}t \tag{5.42}$$

和

$$3-3(1-\alpha_{\mathrm{B}})^{2/3}-2\alpha_{\mathrm{B}}=\frac{6bM_{\mathrm{B}}D_{\mathrm{As'}}}{a\rho_{\mathrm{B}}r_0^2}\int_0^t(c_{\mathrm{A},r_0}-c_{\mathrm{A},r})\mathrm{d}t \tag{5.43}$$

5.3.3 化学反应控制

若化学反应的阻力比其他步骤的阻力大，则整个过程为化学反应所控制。这种情况下，气体反应物 A 在气流主体、固体颗粒的外表面及未反应核界面上的浓度都相等，即 $c_{\mathrm{Ab}}=c_{\mathrm{A},r_0}=c_{\mathrm{A},r}$。其浓度分布如图 5.5 所示。因此，反应过程的速率与固体产物层的存在无关。

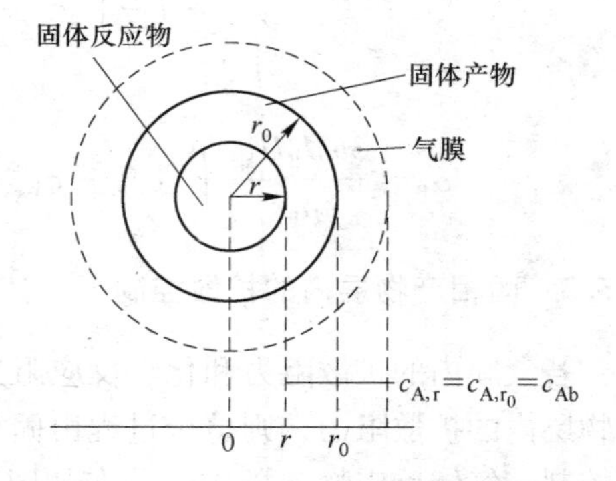

图 5.5 化学反应控制，反应物的浓度分布

气体组元 A 和固体组元 B 的化学反应速率慢，是过程的控制步骤。化学反应速率为

$$-\frac{1}{a}\frac{\mathrm{d}N_{\mathrm{A(g)}}}{\mathrm{d}t}=-\frac{1}{b}\frac{\mathrm{d}N_{\mathrm{B(s)}}}{\mathrm{d}t}=\frac{1}{c}\frac{\mathrm{d}N_{\mathrm{C(g)}}}{\mathrm{d}t}=\frac{1}{d}\frac{\mathrm{d}N_{\mathrm{D(s)}}}{\mathrm{d}t}=\Omega_{\mathrm{s's}}j \tag{5.44}$$

式中，$\Omega_{\mathrm{s's}}$ 为固体产物层与未反应核界面面积。

$$j = kc_{A,r}^{n_A}c_{B,r}^{n_B} \tag{5.45}$$

$$-\frac{dN_{A(g)}}{dt} = \Omega_{s's}aj = \Omega_{s's}akc_{A,r}^{n_A}c_{B,r}^{n_B} \tag{5.46}$$

对于半径为 r 的球形颗粒，有

$$-\frac{dN_{A(g)}}{dt} = 4\pi r^2 akc_{A,r}^{n_A}c_{B,r}^{n_B} \tag{5.47}$$

将式（5.5）和式（5.6）代入式（5.47），得

$$-\frac{dr}{dt} = \frac{bM_B k}{\rho_B}c_{A,r}^{n_A}c_{B,r}^{n_B} \tag{5.48}$$

分离变量积分式（5.48），得

$$1 - \frac{r}{r_0} = \frac{bM_B k}{\rho_B r_0}\int_0^t c_{A,r}^{n_A}c_{B,r}^{n_B}dt \tag{5.49}$$

和

$$1 - (1 - \alpha_B)^{\frac{1}{3}} = \frac{bM_B k}{\rho_B r_0}\int_0^t c_{A,r}^{n_A}c_{B,r}^{n_B}dt \tag{5.50}$$

5.3.4 由组元 A 在气膜内的扩散和在固体产物层内的扩散共同控制

组元 A 在气膜内的扩散和在固体产物层内的扩散都慢，成为过程的共同控制步骤。过程速率为

$$-\frac{1}{a}\frac{dN_{A(g)}}{dt} = -\frac{1}{b}\frac{dN_{B(s)}}{dt} = \frac{1}{c}\frac{dN_{C(g)}}{dt} = \frac{1}{a}\Omega_{g's'}J_{Ag'} = \frac{1}{a}\Omega_{s's}J_{As'} = \frac{1}{a}\Omega J_{g's'} \tag{5.51}$$

式中

$$\Omega_{g's'} = \Omega$$

$$J_{g's'} = \frac{1}{2}\left(J_{Ag'} + \frac{\Omega_{s's}}{\Omega}J_{As'}\right) \tag{5.52}$$

对于半径为 r 的球形颗粒，有

$$J_{Ag'} = D_{Ag'}(c_{A,b} - c_{A,r_0}) \tag{5.53}$$

$$J_{As'} = D_{As'}\frac{dc_A}{dr} \tag{5.54}$$

及

$$-\frac{dN_{A(g)}}{dt} = 4\pi r_0^2 J_{Ag'} = 4\pi r_0^2 D_{Ag'}(c_{A,b} - c_{A,r_0}) \tag{5.55}$$

$$-\frac{dN_A}{dt} = 4\pi r^2 J_{As'} = 4\pi r^2 D_{As'}\frac{dc_A}{dr} \tag{5.56}$$

过程达到稳态，可以将 $\frac{dN_A}{dt}$ 看做常数，将式（5.56）对 r 分离变量积分，得

$$-\frac{dN_A}{dt} = \frac{4\pi r_0 r D_{As'}}{r_0 - r}(c_{A,r_0} - c_{A,r}) \tag{5.57}$$

将式（5.5）和式（5.6）代入式（5.56）和式（5.57），得

$$-\frac{dr}{dt}=\frac{r_0^2 bM_B D_{Ag'}}{r^2 a\rho_B}(c_{A,b}-c_{A,r_0}) \tag{5.58}$$

和

$$-\frac{dr}{dt}=\frac{r_0 bM_B D_{As'}}{r^2 a\rho_B}(c_{A,r_0}-c_{A,r}) \tag{5.59}$$

分离变量积分式（5.58）和式（5.59），得

$$1-\left(\frac{r}{r_0}\right)^3=\frac{3bM_B D_{Ag'}}{a\rho_B r_0}\int_0^t (c_{A,b}-c_{A,r_0})dt \tag{5.60}$$

和

$$1-3\left(\frac{r}{r_0}\right)^2+2\left(\frac{r}{r_0}\right)^3=\frac{6bM_B D_{As'}}{a\rho_B r_0^2}\int_0^t (c_{A,r_0}-c_{A,r})dt \tag{5.61}$$

引入转化率，得

$$\alpha_B=\frac{3bM_B D_{Ag'}}{a\rho_B r_0}\int_0^t (c_{A,b}-c_{A,r_0})dt \tag{5.62}$$

和

$$3-3(1-\alpha_B)^{\frac{2}{3}}-\alpha_B=\frac{6bM_B D_{As'}}{a\rho_B r_0^2}\int_0^t (c_{A,r_0}-c_{A,r})dt \tag{5.63}$$

式（5.60）+式（5.61），得

$$2-3\left(\frac{r}{r_0}\right)^2+\left(\frac{r}{r_0}\right)^3=\frac{3bM_B D_{Ag'}}{a\rho_B r_0}\int_0^t (c_{A,b}-c_{A,r_0})dt+\frac{6bM_B D_{As'}}{a\rho_B r_0^2}\int_0^t (c_{A,r_0}-c_{A,r})dt \tag{5.64}$$

式（5.62）+式（5.63），得

$$1-(1-\alpha_B)^{\frac{2}{3}}=\frac{3bM_B D_{Ag'}}{a\rho_B r_0}\int_0^t (c_{A,b}-c_{A,r_0})dt+\frac{6bM_B D_{As'}}{a\rho_B r_0^2}\int_0^t (c_{A,r_0}-c_{A,r})dt \tag{5.65}$$

5.3.5 由组元 A 在气膜内的扩散和化学反应共同控制

组元 A 在气膜内的扩散和化学反应都很慢，成为过程的共同控制步骤。过程速率为

$$-\frac{1}{a}\frac{dN_{A(g)}}{dt}=-\frac{1}{b}\frac{dN_{B(s)}}{dt}=\frac{1}{c}\frac{dN_C}{dt}=\frac{1}{d}\frac{dN_D}{dt}=\frac{1}{a}\Omega_{g's'}J_{Ag'}=\Omega_{s's}j=\frac{1}{a}\Omega J_{g'j} \tag{5.66}$$

式中

$$\Omega_{g's'}=\Omega$$

$$J_{g'j}=\frac{1}{2}\left(J_{Ag'}+\frac{\Omega_{s's}}{\Omega}aj\right) \tag{5.67}$$

对于半径为 r 的球形颗粒，有

$$J_{Ag'}=D_{Ag'}(c_{A,b}-c_{A,r_0}) \tag{5.68}$$

$$j = kc_{A,r}^{n_A}c_{B,r}^{n_B} = kc_{A,r_0}^{n_A}c_{B,r}^{n_B} \tag{5.69}$$

由于组元 A 在产物层中的扩散快，所以

$$c_{A,r_0} = c_{A,r}$$

$$-\frac{dN_A}{dt} = 4\pi r_0^2 D_{Ag'}(c_{A,b} - c_{A,r_0}) \tag{5.70}$$

和

$$-\frac{dN_A}{dt} = 4\pi r^2 akc_{A,r_0}^{n_A}c_{B,r}^{n_B} \tag{5.71}$$

将式（5.5）和式（5.6）分别代入式（5.70）和式（5.71），得

$$-\frac{dr}{dt} = \frac{r_0^2 bM_B D_{Ag'}}{r^2 a\rho_B}(c_{A,b} - c_{A,r_0}) \tag{5.72}$$

和

$$-\frac{dr}{dt} = \frac{bM_B k}{\rho_B}c_{A,r_0}^{n_A}c_{B,r}^{n_B} \tag{5.73}$$

分离变量积分式（5.72）和式（5.73），得

$$1 - \left(\frac{r}{r_0}\right)^3 = \frac{3bM_B D_{Ag'}}{a\rho_B r_0}\int_0^t (c_{A,b} - c_{A,r_0})dt \tag{5.74}$$

和

$$1 - \frac{r}{r_0} = \frac{bM_B k}{\rho_B r_0}\int_0^t c_{A,r_0}^{n_A}c_{B,r}^{n_B}dt \tag{5.75}$$

引入转化率，得

$$\alpha_B = \frac{3bM_B D_{Ag'}}{a\rho_B r_0}\int_0^t (c_{A,b} - c_{A,r_0})dt \tag{5.76}$$

$$1 - (1-\alpha_B)^{\frac{1}{3}} = \frac{bM_B k}{\rho_B r_0}\int_0^t c_{A,r_0}^{n_A}c_{B,r}^{n_B}dt \tag{5.77}$$

式（5.74）+式（5.75），得

$$2 - \frac{r}{r_0} - \left(\frac{r}{r_0}\right)^3 = \frac{3bM_B D_{Ag'}}{a\rho_B r_0}\int_0^t (c_{A,b} - c_{A,r_0})dt + \frac{bM_B k}{\rho_B r_0}\int_0^t c_{A,r_0}^{n_A}c_{B,r}^{n_B}dt \tag{5.78}$$

式（5.76）+式（5.77），得

$$1 - (1-\alpha_B)^{\frac{1}{3}} + \alpha_B = \frac{3bM_B D_{Ag'}}{a\rho_B r_0}\int_0^t (c_{A,b} - c_{A,r_0})dt + \frac{bM_B k}{\rho_B r_0}\int_0^t c_{A,r_0}^{n_A}c_{B,r}^{n_B}dt \tag{5.79}$$

5.3.6 由组元 A 在固体产物层内的扩散和化学反应共同控制

若气膜的扩散阻力很小，而固体产物层内的扩散阻力和化学反应阻力较大，且两者相近，则整个过程由固体产物层内的扩散和化学反应共同控制。在这种情况下，固体颗粒外表面上反应物 A 的浓度与其在气流本体中的浓度相等，即 $c_{Ar_0} = c_{Ab}$。

组元 A 在固体产物层中的扩散速度慢，化学反应速度也慢，过程由这两者共同控制。浸出速率为

$$-\frac{1}{a}\frac{dN_{A(g)}}{dt}=-\frac{1}{b}\frac{dN_{B(s)}}{dt}=\frac{1}{c}\frac{dN_{C(g)}}{dt}=\frac{1}{d}\frac{dN_{D(s)}}{dt}=\frac{1}{a}\Omega_{s's}J_{As'}=\Omega_{s's}j=\frac{1}{a}\Omega J_{s'j} \tag{5.80}$$

式中

$$\Omega_{s's}=\Omega$$

$$J_{s'j}=\frac{1}{2}(J_{As'}+aj) \tag{5.81}$$

对于半径为 r 的球形颗粒，有

$$J_{As'}=D_{As'}\frac{dc_A}{dr} \tag{5.82}$$

$$j=kc_{A,r}^{n_A}c_{B,r}^{n_B} \tag{5.83}$$

及

$$-\frac{dN_A}{dt}=4\pi r^2D_{As'}\frac{dc_A}{dr} \tag{5.84}$$

$$-\frac{dN_A}{dt}=4\pi r^2akc_{A,r}^{n_A}c_{B,r}^{n_B} \tag{5.85}$$

过程达到稳态，可以将 $-\frac{dN_A}{dt}$ 看做常数，将式对 r 分离变量积分，得

$$-\frac{dN_A}{dt}=\frac{4\pi r_0D_{Ag'}}{r_0-r}(c_{A,r_0}-c_{A,r})=\frac{4\pi r_0D_{Ag'}}{r_0-r}(c_{A,b}-c_{A,r}) \tag{5.86}$$

由于组元 A 在气膜中的扩散速度快，不是控制步骤，所以

$$c_{A,r_0}=c_{A,b}$$

将式（5.5）和式（5.6）分别代入式（5.85）和式（5.86），得

$$-\frac{dr}{dt}=\frac{bM_Bk}{\rho_B}c_{A,r}^{n_A}c_{B,r}^{n_B} \tag{5.87}$$

和

$$-\frac{dr}{dt}=\frac{r_0bM_BD_{As'}}{r^2(r_0-r)a\rho_B}(c_{A,b}-c_{A,r}) \tag{5.88}$$

分离变量积分式（5.87）和式（5.88），得

$$1-\frac{r}{r_0}=\frac{bM_Bk}{\rho_Br_0}\int_0^t c_{A,r}^{n_A}c_{B,r}^{n_B}dt \tag{5.89}$$

和

$$1-3\left(\frac{r}{r_0}\right)^2+2\left(\frac{r}{r_0}\right)^3=\frac{6bM_BD_{As'}}{a\rho_Br_0^2}\int_0^t(c_{A,b}-c_{A,r})dt \tag{5.90}$$

引入转化率，得

$$1-(1-\alpha_B)^{\frac{1}{3}}=\frac{bM_Bk}{\rho_Br_0}\int_0^t c_{A,r}^{n_A}c_{B,r}^{n_B}dt \tag{5.91}$$

和

$$3 - 3(1 - \alpha_B)^{\frac{2}{3}} - \alpha_B = \frac{6bM_B D_{As'}}{a\rho_B r_0^2}\int_0^t (c_{A,b} - c_{A,r})\,dt \tag{5.92}$$

式（5.89）+式（5.90），得

$$2 - \frac{r}{r_0} - 3\left(\frac{r}{r_0}\right)^2 + 2\left(\frac{r}{r_0}\right)^3 = \frac{bM_B k}{\rho_B r_0}\int_0^t c_{A,r}^{n_A} c_{B,r}^{n_B}\,dt + \frac{6bM_B D_{As'}}{a\rho_B r_0^2}\int_0^t (c_{A,b} - c_{A,r})\,dt \tag{5.93}$$

式（5.91）+式（5.92），得

$$4 - (1 - \alpha_B)^{\frac{1}{3}} - 3(1 - \alpha_B)^{\frac{2}{3}} - \alpha_B = \frac{bM_B k}{\rho_B r_0}\int_0^t c_{A,r}^{n_A} c_{B,r}^{n_B}\,dt + \frac{6bM_B D_{As'}}{a\rho_B r_0^2}\int_0^t (c_{A,b} - c_{A,r})\,dt \tag{5.94}$$

5.3.7 过程由气体组元 A 在气膜中扩散、在固体产物层中扩散和化学反应共同控制

若外传质阻力、内传质阻力和化学反应阻力三者都不能忽略，则整个过程由外扩散、内扩散和化学反应三者共同控制。在动力学方程中就应该包括这三项因素。这种情况下，反应物浓度分布如图 5.6 所示。图中固体颗粒外表面的浓度 C_{Ar_0}，固体产物层与未反应核界面上的浓度为 C_{Ar}。

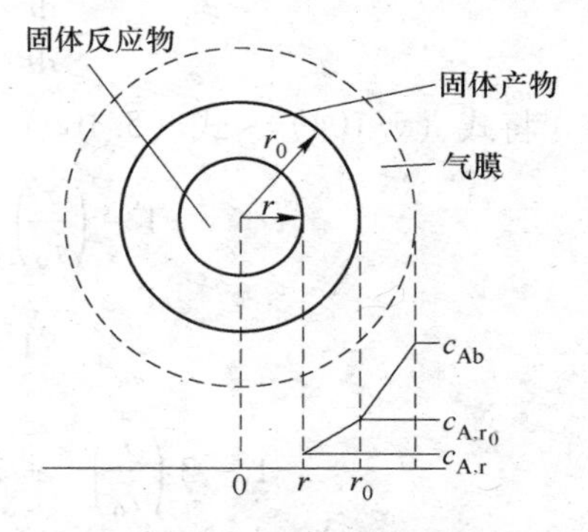

图 5.6 外扩散、内扩散、化学反应共同控制，反应物的浓度分布

气体组元 A 在气膜中的扩散速度和在固体产物层中的扩散速度都慢、化学反应速度也慢。过程由这三者共同控制。过程速率为

$$-\frac{1}{a}\frac{dN_{A(g)}}{dt} = -\frac{1}{b}\frac{dN_{B(s)}}{dt} = \frac{1}{c}\frac{dN_{C(g)}}{dt} = \frac{1}{d}\frac{dN_{D(s)}}{dt}$$

$$= \frac{1}{a}\Omega_{g's'}J_{Ag'} = \frac{1}{a}\Omega_{s's}J_{As'} = \Omega_{s's}j = \frac{1}{a}\Omega J_{g's'j} \tag{5.95}$$

式中

$$\Omega_{g's'} = \Omega$$

$$J_{g's'j} = \frac{1}{3}\left(J_{Ag'} + \frac{\Omega_{s's}}{\Omega}J_{As'} + \frac{\Omega_{s's}}{\Omega}aj\right) \tag{5.96}$$

对于半径为 r 的球形颗粒，有

$$J_{Ag'} = D_{Ag'}(c_{A,b} - c_{A,r_0}) \tag{5.97}$$

$$J_{As'} = D_{As'}\frac{dc_A}{dr} \tag{5.98}$$

$$j = kc_{A,r}^{n_A}c_{B,r}^{n_B} \tag{5.99}$$

及

$$-\frac{dN_{A(g)}}{dt} = 4\pi r_0^2 J_{Ag'} = 4\pi r_0^2 D_{Ag'}(c_{A,b} - c_{A,r_0}) \tag{5.100}$$

$$-\frac{dN_{A(g)}}{dt} = 4\pi r^2 J_{As'} = 4\pi r^2 D_{As'}\frac{dc_A}{dr} \tag{5.101}$$

$$-\frac{dN_{A(g)}}{dt}=4\pi r^2 aj=4\pi r^2 akc_{A,r}^{n_A}c_{B,r}^{n_B} \tag{5.102}$$

过程达到稳态，可以将 $\frac{dN_{A(g)}}{dt}$ 看做常数。将式（5.101）对 r 分离变量积分，得

$$-\frac{dN_{A(g)}}{dt}=\frac{4\pi r_0 r D_{As'}}{r_0-r}(c_{A,r_0}-c_{A,r}) \tag{5.103}$$

将式（5.5）和式（5.6）代入式（5.100）、式（5.102）和式（5.103）得

$$-\frac{dr}{dt}=\frac{r_0 bM_B D_{Ag'}}{r^2 a\rho_B}(c_{A,b}-c_{A,r_0}) \tag{5.104}$$

$$-\frac{dr}{dt}=\frac{bM_B k}{\rho_B}c_{A,r}^{n_A}c_{B,r}^{n_B} \tag{5.105}$$

$$-\frac{dr}{dt}=\frac{r_0 bM_B D_{As'}}{r(r_0-r)a\rho_B}(c_{A,r_0}-c_{A,r}) \tag{5.106}$$

将式（5.104）~式（5.106）分离变量积分，得

$$1-\left(\frac{r}{r_0}\right)^3=\frac{3bM_B D_{Ag'}}{a\rho_B r_0}\int_0^t(c_{A,b}-c_{A,r_0})dt \tag{5.107}$$

$$1-\frac{r}{r_0}=\frac{bM_B k}{\rho_B r_0}\int_0^t c_{A,r}^{n_A}c_{B,r}^{n_B}dt \tag{5.108}$$

$$1-3\left(\frac{r}{r_0}\right)^2+2\left(\frac{r}{r_0}\right)^3=\frac{6bM_B D_{As'}}{a\rho_B r_0^2}\int_0^t(c_{A,r_0}-c_{A,r})dt \tag{5.109}$$

写成转化率形式，有

$$\alpha_B=\frac{3bM_B D_{Ag'}}{a\rho_B r_0}\int_0^t(c_{A,b}-c_{A,r_0})dt \tag{5.110}$$

$$1-(1-\alpha_B)^{\frac{1}{3}}=\frac{bM_B k}{\rho_B r_0}\int_0^t c_{A,r}^{n_A}c_{B,r}^{n_B}dt \tag{5.111}$$

$$3-3(1-\alpha_B)^{\frac{2}{3}}-2\alpha_B=\frac{6bM_B D_{As'}}{a\rho_B r_0^2}\int_0^t(c_{A,r_0}-c_{A,r})dt \tag{5.112}$$

式（5.107）~式（5.109）三式相加，得

$$3-\left(\frac{r}{r_0}\right)-3\left(\frac{r}{r_0}\right)^2+\left(\frac{r}{r_0}\right)^3=\frac{3bM_B D_{Ag'}}{a\rho_B r_0}\int_0^t(c_{A,b}-c_{A,r_0})dt+\frac{6bM_B D_{As'}}{a\rho_B r_0^2}\int_0^t(c_{A,r_0}-c_{A,r})dt+\frac{bM_B k}{\rho_B r_0}\int_0^t c_{A,r}^{n_A}c_{B,r}^{n_B}dt \tag{5.113}$$

式（5.110）+式（5.111）+式（5.112），得

$$4-(1-\alpha_B)^{\frac{1}{3}}-3(1-\alpha_B)^{\frac{2}{3}}-\alpha_B=\frac{3bM_B D_{Ag'}}{a\rho_B r_0}\int_0^t(c_{A,b}-c_{A,r_0})dt+\frac{6bM_B D_{As'}}{a\rho_B r_0^2}\int_0^t(c_{A,r_0}-c_{A,r})dt+\frac{bM_B k}{\rho_B r_0}\int_0^t c_{A,r}^{n_A}c_{B,r}^{n_B}dt \tag{5.114}$$

5.4 收缩未反应核模型——反应前后固体颗粒尺寸变化的情况

前面讨论了在反应前后固体颗粒体积不发生变化的情况。但在实际过程中，也有在反应前后固体颗粒体积发生变化的情况。固体颗粒在反应前后体积发生变化对整个过程的影响，对于内扩散为过程的控制步骤的情况最为显著。对于化学反应或外传质为控制步骤的情况并不明显，可以不予考虑。下面仅讨论内扩散为过程的控制步骤，固体颗粒的体积在反应前后变化的情况。

假设固体颗粒为球形，起始半径为 r_0，反应后的半径为 r_d。反应所消耗的固体反应物的分子数乘以化学计量系数，等于生成的固体产物的分子数乘以化学计量系数。化学反应方程式为

$$A(g) + bB(s) \xlongequal{\quad} dD(s)$$

则有

$$\frac{\left(\frac{4}{3}\pi r_0^3 - \frac{4}{3}\pi r^3\right)\rho_B}{bM_B} = \frac{\left(\frac{4}{3}\pi r_d^3 - \frac{4}{3}\pi r^3\right)\rho_D}{dM_D} \tag{5.115}$$

式中，M_D、ρ_D、d 分别为固相产物 D 的相对分子质量、密度和化学计量系数。化简后并令其为 Z

$$\frac{dM_D\rho_B}{bM_B\rho_D} = \frac{dV_D}{bV_B} = \frac{r_d^3 - r^3}{r_0^3 - r^3} = Z \tag{5.116}$$

式中，V_B、V_D 分别为固体反应物 B 和产物 D 的摩尔体积，$V_B = \frac{M_B}{\rho_B}$，$V_D = \frac{M_D}{\rho_D}$，则有

$$r_d^3 - r^3 = Z(r_0^3 - r^3)$$

即

$$r_d = [Zr_0^3 + r^3(1 - Z)]^{\frac{1}{3}} \tag{5.117}$$

由式（5.70）知，对固体产物层控制的反应有

$$-\frac{bM_BD_ec_{Ab}}{\rho_B}dt = \left(r - \frac{r^2}{r_d}\right)dr \tag{5.118}$$

将式（5.117）代入式（5.118），得

$$-\frac{bM_BD_ec_{Ab}}{\rho_B}dt = \left\{r - \frac{r^2}{[Zr_0^3 + r^3(1 - Z)]^{\frac{1}{3}}}\right\}dr \tag{5.119}$$

积分上式，得

$$\frac{bM_BD_eC_{Ab}t}{\rho_B} = \frac{1}{2}r^2 + \frac{Zr_0^2 - [2r_0^3 + r^3(1 - Z)]^{\frac{2}{3}}}{2(1 - Z)} \tag{5.120}$$

由

$$\alpha_B = 1 - \left(\frac{r}{r_0}\right)^3$$

得

$$r = r_0(1 - \alpha_B)^{\frac{1}{3}} \tag{5.121}$$

将式（5.121）代入式（5.120），且多项除以 r_0^2，得

$$\frac{2bM_B D_e c_{Ab}}{\rho_B r_0^2} t = \frac{Z - [1 + (Z-1)\alpha_B]^{\frac{2}{3}}}{Z - 1} - (1 - \alpha_B)^{\frac{2}{3}} \tag{5.122}$$

固体颗粒完全反应，$\alpha_B = 1$，令完全反应所需时间为 t_f，则

$$\frac{2bM_B D_e C_{Ab}}{\rho_B r_0^2} t_f = \frac{Z - Z^{\frac{2}{3}}}{Z - 1} \tag{5.123}$$

相同的推导，对于平板状颗粒可得

$$\frac{2bM_B D_e c_{Ab}}{\rho_B L_0^2} t = Z\alpha_B^2$$

$$\frac{2bM_B D_e c_{Ab}}{\rho_B L_0^2} t_f = Z \tag{5.124}$$

式中，L_0为平板初始厚度。

对于圆柱形颗粒有

$$\frac{2bM_B D_e c_{Ab}}{\rho_B r_0^2} t = \frac{Z - (1-Z)(1-\alpha_B)\ln[Z + (1-Z)(1-\alpha_B)]}{2(Z-1)}$$

$$\frac{2bM_B D_e c_{Ab}}{\rho_B r_0^2} t_f = \frac{Z\ln Z}{2(Z-1)} \tag{5.125}$$

5.5 气体与多孔固体的反应

在气-固反应中，有些固体具有很多孔隙。气体与多孔固体的反应和气体与无孔固体的反应情况不同，化学反应不是发生在一个明显的界面上，而是发生在一个区域里。其数学处理比无孔隙固体复杂。

多孔固体的气-固反应可以分为三种情况：

（1）汽化反应，固体被消耗，没有固体产物。

（2）有固相生成，在反应过程中整个固体颗粒的大小不变。

（3）在过程进行中，固体结构发生变化。

本节介绍多孔固体的汽化反应。

5.5.1 多孔固体汽化反应的三种情况

多孔固体的汽化反应可用下式表示

$$A(g) + bB(s) = cC(g)$$

焦炭的燃烧反应就是这类反应。多孔固体的汽化反应包括气相传质、孔隙扩散和固体表面的化学反应三个基本步骤。

多孔固体的汽化反应可以分为三种情况：

（1）化学反应为过程的控制步骤。化学反应的速率比气膜扩散和孔隙扩散都要慢。气

体反应物的分子可以通过孔隙扩散深入至颗粒内部。

（2）化学反应和孔隙扩散共同为过程的控制步骤。化学反应速率较快，气体反应物通过孔隙扩散至固体颗粒内部的量大为减少。化学反应和孔隙扩散都比气膜扩散慢。

（3）气膜扩散为控制步骤。化学反应速率快，气体反应物一旦穿过固体表面的气膜层就立即反应。

5.5.2　化学反应为过程的控制步骤

这种情况过程有如下特征：

（1）气体反应物的浓度在整个固体颗粒的孔隙内都相同，等于气流本体的浓度。

（2）过程的活化能等于化学反应的活化能，过程的其他动力学参数也都与化学反应的动力学参数相同。

（3）过程的速度与固体颗粒的大小无关。

（4）化学反应在固体颗粒孔隙内均匀地进行，固体颗粒内部孔隙不断扩大，但外形尺寸不变，直至整个固体颗粒几乎反应完。

这种情况过程是在温度较低的条件下发生的。固体颗粒的反应过程与固体颗粒的初始孔隙结构和反应过程中孔隙结构的变化密切相关。彼德森（Petersen）假设固体颗粒具有均匀的圆柱形孔隙，它们随机相交，如图 5.7 所示。随着反应的进行，孔隙直径增加。单位体积多孔固体 B 的反应速率为

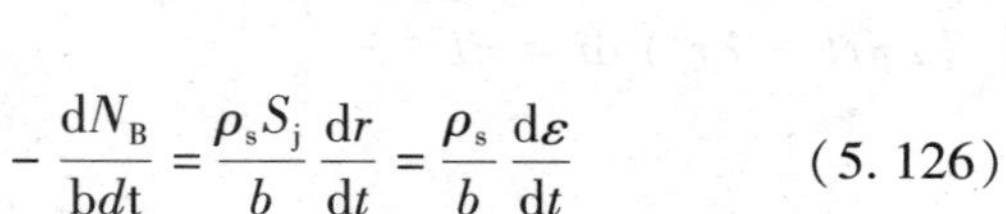

$$-\frac{\mathrm{d}N_{\mathrm{B}}}{b\mathrm{d}t}=\frac{\rho_{\mathrm{s}}S_{\mathrm{j}}}{b}\frac{\mathrm{d}r}{\mathrm{d}t}=\frac{\rho_{\mathrm{s}}}{b}\frac{\mathrm{d}\varepsilon}{\mathrm{d}t}\tag{5.126}$$

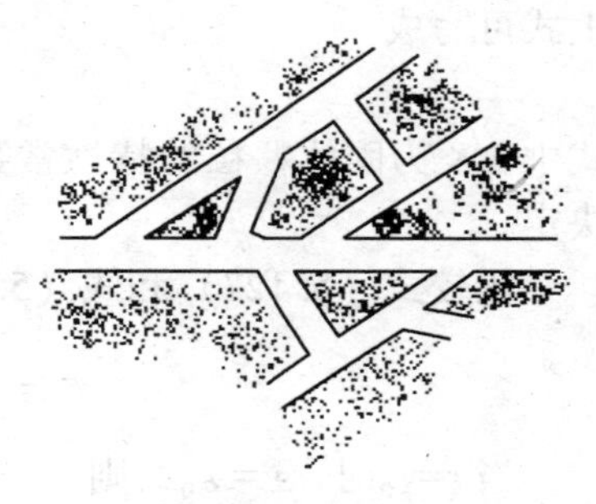

图 5.7　固体的孔隙结构

其中

$$S_{\mathrm{j}}=\frac{\mathrm{d}\varepsilon}{\mathrm{d}t}\tag{5.127}$$

式中，S_{j} 为单位体积固体颗粒的表面积；r 为孔隙半径；ε 为孔隙率；b 为化学计量系数；ρ_{s} 为不含孔隙的固体 B 的摩尔密度。

以气体反应物 A 表示的单位体积固体颗粒表面积 S_{j} 上的化学反应速率为

$$-\frac{\mathrm{d}N_{\mathrm{A}}}{\mathrm{d}t}=-\frac{\mathrm{d}N_{\mathrm{B}}}{b\mathrm{d}t}=kS_{\mathrm{j}}c_{\mathrm{A}}^{n}\tag{5.128}$$

式中，c_{A} 为气体反应物的本体浓度；n 为化学反应级数。

比较式（5.126）和式（5.128），得

$$\frac{\mathrm{d}r}{\mathrm{d}t}=\frac{kb}{\rho_{\mathrm{s}}}c_{\mathrm{A}}^{n}\tag{5.129}$$

将式（5.129）分离变量后积分，得

$$\int_{r_0}^{r}\mathrm{d}r=\int_{0}^{t}\frac{kb}{\rho_{\mathrm{s}}}c_{\mathrm{A}}^{n}\mathrm{d}t$$

$$r=r_0+\frac{kb}{\rho_{\mathrm{s}}}c_{\mathrm{A}}^{n}t\tag{5.130}$$

$$\frac{r}{r_0} = 1 + \frac{t}{\tau_0} \tag{5.131}$$

式中

$$\tau_0 = \frac{r_0 \rho_s}{kbc_A^n} \tag{5.132}$$

这里保持气流本体浓度不变。

假设多孔固体颗粒的孔隙都是圆柱状，在汽化反应过程中其半径均匀长大，且表面光滑。孔隙总长度是这些中心线长度之和，即

$$L = ab + bc + cd + de + \cdots \tag{5.133}$$

$$S_j = 2\pi r\left[L - r\sum_{i=1}^{m}\left(\frac{1}{\sin\varphi_i}\right)\right] - r^2\sum_{i=1}^{m}\beta(\varphi_i) \tag{5.134}$$

式中，m 为单位体积固体颗粒内的孔隙交叉数；右边第一个求和为计算孔长的校正项；第二个求和为由于孔壁的开口的校正项，是基于交角的形状因子。

如果反应过程中不产生新的孔道交叉，对于给定的固体颗粒，两个求和都是常数。则上式可写成

$$S_j = 2\pi rL - Kr^2 \tag{5.135}$$

式中，K 为固体颗粒的特性常数，其数值由单位体积内孔隙的交叉数目和交叉的角度所决定。

比较式（5.127）和式（5.135），得

$$\varepsilon = \int_0^r (2\pi rL - Kr^2)\,\mathrm{d}r = \pi Lr^2 - \frac{K}{3}r^3 \tag{5.136}$$

当 $r = r_0$ 时，$\varepsilon = \varepsilon_0$，则

$$\frac{\varepsilon}{\varepsilon_0} = \frac{\pi Lr^2 - \frac{K}{3}r^3}{\pi Lr_0^2 - \frac{K}{3}r_0^3} = \xi^2\left(\frac{G - \xi}{G - 1}\right) \tag{5.137}$$

式中

$$\xi = \frac{r}{r_0} \tag{5.138}$$

$$G = \frac{3\pi L}{Kr} \tag{5.139}$$

假设式（5.137）可适用于 $\varepsilon = 0 \sim 1$ 的范围，利用式（5.137），由式（5.127）得

$$S_j = \frac{\mathrm{d}\varepsilon}{\mathrm{d}t} = \frac{\mathrm{d}\varepsilon}{r_0\mathrm{d}\xi} = \left(\frac{\varepsilon_0}{r_0}\right)\frac{(2G - 3\xi)\xi}{G - 1} \tag{5.140}$$

当 $\varepsilon \to 1$ 时，$S_j \to 0$，而 $G - 1 \neq 0$，$\frac{\varepsilon_0}{r_0} \neq 0$，所以只有

$$2G - 3\xi = 0 \tag{5.141}$$

可得

$$\xi|_{\varepsilon=1} = \frac{2}{3}G \tag{5.142}$$

将式（5.142）代入式（5.137）（取 $\varepsilon=1$），得

$$\frac{4}{27}\varepsilon_0 G^3 - G + 1 = 0 \tag{5.143}$$

这是关于 G 的三次方程，若知道 ε_0，解方程（5.143），可求得 G。

将式（5.140）代入式（5.128），得单位体积固体颗粒的化学反应速率为

$$-\frac{\mathrm{d}N_\mathrm{A}}{\mathrm{d}t} = kS_\mathrm{j}c_\mathrm{A}^n = \frac{k\dfrac{\varepsilon_0}{r_0}(2G-3\xi)\xi}{G-1}c_\mathrm{A}^n \tag{5.144}$$

固体反应物 B 的转化率

$$\alpha = \frac{\varepsilon - \varepsilon_0}{1-\varepsilon_0} \tag{5.145}$$

将式（5.137）代入式（5.145），整理得

$$\alpha = \frac{\varepsilon_0}{1-\varepsilon_0}\left[\xi^2\left(\frac{G-\xi}{G-1}\right)-1\right] = \frac{\varepsilon_0}{1-\varepsilon_0}\left[\left(1+\frac{t}{\tau_0}\right)^2\left(\frac{G-1-\dfrac{t}{\tau_0}}{G-1}\right)-1\right] \tag{5.146}$$

式（5.146）仅适用于整个过程为化学反应控制的情况。

彼德森模型的主要假设是固体颗粒的孔隙是圆柱形的，并且大小相等，而实际固体颗粒的空隙形状互不相同，尺寸也不一样。彼德森模型还忽略了相邻孔隙在长大过程中的相互合并，因此孔隙率变化的公式不适用由 $\varepsilon=0\sim1$ 的整个范围。

对式（5.135）取二次导数，可得

$$\frac{\mathrm{d}^2S_\mathrm{j}}{\mathrm{d}r^2} = -2K \tag{5.147}$$

这表示，在反应过程中，单位体积的固体颗粒表面积会达到一个最大值，然后下降。这与实际是相符的。

5.5.3 孔隙扩散和化学反应共同为过程的控制步骤

孔隙扩散和化学反应共同为过程的控制步骤具有以下特征：

（1）化学反应主要发生在固体颗粒表面附近一定厚度层的区域内。

（2）过程的动力学参数是化学反应和孔隙内的扩散的综合结果，称为表观动力学参数。

（3）随着过程的进行，固体颗粒的外部尺寸不断减小，但固体颗粒的中心总有一部分不变，一直保持到最后阶段。

气体不能深入地渗透到未起反应的固体内部，反应主要发生在靠近外表面的一狭窄薄层内。为简化计，可以假设：在固体颗粒的反应薄层内，平均有效扩散系数和比表面积都为常数；当反应向固体颗粒内部推进时，反应区域的孔隙构造保持不变。

在单位体积固体的反应物中，所进行的不可逆反应质量平衡方程为

$$D_\mathrm{e}\nabla^2 c_\mathrm{A} - kS_\mathrm{j}c_\mathrm{A}^n = 0 \tag{5.148}$$

式中，S_j 为反应区的单位体积所包含的表面积。

对于单一固体颗粒，若反应发生在靠近固体颗粒的外表面附近，则固体反应物的形状

并不重要。除了反应的最后阶段，都可将反应进行的区域看做平板。这样上式可写做

$$D_e \frac{d^2 c_A}{dx^2} - kS_j c_A^n = 0 \tag{5.149}$$

式中，x 为和外表面相垂直的坐标轴变量。

上式的边界条件为：

$x=0$（即固体反应物的外表面），$c_A = c_{As}$；

$$x \to \infty \ , c_A = \frac{dc_A}{dx} = 0$$

第一个边界条件是忽略了外部传质的阻力；第二个边界条件意味着距固体反应物表面某一距离处的内层，气相反应物的浓度为零。这也意味着固体反应物的尺寸要足够大，以保证它与反应区域的厚度相比可看做无穷大。这种情况只有在希尔（Thiele）数大于 3 时，才适用，即

$$N_{Th} = \frac{V_p}{A_p}\sqrt{\frac{n+1}{2} \cdot \frac{kS_j c_{A,r_0}^{n-1}}{D_e}} > 3 \tag{5.150}$$

式中，V_p 和 A_p 分别为固体反应物的体积和表面积。

将式（5.149）做一阶积分，得

$$\frac{dc_A}{dx} = -\left(\frac{2}{n+1} \cdot \frac{kS_j}{D_e} c_A^{n+1}\right)^{\frac{1}{2}} \tag{5.151}$$

固体反应物单位表面积过程的速率为

$$j_A = -D_e\left(\frac{dc_A}{dx}\right) = \left(\frac{2kS_j D_e}{n+1}\right)^{\frac{1}{2}} c_{Ar_0}^{\frac{n+1}{2}} \tag{5.152}$$

上面的讨论是假设固体颗粒的表面积和孔隙的表面积相比可以忽略不计。如果固体颗粒的孔隙率低，或者化学反应速率很快，则外表面上发生的化学反应也会对过程的总速率起作用。外表面上的反应速率可表示为

$$j_{外表面} = kfc_{Ar_0}^n \tag{5.153}$$

式中，f 为外表面的粗糙因子，是外表面的真实面积与其投影面积之比。

将式（5.153）代入式（5.152）中，得

$$j_A = \left(\frac{2}{n+1} kS_j D_e\right)^{\frac{1}{2}} c_{AS}^{\frac{n+1}{2}} + kfc_{Ar_0}^n \tag{5.154}$$

式（5.154）即为由内扩散和化学反应共同控制并需要考虑外表面上的化学反应的过程总速率方程。

在前面的推导中，曾假设固体反应物孔隙中的传质是靠分子逆向扩散实现的。这对于气相中有大量的惰性气体存在的非等分子逆向扩散，仅为一种近似的处理方法。非等分子逆向扩散会造成孔隙中气体的流动。如果气体产物的分子数比气体反应物的分子数多，则气体的流向是离开固体，其结果是降低了气体反应物向固体内的传质速度。反之，如果气体产物的分子数少于气体反应物的分子数，则气流向固体内流动。其结果是增大了气体反应物向固体内的传质速度；对于非等分子逆向扩散来说，固体反应物单位表面积的反应速

率如下表示：

零级反应，$n=0$

$$j_{s0}=(2kS_jD_e)^{\frac{1}{2}}\left[\theta^{-1}\ln(1+\theta)\right]^{\frac{1}{2}}c_{Ar_0}^{\frac{1}{2}} \tag{5.155}$$

一级反应，$n=1$

$$j_{s1}=(2kS_jD_e)^{\frac{1}{2}}\left[\theta^{-1}-\theta^{-2}\ln(1+\theta)\right]^{\frac{1}{2}}c_{Ar_0} \tag{5.156}$$

二级反应，$n=2$

$$j_{s2}=(2kS_jD_e)^{\frac{1}{2}}\left[\frac{1}{2}\theta^{-1}-\theta^{-2}+\theta^{-3}\ln(1+\theta)\right]^{\frac{1}{2}}c_{Ar_0}^{\frac{3}{2}} \tag{5.157}$$

这里

$$\theta=(x-1)y_A \tag{5.158}$$

式中，x 为某一摩尔气体反应物所生成的气体产物的摩尔数；y_A 为气体反应物在气流本体的摩尔分数。

5.5.4 外扩散为过程的控制步骤

气膜扩散的阻力比化学反应和孔隙扩散都大，外扩散是过程的控制步骤。其特征为：

(1) 气体反应物在固体颗粒外表面的浓度接近于零。

(2) 化学反应发生在外表面上，固体颗粒尺寸不断减小，固体颗粒内部无变化。

(3) 表观活化能小。

这种情况和无孔隙固体颗粒中气膜扩散控制的情况基本相同。有

$$-\frac{\rho_B}{bM_B}\frac{dr}{dt}=k_gc_{Ab} \tag{5.159}$$

已知 k_g 的表达式，则上式可分离变量后积分，得到反应时间的表达式。

5.6 有固体产物的多孔固体的气-固反应

有固体产物的多孔固体的气固反应可以表示为

$$A(g)+bB(s)=\!=\!=cC(g)+dD(s)$$

在反应过程中，由于固体产物和固体反应物的密度不同，固体体积会发生变化。在许多情况下，这种变化较小，可以近似地认为固体总体积不变。

若化学发应是过程的主要阻力，则气体反应物的浓度在固体内部都相同，反应在固体体积内部均匀地进行。

若孔隙扩散是过程的主要阻力，则反应在未反应区和完全反应生成的产物区之间的狭窄界面层内进行。在未反应区内，对于不可逆反应，气体反应物的浓度为零；对于可逆反应，气体反应物的浓度为平衡值。这与扩散控制的无孔固体收缩未反应核的情况相同。

若过程为化学反应和扩散共同控制，则整个固体颗粒的转化程度是逐渐变化的。经过一定的时间后，形成一个完全反应了的外层。然后这一完全反应了的外层的厚度逐渐向固体颗粒内部延伸。完全反应的外层和完全没反应的内层之间是部分反应层，在此层内，化学反应和气体反应物的扩散并行。而无孔固体的气固反应存在一个明显的界面，该界面把

未反应的固体反应物与已完全反应了的固体产物分开。因此，对于无孔固体，只存在化学反应和扩散的串联。

为了问题处理方便，通常采用“粒子模型”。粒子模型假设：

（1）多孔固体具有球形、圆柱形或平板形等规则的几何形状，而且它们也是由形状相同、大小相等的球形、圆柱形或平板形的粒子构成。

（2）这些小粒子本身没有孔隙。

（3）小粒子与气体反应物的反应可以按照未反应核处理：反应过程中，小粒子的形状不变；反应完后，小粒子的体积不变。

下面根据不同的情况进行阐述。

5.6.1 化学反应为过程的控制步骤

在化学反应为过程的控制步骤的情况下，气体反应物在固体颗粒的孔隙内的浓度是均匀的，等于气流本体的浓度。固体反应物是单个小粒子的集合体，多个小粒子之间都是孔隙。每个小粒子都是无孔隙固体颗粒，都适用于对无孔隙固体的气固反应所推得的结果。对于球形小粒子的不可逆反应，有

$$\frac{\mathrm{d}r}{\mathrm{d}t}=\frac{bM_{\mathrm{B}}kc_{\mathrm{Ab}}^{n}}{\rho_{\mathrm{B}}} \tag{5.160}$$

分离变量积分，得

$$t=\frac{\rho_{\mathrm{B}}(r_0-r)}{bM_{\mathrm{B}}kc_{\mathrm{Ab}}^{n}} \tag{5.161}$$

$$t_{\mathrm{f}}=\frac{\rho_{\mathrm{B}}r_0}{bM_{\mathrm{B}}kc_{\mathrm{Ab}}^{n}} \tag{5.162}$$

$$\frac{t}{t_{\mathrm{f}}}=1-\frac{r}{r_0}=1-(1-\alpha_{\mathrm{B}})^{\frac{1}{3}} \tag{5.163}$$

5.6.2 通过固体产物层的扩散为控制步骤

过程为通过固体产物层的扩散控制，反应发生在未反应的核与完全反应了的产物层之间的狭窄薄层区域。这与无孔隙固体的扩散控制的收缩未反应核的情况相似。但因多孔固体具有孔隙，所以要用 $(1-\varepsilon)\rho_{\mathrm{B}}$ 代替无孔固体的 ρ_{B}（ε 为孔隙率）。对于球形固体颗粒，可得

$$t=\frac{(1-\varepsilon)\rho_{\mathrm{B}}r_0^2}{6D_{\mathrm{e}}bM_{\mathrm{B}}c_{\mathrm{Ab}}}\left[1-3(1-\alpha_{\mathrm{B}})^{\frac{2}{3}}+2(1-\alpha_{\mathrm{B}})\right] \tag{5.164}$$

$$t_{\mathrm{f}}=\frac{(1-\varepsilon)\rho_{\mathrm{B}}r_0^2}{6D_{\mathrm{e}}bM_{\mathrm{B}}c_{\mathrm{Ab}}} \tag{5.165}$$

5.6.3 化学反应和通过固体产物层的扩散共同为控制步骤

为处理过程由化学反应和通过固体产物层的扩散共同控制的情况，做如下假设：

（1）固体颗粒的结构在宏观上是均匀的，并且不受反应影响。

（2）在固体颗粒内的扩散是等分子逆向扩散或者扩散组分的浓度很低，气体反应物和

产物的有效扩散系数彼此相等，并且在整个固体颗粒中都相同。

（3）气体反应物通过每个粒子的产物层的扩散不影响扩散速度。

（4）黏滞流动对孔隙中的传质的贡献可以忽略。

（5）体系是等湿的。

（6）过程为准稳态。

该过程的质量平衡方程为

$$D_e \nabla^2 c_A - j = 0 \tag{5.166}$$

式中，$D_e \nabla^2 c_A$ 为单位时间内进入固体颗粒单位体积中的气体反应物 A 的量；j 为单位时间内、单位体积的多孔固体所消耗的气体反应物 A 的量。

假设在反应过程中粒子的形状不发生变化，化学反应为 n 级反应，则对每个粒子其反应速率为

$$-\frac{\rho_B}{bM_B}\frac{dr}{dt} = kc_A^n \tag{5.167}$$

式中，r 为粒子中心可收缩核表面的坐标。

固体反应物中单位体积内的粒子的反应速率为

$$j = a_B k\left(\frac{A_g}{V_g}\right)\left(\frac{A_g r}{F_g V_g}\right)^{F_g - 1} c_A^n \tag{5.168}$$

式中，a_B 为固体反应物 B 所占据的固体颗粒的体积分数；A_g 为粒子的表面积；V_g 为粒子的体积；F_g 为粒子的形状因子，对于平板为 1，圆柱体为 2，球形为 3。

将式（5.168）代入式（5.166）得

$$D_e \nabla^2 c_A - a_B k\left(\frac{A_g}{V_g}\right)\left(\frac{A_g r}{F_g V_g}\right)^{F_g - 1} c_A^n = 0 \tag{5.169}$$

5.7 反应过程中固体结构的变化

在前面的讨论中，没有考虑固体反应物或产物在反应过程中孔隙率、密度、扩散系数等的变化，即认为反应过程中固体反应物结构不发生变化。这对很多反应是不严格的，需要进行修正。

5.7.1 化学反应引起的结构变化

化学反应引起的结构变化，是指在反应过程中，由于固体产物和反应物的晶体结构不同而引起的宏观结构变化。这种变化可能影响密度、孔隙率、扩散系数等性质，从而影响到反应速率。

为了描述固体颗粒结构变化时孔隙率和扩散系数的影响，人们通过实验建立了一些经验和半经验公式。例如，影响孔隙率的公式为

$$\varepsilon = \varepsilon_0 + \alpha_1\left(1 - \frac{c_B}{c_{B0}}\right) \tag{5.170}$$

式中，ε 为固体颗粒在时刻 t 时的孔隙率；ε_0 为固体颗粒的初始孔隙率；α_1 为经验常数；c_B 和 c_{B0} 分别为固体反应物在时刻 t 和 t_0 时的浓度。

有效扩散系数与孔隙率的关系为

$$D_e = D_{e,0}\left(\frac{\varepsilon}{\varepsilon_0}\right)^2 \tag{5.171}$$

式中，D_e为固体颗粒在时刻 t 的有效扩散系数；$D_{e,0}$为固体颗粒的初始有效扩散系数。

还有更复杂的表达式

$$D_e = \frac{\alpha_2 D_{e,0}}{\exp\left[1 - \frac{1}{\alpha_3}\left(\frac{c_{B,0}}{c_B}\right) + \frac{1}{\alpha_2}\right]} \tag{5.172}$$

式中，α_2、α_3为经验常数。

5.7.2 固体结构变化的颗粒模型

在前面的讨论中，假设颗粒的尺寸不变。由于固体产物和反应物密度不同，在反应过程中颗粒尺寸会发生变化，设

$$Z_g = \frac{d\rho_B}{b(1-\varepsilon_D)\rho_0} \tag{5.173}$$

式中，Z_g为颗粒反应产物与反应物的摩尔体积比；b，d 分别为固体反应物 A 和产物 D 的化学计量系数；ε_D为颗粒产物的孔隙率。

与式（5.117）相同，可以得到

$$r_{gt} = [Z_g r_{g0}^3 + (1-Z_g)r_g^3]^{\frac{1}{3}} \tag{5.174}$$

式中，r_{gt}为 t 时刻颗粒的半径；r_g为颗粒未反应核的半径；r_{g0}为颗粒的初始半径。

参数 Z_g表示颗粒尺寸的变化：$Z_g<1$，表示颗粒尺寸收缩；$Z_g>1$，表示颗粒尺寸膨胀；$Z_g=1$，表示颗粒尺寸不变。

5.7.3 随机孔模型

有一类气固相反应，随着时间增加，其反应速率先逐渐增加，达到一极大值后逐渐减少。这种现象叫做自催化反应，例如氧化镍的还原、煤的气化等。

对于这类反应，可以用随机孔模型处理。随机孔模型假设：

（1）固体颗粒中孔隙随机分布，尺寸不一，方向各异，还可以相互重叠。

（2）气体在孔隙中的扩散无阻力，化学反应为控制步骤。

（3）化学反应在孔隙壁上进行，固体产物疏松，不影响化学反应。

（4）反应过程中孔隙壁可以穿透，造成孔隙连通，一些表面（孔隙壁）消失。

因此，气体反应物 A 在孔隙各处的浓度都等于本体浓度 c_{A0}，单位表面积的反应速率为

$$j_B = kc_{A0}^n \tag{5.175}$$

式中，k 为速率常数。

由于 k 和 c_{A0}都为常数，说明单位孔隙面积上的反应速率也为常数，因此，总反应速率与孔隙的总反应面积成正比。据此可以导出

$$S = \frac{S_0(1-\alpha)}{\left(1-\frac{\tau}{\delta}\right)^2}\left[1-\varphi\ln\frac{(1-\alpha)}{\left(1-\frac{\tau}{\delta}\right)}\right]^{\frac{1}{2}} \tag{5.176}$$

$$\alpha = 1-\left(1-\frac{\tau}{\delta}\right)^2\exp\left[-\tau\left(1+\frac{\varphi\tau}{4}\right)\right] \tag{5.177}$$

式中，S 为颗粒的总反应面积；S_0为初始面积；δ 和 φ 为颗粒的结构参数；τ 为反应的无因次动力学参数。分别定义为

$$\varphi = \frac{4\pi L_0\ (1-\varepsilon_0)}{S_0^2} \tag{5.178}$$

$$\delta = \frac{R_0\varepsilon_0}{1-\varepsilon_0} \tag{5.179}$$

$$\tau = \frac{kc_{A0}^n S_0 t}{1-\varepsilon_0} \tag{5.180}$$

式中，R_0为颗粒的初始半径；L_0、S_0和 ε_0分别为单位体积颗粒的初始孔隙的总长度、孔隙壁的总表面积和孔隙率。

当 $\delta\to\infty$ 或 $\tau/\delta\to 0$，得

$$S = S_0(1-\alpha)\ [1-\varphi\ln(1-\alpha)]^{\frac{1}{2}} \tag{5.181}$$

$$\alpha = 1-\exp\left[-\tau\left(1+\frac{\varphi\tau}{4}\right)\right] \tag{5.182}$$

并有

$$\frac{d\alpha}{dt} = (1-\alpha)[1-\varphi\ln(1-\alpha)]^{\frac{1}{2}} \tag{5.183}$$

5.8 气-固反应中的吸附现象

5.8.1 吸附反应

吸附过程的气-固反应可以表示为

$$A(g) + B(s) = C(g) + D(s)$$

反应过程包括气体反应物 A 在固体 B 表面活性中心上吸附形成表面配合物 $X^{\neq}$；表面配合物 $X^{\neq}$转化为表面配合物 $Y^{\neq}$；表面配合物 $Y^{\neq}$转化为气相产物 C 和固体产物 D。这些步骤都是可逆的，可写做

$$A+S \underset{k_{-1}}{\overset{k_1}{\rightleftharpoons}} X^{\neq}$$

$$X^{\neq} \underset{k_{-2}}{\overset{k_2}{\rightleftharpoons}} Y^{\neq}$$

$$Y^{\neq} \underset{k_3}{\overset{k_{-3}}{\rightleftharpoons}} C+S$$

式中，S 表示未被占据的固体表面的活性中心的表面位置。

A 的净吸附速率为

$$j_1 = k_1 p_A \theta_S - k_{-1} \theta_{X\neq} \tag{5.184}$$

表面化学反应速率为

$$j_2 = k_2 \theta_{X\neq} - k_{-2} \theta_{Y\neq} \tag{5.185}$$

C 的净吸附速率为

$$j_3 = k_{-3} \theta_{Y\neq} - k_3 p_C \theta_S \tag{5.186}$$

式中，$\theta_{X\neq}$、$\theta_{Y\neq}$ 分别表示被 $X^{\neq}$、$Y^{\neq}$ 占据的固体表面活性中心的分数；θ_S 为未被占据的固体表面活性中心的分数。

中间配合物的生成速率为

$$\frac{d\theta_{X\neq}}{dt} = k_1 p_A \theta_S - k_{-1} \theta_{X\neq} - k_2 \theta_{X\neq} + k_{-2} \theta_{Y\neq} \tag{5.187}$$

$$\frac{d\theta_{Y\neq}}{dt} = k_2 \theta_{X\neq} - k_{-2} \theta_{Y\neq} - k_{-3} \theta_{Y\neq} + k_3 p_C \theta_S \tag{5.188}$$

其中

$$\theta_S + \theta_{X\neq} + \theta_{Y\neq} = 1 \tag{5.189}$$

采用准稳态处理，即

$$\frac{d\theta_{X\neq}}{dt} = 0\ ,\ \frac{d\theta_{Y\neq}}{dt} = 0$$

则

$$k_1 p_A \theta_S - k_{-1} \theta_{X\neq} - k_2 \theta_{X\neq} + k_{-2} \theta_{Y\neq} = 0 \tag{5.190}$$

$$k_2 \theta_{X\neq} - k_{-2} \theta_{Y\neq} - k_{-3} \theta_{Y\neq} + k_3 p_C \theta_S = 0 \tag{5.191}$$

如果式中参数都能独立确定，则可得到总速率的表达式。然而这些参数需由总速率确定，不能独立确定。当参数较多时，难以用方程式检验模型的适用性。因此，需要用控制步骤的方法确定总反应速率。

5.8.2　表面化学反应为控制步骤

如果表面化学反应进行得慢，是控制步骤，而吸附与解吸进行得快，达到平衡或近似平衡状态，则

$$\theta_{X\neq} = (\theta_{X\neq})_{eq}\ ,\ \theta_{Y\neq} = (\theta_{Y\neq})_{eq}$$

$$j_1 = 0\ ,\ j_3 = 0$$

而由式（5.184）和式（5.186），分别得

$$(\theta_{X\neq})_{eq} = \frac{k_1}{k_{-1}} p_A \theta_S = k_A p_A \theta_S \tag{5.192}$$

$$(\theta_{Y\neq})_{eq} = \frac{k_3}{k_{-3}} p_C \theta_S = k_C p_C \theta_S \tag{5.193}$$

式中

$$k_A = \frac{k_1}{k_{-1}}\ ,\ k_C = \frac{k_3}{k_{-3}}$$

将式（5.192）和式（5.193）代入式（5.188），得

$$j_2 = k_2 k_A p_A \theta_S - k_{-2} k_C p_C \theta_S \tag{5.194}$$

将式（5.192）和式（5.193）相加，得

$$(\theta_{X\neq})_{eq} + (\theta_{Y\neq})_{eq} = k_A p_A \theta_S + k_C p_C \theta_S \tag{5.195}$$

再利用式（5.189），得

$$1 - \theta_S = k_A p_A \theta_S + k_C p_C \theta_S \tag{5.196}$$

所以

$$\theta_S = \frac{1}{1 + k_A p_A + k_C p_C} \tag{5.197}$$

达到稳态时，有

$$j = j_2 = k_2 k_A p_A \theta_S - k_{-2} k_C p_C \theta_S \tag{5.198}$$

将式（5.197）代入式（5.198），得

$$j = k_2 k_A \frac{p_A - \left(\dfrac{k_C}{k_A k_S}\right) p_C}{1 + k_A p_A + k_C p_C} \tag{5.199}$$

由

$$K = \left(\frac{p_C}{p_A}\right)_{eq} = \left(\frac{\dfrac{\theta_{Y\neq}}{K_C \theta_S}}{\dfrac{\theta_{X\neq}}{K_A \theta_S}}\right)_{eq} = \frac{K_A}{K_C}\left(\frac{\theta_{Y\neq}}{\theta_{X\neq}}\right)_{eq} = \frac{K_A}{K_C} K_S$$

$$K_S = K \frac{K_C}{K_A} \tag{5.200}$$

将式（5.200）代入式（5.199）中，消去难以知道的 K_S，得

$$j = k_2 k_A \frac{p_A - \dfrac{p_C}{K}}{1 + k_A p_A + k_C p_C} \tag{5.201}$$

如果反应的总速率与表面上形成的 $X^{\neq}$ 这种活化配合物的速率成正比，则

$$j = k_2 \theta_{X\neq} = k_2 \frac{p_A K_A}{1 + k_A p_A + k_C p_C} \tag{5.202}$$

此即朗格缪尔-辛谢尔伍德（Langmuir-Hinshelwood）的反应速率方程。

5.8.3 反应物的吸附为控制步骤

若气体反应物 A 的吸附缓慢，成为控制步骤，而表面化学反应和气体产物 C 的解吸进行得快，处于局部平衡，则

$$v_2 = 0, \quad v_3 = 0$$

由式（5.190）和式（5.191）分别得

$$\theta_{X\neq} = \frac{k_{-2}}{k_2} \theta_{Y\neq} = \frac{1}{K_S} \theta_{Y\neq} \tag{5.203}$$

$$\theta_{Y\neq} = \frac{k_3}{k_{-3}} p_C \theta_S = K_C p_C \theta_S \tag{5.204}$$

式中

$$K_S = \frac{k_2}{k_{-2}}, K_C = \frac{k_3}{k_{-3}}$$

在整个过程中，A 的净吸附速率等于总的反应速率，即

$$j = j_1 = k_1 p_A \theta_S - k_{-1}\theta_{X\neq} \tag{5.205}$$

将式（5.204）代入式（5.203）后，再代入式（5.205），得

$$j = j_1 = k_1 p_A \theta_S - k_{-1}\frac{K_B}{K_S} p_C \theta_S \tag{5.206}$$

将式（5.203）和式（5.204）代入式（5.189），得

$$\theta_S = \frac{1}{1 + \left(K_C + \frac{K_C}{K_S}\right) p_C} \tag{5.207}$$

将式（5.200）代入式（5.207），得

$$\theta_S = \frac{1}{1 + \left(K_C + \frac{K_A}{K}\right) p_C} \tag{5.208}$$

将式（5.208）代入式（5.205），得

$$j = k_1 \frac{p_A - \frac{p_C}{K}}{1 + \left(K_C + \frac{K_A}{K}\right) p_C} \tag{5.209}$$

5.8.4 产物的解吸为控制步骤

若产物 C 的解吸为控制步骤，而表面化学反应和气体反应解吸附进行得很快，处于局部平衡状态，则

$$v_1 = 0, v_2 = 0$$

由式（5.184）和式（5.185），分别得到

$$\theta_{X\neq} = \frac{k_1}{k_{-1}} p_A \theta_S = K_A p_A \theta_S \tag{5.210}$$

$$\theta_{Y\neq} = \frac{k_2}{k_{-2}} \theta_{X\neq} = K_S K_A p_A \theta_S \tag{5.211}$$

将式（5.210）和式（5.211）代入式（5.189），得

$$\theta_S = \frac{1}{1 + (K_A + KK_C) p_A} \tag{5.212}$$

在整个过程中，产物 C 的解析速率等于总的反应速率，即

$$j = j_3 = k_{-3}\theta_{Y\neq} - k_3 p_C \theta_S \tag{5.213}$$

将式（5.211）代入式（5.213）中，得

$$j = j_3 = k_{-3} K_S K_A p_A \theta_S - k_3 p_C \theta_S \tag{5.214}$$

将式（5.212）代入式（5.214），得

$$j = j_3 = \frac{k_{-3}K_S K_A p_A - k_3 p_C}{1 + (K_A + KK_C)p_A} \tag{5.215}$$

习　题

5-1　推导无固体产物层的气-固反应内扩散控制的动力学方程。

5-2　推导无固体产物层的气-固反应的化学反应控制的动力学方程。

5-3　推导多孔球形颗粒的气-固反应由孔隙扩散控制的动力学方程。

5-4　推导多孔球形颗粒的气-固反应由孔隙扩散和化学反应共同控制的动力学方程。

5-5　煤粉在空气中加热到900℃发生汽化反应 $C+O_2 = CO_2$，若外传质和孔隙扩散阻力忽略不计，煤粉完全汽化需要多少时间（已知：$\varepsilon_0 = 0.15$，$\gamma_0 = 5\times10^{-4}$cm，$k = 10^{-4}$，$n = 1$，$C_A = 2\times10^{-1}$mol/cm^3，$\rho_c =$ 0.12mol/cm^3）。

5-6　推导产物的解吸为控制步骤的动力学方程。

6 气-液相反应动力学

本章学习要点：

气泡的形成，气泡的上浮、长大和分离，气泡与液体间的传质，气-液相反应，碳氧反应，气泡冶金，气体在液体中的溶解和析出，真空脱气，惰性气体脱气，液体蒸发。

在冶金和化工生产过程中，气-液相反应有重要作用。例如，氧气炼钢的脱碳、脱硅、脱磷等过程；铜火法冶炼过程中冰铜的氧化吹炼；湿法冶金的铜、镍高压氧还原；用二氧化碳和硅酸钠溶液反应的碳分法制备白炭黑，用氨气和硫酸铝溶液反应制备氢氧化铝等，都涉及气-液相反应。

气-液相反应包括两个方面：一是气泡在液相中的形成及其行为；二是气-液相反应过程的速率。

6.1 气泡的形成

气泡在液相中产生有两个途径：一是在气体过饱和溶液中形成气泡；二是气体由浸没在液体中的喷嘴流出而形成气泡。这两个途径形成气泡的过程和机制是不同的。

6.1.1 气泡核的形成

气泡核的形成像晶核形成一样，存在均匀成核和非均匀成核。均匀成核极其困难，一般都是非均匀成核。

6.1.1.1 均匀成核

如果气泡核在均匀相的内部产生，该气体要有很高的过饱和度。根据理查德森（Richardson）的研究，其过饱和程度相当于该过饱和气体的平衡压力为5~10MPa。

在液相中产生一气泡核，需要克服表面张力做功。设在均匀液相中形成一半径为 R 的球形气泡核，其表面积为 $4\pi R^2$，液体的表面张力为 σ，则气泡核的表面能为 $4\pi R^2\sigma$。如果该气泡核的半径增加 dR，则相应的表面能增加为

$$\Delta G = 4\pi\sigma[(R + dR)^2 - R^2] \approx 8\pi\sigma R dR \tag{6.1}$$

气泡表面能的增加等于外力所做的功，即等于反抗由表面张力所产生的附加压力 $p_{附}$ 所做的功：

$$\Delta G = W_{外} = 4\pi R^2 p_{附} dR \tag{6.2}$$

式中，$p_{附}$ 表示气泡为克服表面张力所产生的附加压力。可见，在液相中的气泡除受到大气压力和液体的静压力外，还要具有为克服表面张力所需要的附加压力。气泡内的压力为

大气压力、液体的静压力及附加压力之和。

由式（6.1）和式（6.2）得到

$$p_{附} = \frac{2\sigma}{R} \tag{6.3}$$

可见，气泡越小，表面张力所产生的附加压力就越大，即形成气泡所需要的过饱和度就越大。

6.1.1.2 非均匀成核

在装有液体的容器的底面上有大量微孔隙，液体可能渗入也可能不渗入这些微孔隙内部。如果液体不能渗入到微孔隙内部，这些孔隙就可能成为气泡形成的核心。但并不是所有这些孔隙都能成为气泡形成的核心，而只有在一定尺寸范围内的孔隙才能成为气泡形成的核心。

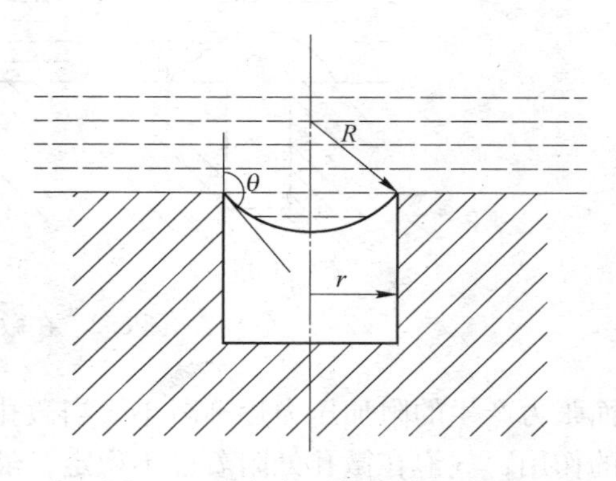

图 6.1 液相与固相孔隙的润湿

如图 6.1 所示，容器底部表面上的微孔隙是半径为 r 的圆柱形孔隙，固相与液相的接触角为 θ，表面张力所产生的附加压力与液体所产生的重力方向相反。附加压力的大小与孔隙半径的关系为

$$p_{附} = \frac{2\sigma}{R} = \frac{2\sigma\cos(180-\theta)}{r} = -\frac{2\sigma\cos\theta}{r} \tag{6.4}$$

式中，R 为液相弯月面的曲率半径。

如果孔隙内残余气体的压力与液面上方气相的压力相等，当表面张力产生的附加压力大于或等于液体的静压力，液体就不能充满这个孔隙。当附加压力与静压力相等，孔隙的尺寸为临界值，是能产生气泡的孔隙最大直径，即

$$p_{附} = p \tag{6.5}$$

$$p = \rho_l gh \tag{6.6}$$

将式（6.4）和式（6.6）代入式（6.5），得

$$r_{max} = -\frac{2\sigma\cos\theta}{\rho_l gh} \tag{6.7}$$

式中，ρ_l 为液体密度；g 为重力加速度；h 为液体深度；r_{max} 为孔隙的临界尺寸。

在微孔隙中气泡的长大过程如图 6.2 所示。随着气-液反应的进行，孔隙中气体压力增加，体系由状态（a）向状态（b）过渡。当气体处于状态（b）时，曲率半径为无穷大，附加压力 $p_{附}$ 为零。当体系由状态（b）向状态（c）过渡时，液面曲率半径由无穷大变为 R，但方向与状态（a）相反，由表面张力产生的附加压力 $p_{附}$ 的方向与液体静压力的方向一致，孔隙内的气相压力达到最大值 p_{max}。

$$p_{max} = p_g + \rho_l gh + \frac{2\sigma\sin\theta}{r} \tag{6.8}$$

式中，p_g 为液面上方气体的压力。

当体系由状态（c）变到（d）时，接触角 θ 维持不变，液面曲率半径逐渐增大，表

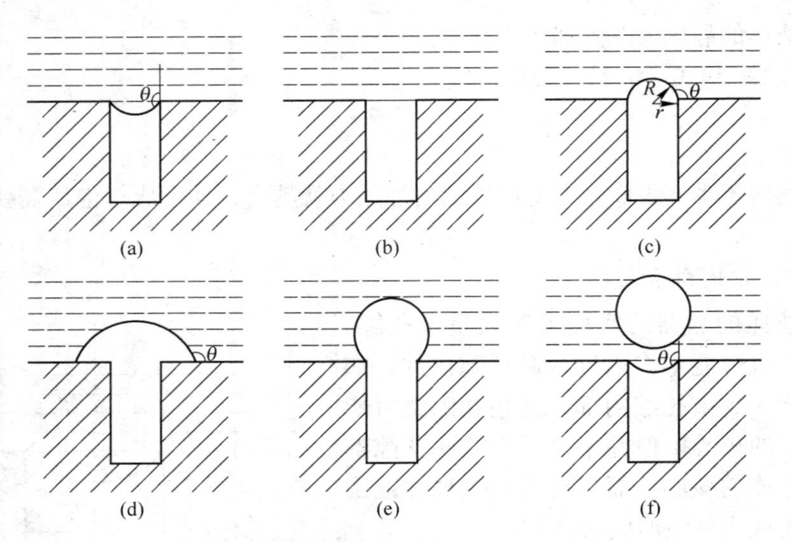

图 6.2 在微孔隙中气泡的长大过程

面张力产生的附加压力逐渐减小。当微孔的气体扩展到一定程度达到状态（e），由于浮力的作用，气泡在微孔处附着已不稳定，最后脱离孔隙上浮到溶液表面（f）。

因为气-液反应所产生的气体压力最大值不会超过该体系在同一条件下的平衡压力值，即气泡在微孔隙中的压力不会超过平衡压力值。如果用平衡压力值代替式（6.8）中的 $p_{\max}$，就可以求出能产生气泡的微孔半径的下限值。

由上面的讨论可见，形成气泡的微孔隙尺寸的上下限与液体的表面张力、液面上方气体的压力、液体的深度、液体的密度、气-液反应平衡压力等许多因素有关。

气泡在孔隙中长大的速度，即气泡直径随时间的变化可近似地表示为

$$R = 2\beta(Dt)^{\frac{1}{2}} \tag{6.9}$$

式中，R 为气泡半径；D 为该气体在液体中的扩散系数；β 为生长系数，是溶液中该气体的过饱和浓度与平衡浓度之差值的函数，可由下式定义：

$$\frac{c_{\mathrm{b}} - c_{\mathrm{e}}}{\rho_{\mathrm{g}}} = 2\beta^3 \mathrm{e}^3 \int_{\beta}^{\infty} \left(\frac{1}{\tilde{r}^2} \mathrm{e}^{\tilde{r}^2} - \frac{2\beta^3}{\tilde{r}} \right) \mathrm{d}\tilde{r} \tag{6.10}$$

式中，ρ_{g} 为气泡中气体的密度；$\tilde{r}$ 为虚拟变量；c_{b} 为气体在过饱和溶液中的浓度；c_{e} 为气-液界面上气体的平衡浓度。

当 $\beta>10$ 时，有

$$\beta = \frac{c_{\mathrm{b}} - c_{\mathrm{e}}}{\rho_{\mathrm{g}}} \tag{6.11}$$

上面两式可用来估计孔隙内气泡的生长情况。

当气泡的浮力超过表面张力时，气泡就会离开孔隙上浮。在气泡脱离孔隙时，其直径可用弗瑞兹（Fritz）公式估计

$$d_{\mathrm{B}} = 0.86\theta \left[\frac{2\sigma}{g}(\rho_l - \rho_{\mathrm{g}}) \right]^{\frac{1}{2}} \tag{6.12}$$

式中，θ 为接触角，以弧度表示。

将式（6.11）代入式（6.9），得气泡产生的频率为

$$f=\frac{1}{t_d}=\left(\frac{16D}{d_B^2}\right)\left(\frac{c_b-c_e}{\rho_g}\right)^2 \tag{6.13}$$

式中，f为气泡产生的频率；t_d为形成一个气泡所需要的时间；d_B为气体直径，$d_B=2R$。

将式（6.12）代入式（6.13），可得气泡从开始长大到离开孔隙所需要的时间为

$$t_d=\frac{(0.86\theta)^2\rho_g^2\sigma(\rho_l-\rho_g)}{8Dg(c_b-c_e)} \tag{6.14}$$

方程式（6.13）和式（6.14）的推导过程，做了许多简化假设。因此，应用它们所得的结果仅是粗略的估计值。当气泡生长速度很快（例如真空脱气）时，它们不适用。在气泡生长初期，表面张力和黏滞力的影响很重要，上述方程式不适用这种情况。

处理非均匀成核的最大困难是不知道固体表面存在的成核中心的数目。因此，上述结果只是对非均匀成核机理的分析，而不能预示在某一固体表面上气泡的放出速率。

6.1.2 由喷嘴形成气泡

在冶金、材料制备、化工等实际生产过程中，常用喷嘴向液体中吹入气体进行气-液相反应，例如转炉炼钢的脱碳反应、碳分法生产白炭黑等。当气体经喷嘴吹入液体时，依据不同条件在喷嘴出口处可以形成不连续的气泡或连续的射流。研究发现，当气体的流速低时，形成不连续的气泡；当气体的流速高时，形成连续的射流。莱伯松（Leibson）和海尔康伯（Halcomb）通过在空气-水系的实验结果，提出当喷嘴的雷诺数

$$Re=\frac{vd_e\rho_l}{\eta_l} \tag{6.15}$$

小于2100时，气体形成不连续的气泡；而当喷嘴的雷诺数大于2100时，喷出的气流就形成连续的射流。式中，v为气体的流速；d_e为喷嘴直径；ρ_l为液体密度；η_l为液体黏度。

6.1.2.1 形成不连续的气泡

若液体能润湿喷嘴，在喷嘴处气泡的形成过程如图6.3所示。在初始阶段，气泡基本上保持其原有的形状不断长大（图6.3a）；当长大到一定程度后，气泡开始变形（图6.3b），形成“细颈”（图6.3c）；最后，气泡脱离喷嘴上浮。气泡生长和脱离喷嘴的过程受液体的表面张力、黏度、密度和气泡上部所受的压力等因素影响。

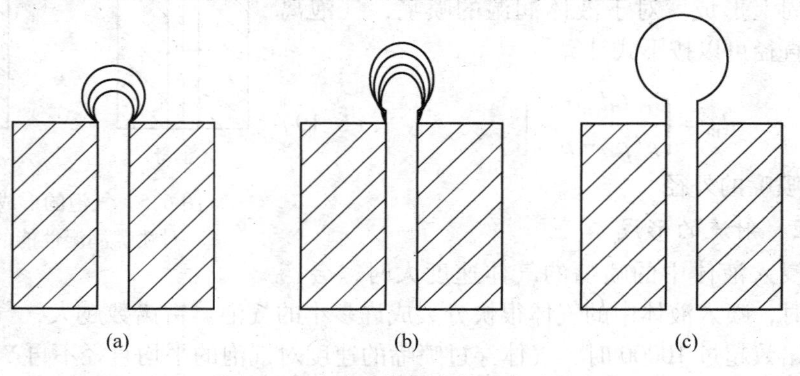

图6.3 在喷嘴处气泡的形成过程

当气体流经喷嘴的速度比较低时，离开喷嘴的气泡的直径由所受到的浮力与表面张力的平衡确定，即

$$\frac{1}{6}\pi d_{B}^{3} g(\rho_{l}-\rho_{g})=\pi d_{e}\sigma \qquad Re_{0}<500 \tag{6.16}$$

则

$$d_{B}=\left[\frac{6d_{e}\sigma}{g(\rho_{l}-\rho_{g})}\right]^{\frac{1}{3}} \qquad Re_{0}<500 \tag{6.17}$$

许多室温实验证实了上式的正确性。对于液态金属上式也适用。

在 $500 \leqslant Re_0 \leqslant 2100$ 范围内，莱伯松提出下面的经验公式

$$d_{B}=0.046 d_{0}^{\frac{1}{2}} Re_{0}^{\frac{1}{3}} \tag{6.18}$$

实验数据如图 6.4 所示。由图 6.4 可见，当 $Re>5000$ 时，气泡的大小近似为一常数。这是由于当 Re_0>2100 时，正形成射流，这些气流是因射流破碎而形成的。

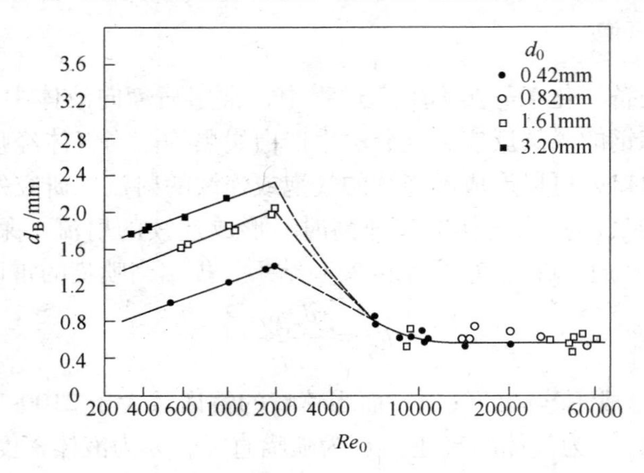

图 6.4 离开喷嘴的气泡大小与射流的水力学条件关系

液体对喷嘴的润湿性不同，形成气泡的机理也不同。如图 6.5 所示，对于液体润湿的喷嘴，气泡在喷嘴的内圆周上形成；对于液体不润湿的喷嘴，气泡在喷嘴的外圆周上形成。对于液体润湿的喷嘴，气泡离开喷嘴时的直径可以按下式计算

$$d_{B}=\left[\frac{6d_{n0}\sigma}{g(\rho_{l}-\rho_{g})}\right]^{\frac{1}{2}} \tag{6.19}$$

式中，d_{n0}为喷嘴的外径。

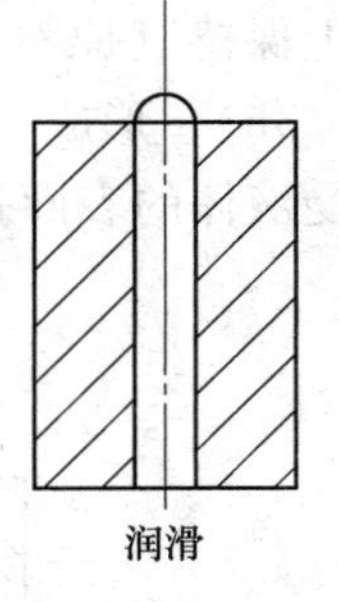

图 6.5 气泡的形成与液体对喷嘴润湿性能的关系

6.1.2.2 射流的形成

当流经浸入液体中的喷嘴的气体速度大时，会产生射流。这时，喷入液体中的气体很快分裂成许多小的气泡。雷诺数越大，气泡的直径就越小。当雷诺数超过 10000 时，气体穿过喷嘴的速度对气泡的平均直径不再产生影响。

工业应用的浸没式喷嘴有两种浸没形式。一种是水平式，一种是垂直式。下面分别予

以阐述。

A 水平式浸没喷嘴的射流

气流由水平式浸没喷嘴喷出时就成为气-液混合物。离喷嘴愈远，混入的液体就愈多，其射流的形状如图 6.6 所示。

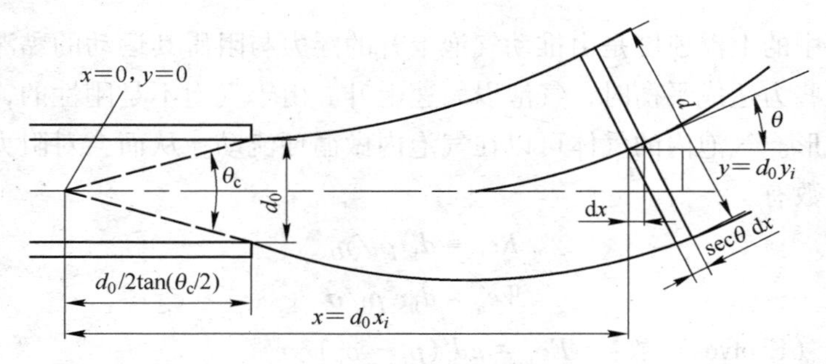

图 6.6 射流的几何形状

$y_i=\frac{y}{d_0}$—垂直无因次距离；$x_i=\frac{x}{d_0}$—水平无因次距离；d_0—喷嘴的内径

在距喷嘴 x 处射流中气体体积分数 φ 为

$$\varphi=\frac{1}{x_i}\left[\varphi-\frac{\rho_l}{\rho_g}(1-\varphi)\right]^{\frac{1}{2}} \tag{6.20}$$

射流所能深入液体内部的距离与弗劳德（Froude）无因次数有关。弗劳德无因次数为

$$Fr=\frac{\rho_g v_0^2}{g(\rho_l-\rho_g)d_0} \tag{6.21}$$

式中，v_0 为气流离开喷嘴时的速度。

弗劳德数与射流参数之间的关系见图 6.7。弗劳德数是惯性力与重力之比。可以看做气体离开喷嘴时所具有的惯性力与因液体和气体密度的差异而产生的重力影响之比。弗劳德数越大，则喷出的气流进入液体越深。

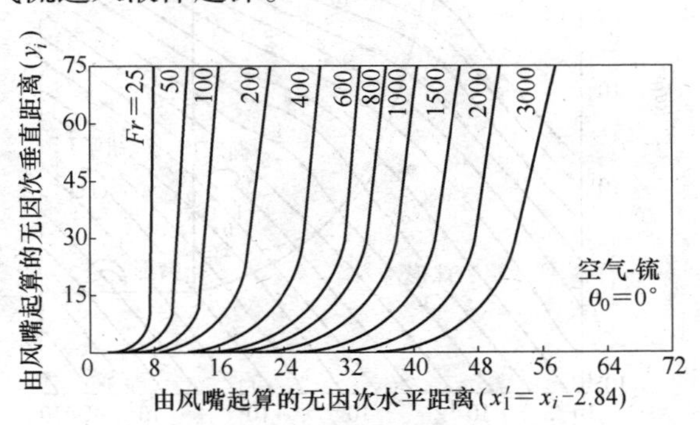

图 6.7 弗劳德数与射流参数之间的关系

B 垂直式浸没喷嘴的射流

托肯道松认为气流带入的动能大部分消耗在离喷嘴较近的距离的范围内，液体成为液滴和碎片。随着距离的增加，液滴和碎片又聚集起来，形成气泡区。

6.2　气流在液体中的运动

6.2.1　气泡的上浮

气泡在液体中的上浮速度是由推动气泡上升的浮力与阻碍其运动的黏滞力和形状阻力共同决定。当这些力达成平衡时，气泡以匀速上升。由于气泡不是刚性的，作用在它上面的力能够使它变形。气泡内的气体可以在气泡内做循环流动，从而会对阻力产生影响。气泡运动的特征参数有

雷诺数：　$Re_b = d_b v \rho_l / \eta_l$

韦伯数：　$We_b = d_b v^2 \rho_l / \sigma$

易欧特瓦斯（Evotvos）数：　$Eo_b = g d_e^2 (\rho_l - \rho_g) / \sigma$

莫尔顿（Morton）数：　$Mo_b = g \mu_l^4 / \rho_l \sigma^3$

图 6.8 给出了气泡行为与 Re_b、Eo_b 和 Mo_b 等无因次数之间的关系，虚线表示各种形式的气泡存在范围。由图可见：

（1）当 $Re_b < 2$ 时，形成小气泡，其形状为球形，其行为类似刚性圆球。可以用斯托克斯（Stokes）定律计算其稳定上升的速度。

$$v_t = \frac{d_b^2}{18\eta} g(\rho_l - \rho_g) \tag{6.22}$$

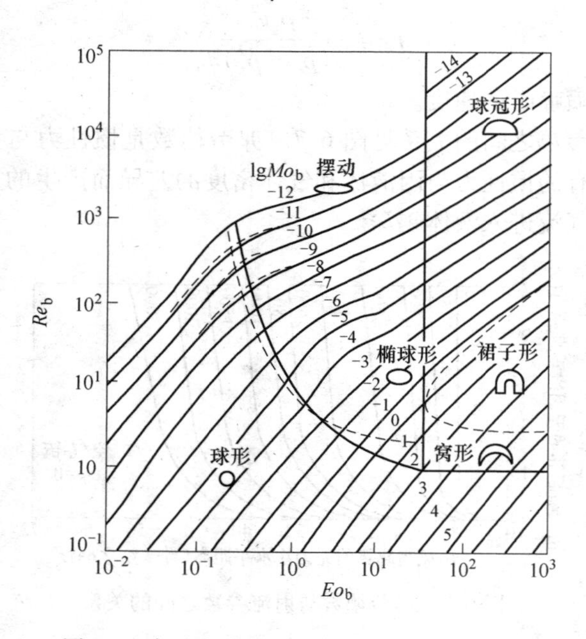

图 6.8　气泡行为与 Re_b、Eo_b 和 Mo_b 的关系

（2）当 $Re_b > 1000$、$We_b > 18$ 或 $Eo_b > 50$ 时，在低黏度或中等黏度的液体中，气泡为球冠形。其上升速度与液体的性质无关，可用下式计算。

$$v_t = 0.79 g^{\frac{1}{2}} V_B^{\frac{1}{3}} \tag{6.23}$$

或

$$v_t = 1.02 \left(\frac{1}{2} g d_B\right)^{\frac{1}{2}} \tag{6.24}$$

式中，V_B 为气泡的体积；d_B 为气泡的当量直径。

（3）当 Re_b 取值居中，而 Eo_b 数值大时，形成凹坑形或带裙边形的气泡。

（4）当 Re_b 和 Eo_b 的数值都居中时，形成椭球形气泡。其上升时发生摆动，呈螺旋形轨迹上升。

方程式（6.22）~式（6.24）仅适用于尺寸不变的气泡。当气泡穿过液体时，由于其所受静压力不断减小，气泡尺寸不断长大。这种情况对于处在大气压下的水溶液体系不太显著，但对于金属溶液，由于其密度大，则很明显。对于球冠形气泡，其上升速度可以表示为

$$v_t = 0.79 g^{\frac{1}{2}} V_B^{\frac{1}{6}} \tag{6.25}$$

当气泡的膨胀速度缓慢时，气泡内部的压力等于同一水平面上液体所承受的静压力。设喷嘴位置为零，喷嘴到上方液面的高度为 h，喷嘴到气泡的高度为 x，则气泡内的压力为

$$p_x = p_0 - g\rho_l x \tag{6.26}$$

式中，p_0 为与喷嘴同一水平位置液体所受到的压力，且有

$$p_0 = p^{\ominus} + \rho_l g h \tag{6.27}$$

式中，$p^{\ominus}$ 为标准大气压力。

设气泡内的气体服从理想气体状态方程，即

$$p_x V_x = p_0 V_0 \tag{6.28}$$

式中，V_x 为气泡内压力为 p_x 时的体积，即气泡的体积 V_B。

将式（6.28）和式（6.26）代入式（6.25），并利用

$$v_t = \frac{dx}{dt}$$

得

$$\frac{dx}{dt} = v_t = 0.79 g^{\frac{1}{2}} \left(\frac{p_0 V_0}{p_0 - g\rho_l x}\right)^{\frac{1}{6}} \tag{6.29}$$

在 $t = 0$，$x = 0$ 条件下积分上式，得

$$t = \frac{1.08\left[p_0^{\frac{7}{6}} - (p_0 - \rho_l g x)^{\frac{7}{6}}\right]}{g^{\frac{1}{2}} (p_0 V_0)^{\frac{1}{6}} \rho_l g} \tag{6.30}$$

$$0 \leqslant x \leqslant h$$

将式（6.28）代入式（6.26），可得球冠形气泡的体积

$$v_x = \frac{p_0 V_0}{p_0 - g\rho_l x} \tag{6.31}$$

6.2.2 气泡上浮过程中长大

6.2.2.1 气泡的尺寸

在液体中，气泡上浮过程受到的压力为

$$p = p_g + \rho g h + \frac{4\sigma}{d} \tag{6.32}$$

式中，p 为气泡受到的压力；ρ 为液体密度；g 为重力加速度；h 为液体表面到气泡底部的距离；p_g为液体表面的外部压力；σ 为液体的表面张力；d 为气泡直径。只有当溶在液体中的气体组元的平衡压力 p_e，即气泡内气体的压力大于或等于气泡所受的压力 p，气泡才能长大、上浮（这里考虑有其他气体的情况）。将

$$h = h' + d$$

代入式（6.32），得

$$\rho g d^2 + (p_g + \rho g h' - p)d + 4\sigma = 0 \tag{6.33}$$

式中，h'为气泡顶部到液面的距离。

解 d 的一元二次方程，得

$$d = \frac{-(p_g + \rho g h' - p) \pm \sqrt{(p_g + \rho g h' - p)^2 - 16\rho g\sigma}}{2\rho g} \tag{6.34}$$

当

$$(p_g + \rho g h' - p)^2 \geqslant 16\rho g\sigma$$

方程（6.33）有两个实根，溶解在液体中的气体组元能够形成气泡并上浮。

当

$$(p_g + \rho g h' - p)^2 < 16\rho g\sigma$$

方程（6.33）没有实根，溶解在液体中的气体组元不能形成气泡。

在液体下部，气泡受到的压力大，形成气泡困难。在接近液体表面 $h=d$ 处，形成气泡容易，有

$$d = \frac{-(p_g + \rho g d - p) \pm \sqrt{(p_g + \rho g d - p)^2 - 16\rho g\sigma}}{2\rho g} \tag{6.35}$$

当

$$(p_g + \rho g d - p)^2 \geqslant 16\rho g\sigma$$

方程有两个实根，溶解在液体中的气体容易形成气泡。

6.2.2.2 上浮过程中气泡内气体量的变化

由式（6.32）可见，气泡在上浮过程中，气泡所受的压力随液体静压力的减小不断降低，因而气泡的体积不断增大。设气泡内气体的摩尔浓度为 c_g(mol/cm^3)，摩尔数为 n_g，气泡直径为 d，则有

$$\frac{\pi d^3}{6} = \frac{n_g}{c_g} \tag{6.36}$$

气泡内气体量的增加等于通过气泡表面进入气泡内的气体的量，即

$$\frac{dn_g}{dt} = S_b J \tag{6.37}$$

式中，S_b 为气泡的表面积；J 为气体通过气泡表面液体边界层的扩散速率。

对于由液体边界层传质控制的脱气过程，气泡内气体摩尔数的增加等于通过液体边界层的传质速率。对于球形气泡，有

$$\frac{dn_g}{dt} = \pi d^2 k_l (c_b - c_i) \tag{6.38}$$

式中，c_b和c_i分别为溶解的气体组元在液体本体和液体−气泡界面的浓度；k_l 为液相传质系数，根据渗透理论，有

$$k_l = 2\left(\frac{D}{\pi t_e}\right)^{\frac{1}{2}} \tag{6.39}$$

式中，D 为溶解的气体组元在液体中的扩散系数；t_e为接触时间，即微元寿命，有

$$t_e = \frac{d}{v_g} \tag{6.40}$$

式中，v_g为气泡上升速度。

将式（6.39）和式（6.40）代入式（6.37），得

$$\frac{dn_g}{dt} = 2\pi d^2 \left(\frac{Dv_g}{\pi d}\right)^{\frac{1}{2}} (c_b - c_i) \tag{6.41}$$

式（6.41）给出了气泡上浮过程中气泡内气体增加速率。

将式（6.36）代入式（6.41），得

$$\frac{dn_g}{dt} = \left(\frac{24Dv_g n_g}{c_g}\right)^{\frac{1}{2}} (c_b - c_i) \tag{6.42}$$

当气泡直径较大时，表面张力产生的附加压力可以忽略，式（6.32）简化为

$$p = p_g + \rho g h \tag{6.43}$$

设气泡内的气体服从理想气体状态方程

$$pV_g = n_g RT \tag{6.44}$$

得

$$p_g = c_g RT \tag{6.45}$$

将式（6.45）代入式（6.43），得

$$c_g = \frac{p_g + \rho g h}{RT} \tag{6.46}$$

上式对时间求导，得

$$\frac{dc_g}{dt} = \frac{\rho g}{RT}\frac{dh}{dt} = -\frac{\rho g v_g}{RT} \tag{6.47}$$

式中

$$v_g = -\frac{dh}{dt} \tag{6.48}$$

为气泡上浮速度。式（6.47）给出了气泡上浮过程中，气泡内气体浓度的变化速率。

由于液体对气泡的浮力与气泡排开液体的重力相等，气泡上浮速度的大小为

$$v_g = \left(\frac{2dg}{3}\right)^{\frac{1}{2}} \tag{6.49}$$

将式（6.47）代入式（6.42），得

$$\frac{dn_g}{dc_g} = -\left(\frac{24Dn_g}{vc_g}\right)^{\frac{1}{2}} \frac{RT}{\rho g}(c_b - c_i) \tag{6.50}$$

式（6.50）给出了气泡上浮过程中气泡内脱出的气体的量对其浓度的变化率。

6.2.2.3　上浮过程中气泡体积变化

对于由液体边界层传质控制的过程，气泡内气体摩尔数的增加等于通过液体边界层的传质速率。对于球形气泡，有

$$\frac{dn_g}{dt} = k_l 4\pi r^2 (c_b - c_i) \tag{6.51}$$

气泡体积增大速率为

$$\frac{dV_g}{dt} = V_{M,g}\frac{dn_g}{dt} = V_{M,g}k_l 4\pi r^2 (c_b - c_i) \tag{6.52}$$

式中，V_g为气泡体积；$V_{M,g}$为气泡的摩尔体积。

气泡的上浮速率为

$$v_g = \left(\frac{2}{3}dg\right)^{\frac{1}{2}} \tag{6.53}$$

从传质过程的渗透理论得出

$$k_l = 2\left(\frac{D}{\pi t_e}\right)^{\frac{1}{2}} \tag{6.54}$$

式中，D 为溶解组元在液相的扩散系数；t_e为气泡的接触时间，有

$$t_e = \frac{d}{v_g} \tag{6.55}$$

忽略表面张力产生的附加压力，由理想气体状态方程，得

$$V_{M,g} = \frac{RT}{p} = \frac{RT}{p_g + \rho gh} \tag{6.56}$$

将

$$V_g = \frac{4}{3}\pi r^3$$

和式（6.56）代入式（6.52），得

$$\frac{dr}{dt} = \frac{RT}{p_g + \rho gh}\left(\frac{gD^2}{3\pi^2 r}\right)^{\frac{1}{4}}(c_b - c_i) \tag{6.57}$$

由气泡上浮速度 v_g和液体深度 h 的关系

$$v_g = -\frac{dh}{dt} \tag{6.58}$$

得

$$\frac{\mathrm{d}r}{\mathrm{d}h}=\frac{\mathrm{d}r}{\mathrm{d}t}\frac{\mathrm{d}t}{\mathrm{d}h}=-\frac{1}{v_{\mathrm{g}}}\frac{\mathrm{d}r}{\mathrm{d}t} \tag{6.59}$$

将式（6.53）和式（6.57）代入式（6.59），得

$$\frac{\mathrm{d}r}{\mathrm{d}h}=-\frac{RT}{2(p_{\mathrm{g}}+\rho gh)}\left(\frac{9D^2}{gr^3\pi^2}\right)^{\frac{1}{4}}(c_{\mathrm{b}}-c_{\mathrm{i}}) \tag{6.60}$$

积分上式，得气泡半径和液体深度的关系

$$r=\frac{4RT(3D)^{\frac{1}{2}}(c_{\mathrm{b}}-c_{\mathrm{i}})}{14\pi^{\frac{1}{2}}(3g)^{\frac{1}{4}}\rho g}\left[\ln\left(h+\frac{p_{\mathrm{g}}}{\rho g}\right)-\ln\frac{p_{\mathrm{g}}}{\rho g}\right]^{\frac{4}{7}} \tag{6.61}$$

积分下限取 $h'=0$，$r=0$。

6.2.3 气泡的分裂

上升的气泡大于一定尺寸后，变得不稳定，发生变形和分裂成若干个较小的气泡。气泡分裂过程是先在其中部形成缩颈，气体向外流动的惯性力达到和超过表面力时，缩颈处断开，气泡分裂。

$$\frac{\zeta\rho_{\mathrm{g}}v_{\mathrm{g}}^2}{2}\geqslant\frac{\sigma\pi l^2}{V} \tag{6.62}$$

式中，ρ_{g}、v_{g} 为气体的密度和速度；l 为气泡断裂处被压扁的缩颈的厚度；V 为气泡的体积。

向外流动的气体速度与液体速度（即气泡上升速度）具有相同的数量级，即

$$v_{\mathrm{g}}\approx v_l$$

变形气泡的厚度 l 可由液体的毛细压力和驻点压强差之间的平衡得到

$$l\approx\frac{2\sigma}{\rho_l v_l^2} \tag{6.63}$$

气泡体积为

$$V=\frac{1}{6}\pi d_{\mathrm{B}}^3 \tag{6.64}$$

将式（6.63）和式（6.64）代入式（6.62），得气泡分裂的临界直径为

$$d_{\mathrm{B,crit}}\approx\left(\frac{6}{\zeta}\right)^{\frac{1}{3}}\frac{2\sigma}{v_{\mathrm{g}}^2(\rho_{\mathrm{g}}\rho_l^2)^{\frac{1}{3}}} \tag{6.65}$$

6.2.4 分散气泡体系

在实际生产中，液体中的气泡不是单一的，而是由大量气泡构成分散气泡体系。分散气泡体系可以由气体通过喷嘴进入液体形成，也可以由非均匀成核形成。分散气泡体系中气泡平均上升速度比同样大小的单一气泡上升的速度快。分散气泡体系可划分为三个范围：

（1）成泡体系。形成不连续的气泡，液体为连续相，空隙分数或气体含量分数小。空隙分数或气体含量分数定义为

$$\varepsilon_{\mathrm{g}}=\frac{\text{气泡的体积}}{\text{气体和液体的体积}} \tag{6.66}$$

（2）泡沫。液体仍为连续相。

（3）蜂窝状泡沫。大量泡沫构成蜂窝状结构。

$$\varepsilon_g = 0.9 \sim 0.98$$

分散气泡体系的空隙分数与表面速度之间的关系满足下列经验公式

$$\ln(1-\varepsilon_g)^{-1} = 0.586 v_{BS} (\rho v_m)^{\frac{1}{2}} + 0.45 \tag{6.67}$$

或

$$\lg(1-\varepsilon_g)^{-1} = 0.146 \lg(1+v_{BS}) - 0.06 \tag{6.68}$$

式中，v_m 为质量流量；v_{BS}为表面速度，定义为

$$v_{BS} = \frac{\text{气体的体流速}}{\text{容器的截面}} \tag{6.69}$$

上面两个经验公式适用范围是 $\varepsilon_g \leqslant 0.6$。

6.3 气泡与液体间的传质

气泡与液体间的传质已进行了很多研究。相对来说，对水溶液体系研究较多。因为水溶液体系实验比高温熔体容易一些。

6.3.1 传质系数的计算

按雷诺数的大小可将传质系数的计算划分为四个范围：

（1）$Re_b<1.0$ 气泡的行为类似于刚性球。可以通过下面的关系求传质系数

$$Sh = 0.99(ReSc)^{\frac{1}{3}} \tag{6.70}$$

（2）$1 < Re_b < 100$ 可以通过下面的关系估算传质系数

$$Sh = 2 + 0.552 Re^{0.55} Sc^{0.33} \tag{6.71}$$

在上面两个雷诺数范围，气泡稳定上升的速度与 $Re^{1.8\sim2}$ 成正比。因此，传质系数随气泡直径的增大而增大。

（3）$100 < Re_b < 400$ 气泡内存在着气体的循环，气泡变形并摆动。传质系数难以确定。

（4）$Re_b > 400$ 球冠形的气泡，其传质系数可用下式计算

$$Sh = 1.28(ReSc)^{\frac{1}{2}} \tag{6.72}$$

利用球冠形气泡上升速度方程式（6.23），可得传质系数公式

$$k_d = 1.08 g^{\frac{1}{4}} D_A^{\frac{1}{2}} d_b^{-\frac{1}{4}} \tag{6.73}$$

式中，k_d 为传质系数；D_A 为扩散物质的扩散系数；d_b 为当量气泡直径。

6.3.2 单一气泡的传质

液体向气泡内的传质速率为

$$J_A = \frac{1}{S_b}\frac{dn}{dt} = k_d(c_{Ab} - c_{Ai}) \tag{6.74}$$

式中，J_A 为扩散物质 A 的摩尔通量；c_{Ab}为液体中扩散物质 A 的浓度；S_b 为气-液界面的

面积；$\frac{dn}{dt}$为在单位时间内传质的摩尔数。

式（6.74）可以用来计算任一瞬间液体向气泡内的传质。但计算在气泡存在期间的总传质量则比较困难。这是因为在气泡上升过程中，k_d 和 S_b 都在变化，而气泡表面传递物质 A 的平衡浓度还与静压力有关。

在气-液体系中，气泡与液体达成平衡。设溶液中的组元 A 服从亨利定律，即

$$p_A = kc_A \tag{6.75}$$

式中，p_A 为扩散组分 A 在气泡内的分压，如果气泡内只有气体 A，没有其他气体，则为气体的总压；c_A 为溶液中组元 A 的浓度；k 为亨利定律常数。

气泡内气体的压力为

$$p_A = p^{\ominus} + g_l(h - x) \tag{6.76}$$

气泡的表面积与体积的关系为

$$S_b = \varphi V_b^{\frac{2}{3}} \tag{6.77}$$

式中，φ 为气体的形状因子；S_b为气泡的表面积；V_b为气泡的体积。

设气泡内的气体为理想气体，则

$$pV_b = nRT \tag{6.78}$$

将式（6.78）对时间求导，得

$$\frac{dn}{dt} = \frac{1}{RT}\left(v_b \frac{dp}{dt} + p\frac{dV_b}{dt}\right) \tag{6.79}$$

式中，$\frac{dV_b}{dt}$可写做

$$\frac{dV_b}{dt} = \frac{dV_b}{dx}\frac{dx}{dt} = v_b\frac{dV_b}{dx} \tag{6.80}$$

其中

$$v_b = \frac{dx}{dt} \tag{6.81}$$

为气泡上升速度。将式（6.74）、式（6.76）、式（6.77）、式（6.78）和式（6.80）联立，可得

$$\frac{dV_b}{dx} = \frac{k_d RT\varphi V_b^{\frac{2}{3}}}{v_b}\left[\frac{c_{Ab}}{p^{\ominus} + g\rho_l(h - x)} - \frac{1}{k}\right] + \frac{g\rho_l V_b}{p^{\ominus} + g\rho_l(h - x)} \tag{6.82}$$

当 $x = 0$ 时，$V_b = V_{b0}$，即喷嘴出口处气泡的体积。

若气泡内含有惰性气体，则上式变为

$$\frac{dV_b}{dx} = \frac{k_d RT\varphi V_b^{\frac{2}{3}}}{v_b}\left[\frac{c_{Ab}}{p^{\ominus} + g\rho_l\ (h - x)^{\frac{1}{2}}} - \frac{1}{k}\right] + \frac{g\rho_l V_b}{p^{\ominus} + g\rho_l(h - x)} \tag{6.83}$$

式中，k_d，φ 均为气泡体积的非线性函数，计算上两式时需采用数值积分。

图 6.9 给出用氩气脱除钢液中氢的效率曲线。这里没考虑气泡的快速膨胀效应。由图可见，气泡体积越小，脱氢效率越高。

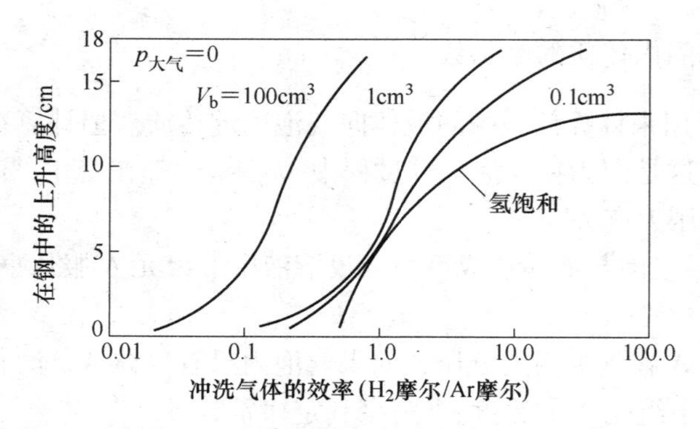

图 6.9　用氩气脱除钢液中氢的效率曲线

6.3.3　分散气泡体系的传质

实际生产过程中常遇到的是分散气泡体系（即气泡群）的传质。

物质由液相向气泡群传质的传质系数可以用下式表示

$$k_d = 1.28\left(\frac{Dj_B}{d}\right)^{\frac{1}{2}} \tag{6.84}$$

式中，j_B 为气泡平均速度，且有

$$j_B = \frac{\varepsilon j_{SB}}{\varepsilon} \tag{6.85}$$

式中，ε 为物质的体积传质系数。

$$k_v = k_d\Omega = 7.68(\varepsilon Dj_{SB})^{\frac{1}{2}}d^{-\frac{2}{3}} \tag{6.86}$$

式中，Ω 为单位体积气-液混合物中气泡与液体的界面面积，且有

$$\Omega = \frac{6\varepsilon}{d} \tag{6.87}$$

上述关系式适用于水溶液，也适用金属溶液。

在气泡-液相间的反应过程中，其控制步骤若是气泡与液相间的扩散，则将液体中扩散组分的浓度的对数与反应时间作图将得一直线；其控制步骤若是气相的传质，则过程的速率不随液相中扩散组分的浓度变化，保持为常数。前者如氩气泡从液态铝中脱氢，后者如铜的气体脱氧。在冶金过程中，气泡与液相间的扩散过程为控制步骤的情况占多数。

6.4　气-液相反应

如果气泡中的气体与液相中的物质发生化学反应，其反应过程包括下列步骤：反应气体向气-液界面扩散，反应气体在气-液界面上向液体中溶解，溶解的气体与液相中的组元发生化学反应。因此，总过程包括物质的传递和化学反应。

6.4.1　化学反应比传质快

气体 A 溶解到溶液中，液相中含有反应组元 B。A 与 B 反应的化学方程式为

$$A+B \longrightarrow C$$

产物 C 不挥发，且能溶解于液相中，由界面向溶液本体扩散。设上述反应为不可逆二级反应。溶入界面层的 A 向反应区扩散的速度比 B 由溶液主体向反应区扩散的速度快。这就使得反应区向溶液本体发展，直到 A 和 B 开始相遇的位置，即图 6.10 中的 *RE* 线（实际是 *RE* 面）。从界面到 *RE* 面之间的区域称为反应区。在该区内 C 的浓度为常数，以 m 表示。

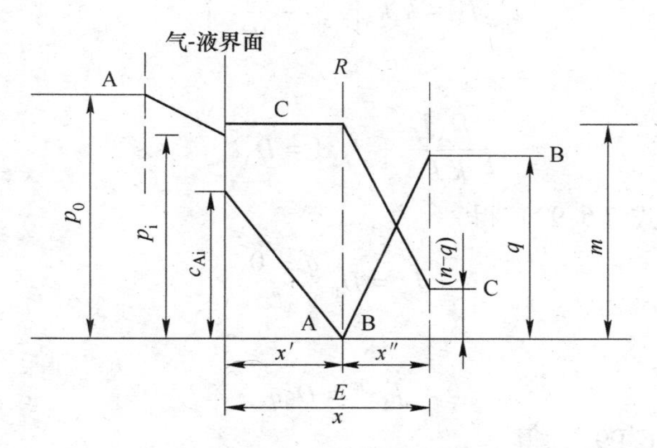

图 6.10　化学反应比传质快时气-液相内反应物的浓度分布

设溶液本体中 B 的总浓度为 n，这包括未结合的和已结合到产物 C 中的 B，未结合的 B 的浓度为 q，则在溶液本体中产物 C 的浓度为 $n-q$。

单位面积上产物 C 由反应区向溶液本体中扩散的速度为

$$J_C = D_C \frac{m - (n - q)}{x''} \tag{6.88}$$

A 在反应区的扩散速度为

$$J_A = D_A \frac{c_{Ai} - 0}{x'} \tag{6.89}$$

或

$$J_A = k_g(p_g - p_i) \tag{6.90}$$

式中，p_g 为气相中 A 的分压；p_i 为气-液界面处 A 的分压。B 由溶液本体向反应区扩散的速度为

$$J_B = - D_B \frac{q - 0}{x''} \tag{6.91}$$

达到稳态时，有

$$J_A = J_C = - J_B \tag{6.92}$$

设气体 A 溶入溶液服从亨利定律，则有

$$p_g = k_A c_{Ag} \tag{6.93}$$

$$p_i = k_A c_{Ai} \tag{6.94}$$

式中，c_{Ag} 为与 p_g 平衡的液相中组元 A 的浓度；c_{Ai} 为气-液界面处 A 的浓度，即与 p_i 平衡的组元 A 的浓度。

将式（6.93）和式（6.94）代入式（6.90），得

$$J_A = k_g k_A (c_{Ag} - c_{Ai}) \tag{6.95}$$

由式（6.89）得

$$c_{Ai} = \frac{J_A x'}{D_A} \tag{6.96}$$

将式（6.96）代入式（6.95），得

$$J_A = k_g k_A \left(c_{Ag} - \frac{J_A x'}{D_A} \right) \tag{6.97}$$

整理得

$$\frac{D_A J_A}{k_g k_A} + J_A x' = D_A c_{Ag} \tag{6.98}$$

由式（6.91）和式（6.92）得

$$J_A = D_B \frac{q - 0}{x''}$$

即

$$J_A x'' = D_B q \tag{6.99}$$

式（6.98）+式（6.99），得

$$\frac{D_A J_A}{k_g k_A} + J_A x' + J_A x'' = D_A c_{Ag} + D_B q = \frac{D_A p_g}{k_A} + D_B q \tag{6.100}$$

后一步利用了式（6.93）。整理式（6.100），得

$$J_A = \frac{\dfrac{D_A p_g}{k_A} + D_B q}{\dfrac{D_A}{k_g k_A} + x} = \frac{\dfrac{p_g}{k_g} + \dfrac{D_B}{D_A} q}{\dfrac{1}{k_g k_A} + \dfrac{x}{D_A}} \tag{6.101}$$

式中，$x = x_1 + x_2$。

由式（6.101）可见，传质速率与气相的推动力及液相中溶质 B 的等价推动力成正比，与把 A 看做穿过整个液膜的总传质阻力成反比。

6.4.2 传质与化学反应速率相近

传质速率与化学反应速率相近。溶质 A 经气相扩散，然后在液相中进行一级反应。A 的浓度分布如图 6.11 所示。

过程达到稳态时，质量平衡方程为

$$\frac{d^2 c_A}{dx^2} - \frac{k_e}{D_A} c_A = 0 \tag{6.102}$$

边界条件为

$$\left. \begin{aligned} x = 0,\ c_A = c_{Ai} \\ x = X,\ c_A = c_{Ax} \end{aligned} \right\} \tag{6.103}$$

解方程（6.102），得

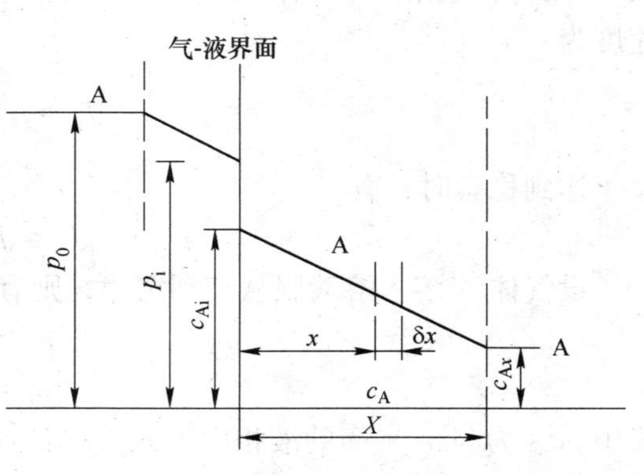

图 6.11　传质与化学反应速率相近时气-液相内反应物的浓度分布

$$c_{\mathrm{A}} = \frac{c_{\mathrm{A}x} \sinh\alpha x + c_{\mathrm{Ai}} \sinh\alpha(X - x)}{\sinh\alpha X} \tag{6.104}$$

式中

$$\alpha = \sqrt{\frac{k_{\mathrm{e}}}{D_{\mathrm{A}}}} \tag{6.105}$$

式（6.104）给出了液膜中 A 的浓度分布。化学反应速率等于穿过界面的传质速率。将式（6.104）对 x 求导，并令 $x=0$，则有

$$\left(\frac{\mathrm{d}c_{\mathrm{A}}}{\mathrm{d}x}\right)_{x=0} = c_{\mathrm{Ai}} \frac{\alpha\cosh\alpha X - \alpha \dfrac{c_{\mathrm{A}x}}{c_{\mathrm{Ai}}}}{\sinh\alpha X} \tag{6.106}$$

由

$$(J_{\mathrm{A}})_{x=0} = - D_{\mathrm{A}} \left(\frac{\mathrm{d}c_{\mathrm{A}}}{\mathrm{d}x}\right)_{x=0} \tag{6.107}$$

得

$$(J_{\mathrm{A}})_{x=0} = - D_{\mathrm{A}} c_{\mathrm{Ai}} \frac{\alpha\cosh\alpha X - \alpha \dfrac{c_{\mathrm{A}x}}{c_{\mathrm{Ai}}}}{\sinh\alpha X} \tag{6.108}$$

6.5 气体与两个液相的作用

在实际过程中常有一个气相与两个液相作用的情况。例如冶金过程中气体与炉渣和金属的作用，气体与炉渣和熔锍的作用等。

6.5.1 气泡上形成液膜或浮游的条件

6.5.1.1 形成液膜的条件

当气泡穿过液-液界面 L_1-L_2上升时，密度较大的液体会在气泡表面形成膜。设 L_1-L_2界面的界面能为 $\sigma_{L_1\text{-}L_2}A_B$，$L_2$-气界面的界面能为 $\sigma_{L_2\text{-气}}A_B$。其中 $\sigma_{L_1\text{-}L_2}$ 为液相 L_1-L_2的界面张力。$\sigma_{L_2\text{-气}}$ 为液体 L_2与气体间的表面张力。A_B 为气泡的表面积。生成了完整液膜的气泡的总表面能为

$$\sum\nolimits_{a} = \sigma_{L_1\text{-}L_2}A_B + \sigma_{L_2\text{-气}}A_B \tag{6.109}$$

如果气泡向 L_1运动过程中，其表面的 L_2液膜完全破裂成许多细小的 L_2液滴而悬浮在 L_1液体中，则气泡和液滴的总表面能为

$$\sum\nolimits_{b} = \sigma_{L_1\text{-气}}A_B + \sigma_{L_1\text{-}L_2}A_D \tag{6.110}$$

并有

$$\sum\nolimits_{a} < \sum\nolimits_{b} \tag{6.111}$$

将式（6.109）和式（6.110）代入式（6.111）得

$$(\sigma_{L_1\text{-气}} - \sigma_{L_2\text{-气}} - \sigma_{L_1\text{-}L_2})A_B + \sigma_{L_1\text{-}L_2}A_D > 0 \tag{6.112}$$

因为 A_B 和 $\sigma_{L_1-L_2}A_D$ 总为正值，所以气泡上的膜稳定的必要条件为

$$\sigma_{L_1-气} - \sigma_{L_2-气} - \sigma_{L_1-L_2} > 0 \tag{6.113}$$

令

$$\varphi = \sigma_{L_1-气} - \sigma_{L_2-气} - \sigma_{L_1-L_2} \tag{6.114}$$

式中，φ 为扩展系数。这样气泡上的液膜稳定存在的条件也可写做

$$\varphi > 0 \tag{6.115}$$

6.5.1.2 形成浮游的条件

L_2液滴黏在气泡表面上，称其为“浮游”。产生“浮游”时，体系的总表面能为

$$\sum_c = \sigma_{L_1-气}(A_B - A_C) + \sigma_{L_1-L_2}(A_D - A_C) + \sigma_{L_2-气}A_C \tag{6.116}$$

式中，A_C 为液滴与气泡间的接触面积。因此，产生浮游的必要条件是

$$\sum_c < \sum_b \tag{6.117}$$

或

$$\sum_b - \sum_c > 0 \tag{6.118}$$

将式（6.110）和式（6.116）代入式（6.118），得

$$(\sigma_{L_1-气} - \sigma_{L_2-气} - \sigma_{L_1-L_2})A_C > 0 \tag{6.119}$$

令

$$\Delta = \sigma_{L_1-气} - \sigma_{L_1-L_2} - \sigma_{L_2-气} \tag{6.120}$$

称做浮游系数。可见，产生浮游的条件也可写做

$$\Delta > 0 \tag{6.121}$$

由式（6.104）和式（6.120）可见，$\sigma_{L_1-气}$ 大，有利于液膜的稳定和液滴的浮游。而 $\sigma_{L_1-L_2}$ 大，不利于液膜的形成。

6.5.2 气泡在液相中的行为和运动

6.5.2.1 液相中气泡的五种情况

康纳奇（Conochie）和罗伯特森（Robertson）将气泡在液相中的行为分为五种情况：

（1）气泡表面形成液膜。

（2）液相 L_2在气泡内形成球形液滴，不与气泡接触。

（3）液相 L_2在气泡内形成球形液滴，与气泡接触。

（4）液相 L_2在气泡内形成浮游。

（5）气泡表面的 L_2液膜破碎，在液相 L_1中形成细小的悬浮液滴。

定义三个表面能无因次数

$$X = \frac{\sigma_{L_1-L_2}}{\sum_i \sigma} \tag{6.122}$$

$$Y = \frac{\sigma_{L_2-气}}{\sum_i \sigma} \tag{6.123}$$

$$Z=\frac{\sigma_{L_1-气}}{\sum_i \sigma} \tag{6.124}$$

$$\sum_i \sigma=\sigma_{L_1-气}+\sigma_{L_2-气}+\sigma_{L_1-L_2} \tag{6.125}$$

故有

$$X+Y+Z=1 \tag{6.126}$$

将X、Y、Z以三角坐标表示，则上述五种情况分别出现在三角形的不同区域，示于图6.12。

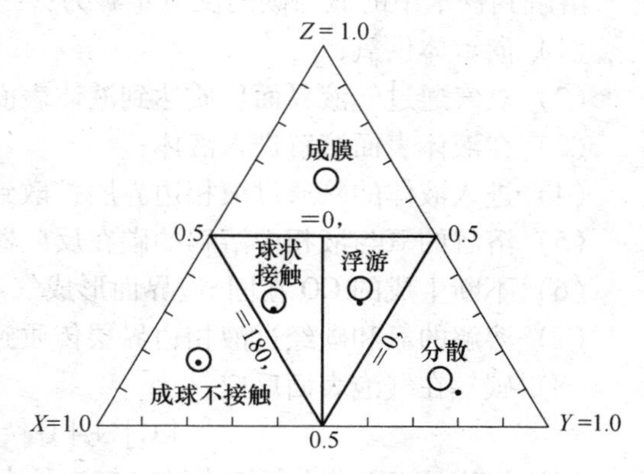

图6.12 气泡在液-液相中的行为与X-Y-Z的关系

用Δ和φ或者用X、Y、Z来判断气泡成膜或浮游的结果相同。上述处理是近似的，没有考虑两个液相密度的差异。

6.5.2.2 其他作用对气泡的影响

气泡在液体中上升时，还受到重力、剪切力和表面活性物质的作用。威伯尔(Weber)分析了剪切力对球冠形气泡上的薄膜形成的影响。得到当气泡表面完全被液膜覆盖时，应有

$$d_e<0.02\left(\frac{\Delta\sigma}{\sqrt{\rho\eta}}\right)^{0.8} \tag{6.127}$$

式中，d_e为球冠形气泡的当量直径；ρ为液体的密度；η为液体的黏度；$\Delta\sigma$为表面张力差，即

$$\Delta\sigma=\varphi=\sigma_{L_1-气}-\sigma_{L_1-L_2}-\sigma_{L_2-气} \tag{6.128}$$

6.5.2.3 气泡-液滴聚合体的运动

气泡-液滴聚合体的运动与气泡上升力$F_升$和液滴重力$P_重$的相对大小有关。当两者相等时，有

$$\frac{r_气}{r_液}=\left(\frac{\rho_k-\rho}{\rho-\rho_气}\right)^{\frac{1}{3}} \tag{6.129}$$

式中，$r_气$为气泡的半径；$r_液$为附于气泡上的液滴的半径；ρ_k为液滴的密度；ρ为L_1的密度；$\rho_气$为气体的密度。

当$F_升>P_重$时，气泡-液滴的聚合体上浮；当$F_升<P_重$时，气泡-液滴的聚合体沉降。

6.6 碳氧反应气泡上浮长大

碳氧反应有多种情况：向熔体中吹入的氧气与熔体中溶解的碳直接反应

$$2[C]+O_2(g) = 2CO(g)$$

在渣-金界面，熔渣中的FeO和熔体中溶解的碳反应

$$[C]+(FeO) = [Fe]+CO(g)$$

溶解在熔体中的氧与溶解在熔体中的碳反应

$$[C] + [O] = CO(g)$$

本节讨论后一种情况。

6.6.1 碳氧反应步骤

溶解到铁水中的氧与碳的反应步骤为：

(1) 向熔体供氧；

(2) 氧气通过气液界面传质达到液体表面；

(3) 在液体表面溶解进入液体；

(4) 进入液体的氧通过液相边界层扩散到液相本体；

(5) 溶解的氧与液相中溶解的碳在反应器或夹杂物的固-液界面反应生成 CO；

(6) 不断生成的 CO 在固-液界面形成气泡核并长大上浮；

(7) 溶解的氧和碳经过液相边界层传质到气泡表面；

(8) 碳氧在气泡表面反应：

$$[C] + [O] = CO(g)$$

(9) 生成的 CO 进入气泡内部，气泡长大、上浮，穿过液体表面进入炉气。

6.6.2 一氧化碳气泡长大

一氧化碳气泡形核过程和 6.1.1 小节所述相同。

CO 气泡的长大过程，由步骤（7）、（8）、（9）组成。气体的扩散系数比液体的扩散系数大 5 个数量级，步骤（9）很快，可以认为气泡表面 CO 的压力等于气泡内部 CO 的压力。在炼钢温度，化学反应速度很快，步骤（5）和（8）的碳氧反应达到局部平衡，并且钢液中的 CO 达到过饱和。在 1600℃，碳氧反应的平衡常数

$$K = \frac{p_{CO}/p^{\ominus}}{c_C c_O} \approx 500 \tag{6.130}$$

式中，c_C和 c_O为钢液中碳和氧的体积摩尔浓度。

气泡长大的控制步骤是步骤（7），即溶解在钢液中的碳和氧通过液相边界层的传质速度。在含碳量大的钢液中，碳的浓度远大于氧的浓度，碳的传质速度比氧的传质速度快很多。可以认为氧的传质速度是控制步骤，碳在界面处的浓度等于钢液本体的浓度，即

$$c_{C,i} = c_{C,b} \tag{6.131}$$

因此，CO 的生成速率等于氧通过液相边界层的传质速率，即

$$\frac{dn_{CO}}{dt} = k_O S(c_{O,b} - c_{O,i}) \tag{6.132}$$

式中，k_O为氧的传质系数；S 为气泡的表面积。

在气-液界面氧的浓度 $c_{O,i}$可以从式（6.130）和式（6.131）求得。假设气泡中 CO 的压力为 1 个标准压力，式（6.132）中氧含量的差值就是氧的过饱和值，记为

$$\Delta c_O = c_{O,b} - c_{O,i}$$

$$\frac{dn_{CO}}{dt} = k_O S \Delta c_O \tag{6.133}$$

气泡的体积增大速率为

$$\frac{\mathrm{d}V}{\mathrm{d}t} = V_{\mathrm{M,CO}} k_{\mathrm{O}} \Delta c_{\mathrm{O}} \tag{6.134}$$

式中，V 为气泡体积；$V_{\mathrm{M,CO}}$ 为 CO 的摩尔体积。

设气泡为球冠形，$\theta = 55°$，球冠体积近似为

$$V = \frac{1}{6}\pi r^3 \tag{6.135}$$

球冠高度近似为曲率半径的一半，即

$$H \approx \frac{1}{2} r \tag{6.136}$$

球冠的表面积近似为

$$S \approx 2\pi r^2 \tag{6.137}$$

气泡的上浮速率为

$$v_{\mathrm{CO}} = \frac{2}{3}(gr)^{\frac{1}{2}} \tag{6.138}$$

从传质过程的渗透理论得出

$$k_{\mathrm{O}} = 2\left(\frac{D_{\mathrm{O}}}{\pi t_{\mathrm{e}}}\right)^{\frac{1}{2}} \tag{6.139}$$

式中，D_{O} 为钢液中氧的扩散系数；t_{e} 为接触时间，有

$$t_{\mathrm{e}} = \frac{H}{v_{\mathrm{CO}}} = \frac{r}{2v_{\mathrm{CO}}} \tag{6.140}$$

由理想气体状态方程，得

$$V_{\mathrm{M,CO}} = \frac{RT}{p} = \frac{RT}{p_{\mathrm{g}}/p^{\ominus} + \rho g h} \tag{6.141}$$

这里忽略了表面张力所产生的附加压力。对于直径为 1cm 的 CO 气泡，其附加压力仅为 0.059 标准压力。

将式（6.135）~式（6.141）代入式（6.133），得

$$\frac{\mathrm{d}r}{\mathrm{d}t} = \frac{16RT}{p_{\mathrm{g}}/p^{\ominus} + \rho g h}\left(\frac{gD_{\mathrm{O}}^2}{9\pi^2 r}\right)^{\frac{1}{4}} \Delta c_{\mathrm{O}} \tag{6.142}$$

由气泡上浮速率 v_{CO} 和熔池深度 h 的关系

$$v_{\mathrm{CO}} = -\frac{\mathrm{d}h}{\mathrm{d}t}$$

得

$$\frac{\mathrm{d}r}{\mathrm{d}h} = \frac{\mathrm{d}r}{\mathrm{d}t}\frac{\mathrm{d}t}{\mathrm{d}h} = -\frac{1}{v_{\mathrm{CO}}}\frac{\mathrm{d}r}{\mathrm{d}t} \tag{6.143}$$

将式（6.138）和式（6.142）代入式（6.143），得

$$\frac{\mathrm{d}r}{\mathrm{d}h} = \frac{8RT}{p_{\mathrm{g}}/p^{\ominus} + \rho g h}\left(\frac{9D_{\mathrm{O}}}{g r^3 \pi^2}\right)^{\frac{1}{4}} \Delta c_{\mathrm{O}} \tag{6.144}$$

积分式（6.144），得

$$r=\left\{\frac{14RT(3D_{O})^{\frac{1}{2}}\Delta c_{O}}{\pi^{\frac{1}{2}}g^{1/4}\rho g}\left[\ln\left(h+\frac{p_{g}/p^{\ominus}}{\rho g}\right)-\ln\frac{p_{g}/p^{\ominus}}{\rho g}\right]\right\}^{4/T} \qquad (6.145)$$

在积分时，忽略了产生气泡时的核心体积，即

$$h=0,\quad r=0$$

式（6.145）是 CO 气泡上浮过程中长大的公式，对应于不同的氧过饱和度，由式（6.145）可以计算出气泡上浮过程中曲率半径 r 的值。

式（6.145）中的常数：$T=1874\mathrm{K}$，$R=8.314\times10^{7}\mathrm{J/(K\cdot mol)}$；$D_{O}=5\times10^{-9}\mathrm{m^2/s}$；$g=9.80\mathrm{m/s^2}$；$\rho=7.2\mathrm{kg/m^3}$；$p_{g}=101.3\mathrm{kPa}$。

将上列数据代入式（6.145），得

$$r=2.5\times10^{3}\,(\Delta c_{O})^{\frac{4}{7}}\left(\lg\frac{143.6+h}{143.6}\right)^{\frac{4}{7}} \qquad (6.146)$$

钢液深度取 50cm，氧的过饱和值为 $\Delta c_{O}=0.9\times10^{-4}\mathrm{mol/cm^3}$，代入式（6.146），得

$$r=3.78\mathrm{cm}$$

则球冠形 CO 气泡的底面直径为 6.2cm。这个结果和实测数据吻合。

图 6.13 是钢液中氧过饱和度与 CO 气泡长大的关系。

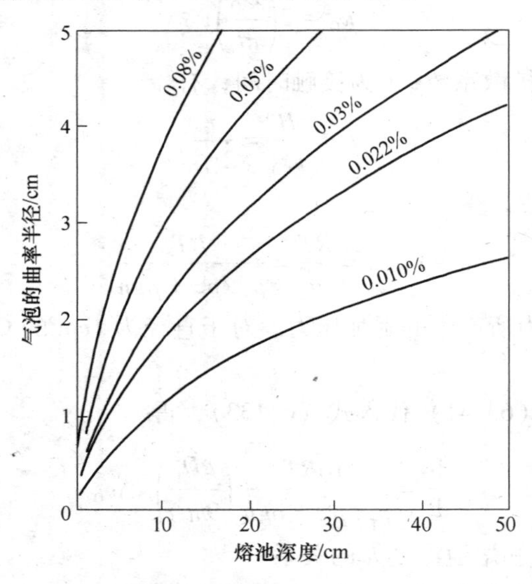

图 6.13 钢液中不同氧过饱和值 Δc_{O} 对一氧化碳气泡长大的影响

6.6.3 碳氧反应速率

由式（6.135）和式（6.146）可得一个气泡的体积为

$$V_{CO}=\frac{1}{6}\pi r^{3}=8.2\times10^{9}(\Delta c_{O})^{\frac{12}{7}}\left(\lg\frac{143.6+h}{143.6}\right)^{\frac{12}{7}} \qquad (6.147)$$

设熔池单位固-液界面生成 CO 气泡核的频率和氧的过饱和度成正比，由

$$I = k\Delta c_{O} \tag{6.148}$$

单位界面产生的 CO 气泡的体积为

$$V'_{CO} = IV_{CO} = k\Delta c_{O}V_{CO} = k'(\Delta c_{O})^{2.7}\left(\lg \frac{143.6 + h}{143.6}\right)^{1.7} \tag{6.149}$$

式中，$k' = 8.2\times10^{9}k$。

由上式可见，脱碳速率和熔池中氧的过饱和度的 2.7 次方成正比。这与电炉炼钢的情况大致相符。

6.7 气泡冶金

除了溶液中生成气体的反应产生气泡外，也可以人为地向溶液中鼓入气体形成气泡。例如，向钢液中鼓入氩气、氮气，产生气泡去除钢中的气体和杂质。这种方法称为“气泡冶金”。

下面以底吹转炉吹氮脱氧为例分析“气泡冶金”的动力学。

6.7.1 氮气泡脱氧

（1）向钢液中吹入氮气，形成氮气泡；

（2）溶解在钢液中的碳和氧通过气泡表面的液相边界层扩散到气泡表面；

（3）在氮气泡表面，碳与氧发生化学反应，生成一氧化碳；

（4）一氧化碳从气泡表面向气泡内部扩散，并随气泡一同上浮。

在炼钢温度，碳氧反应速率快，在界面处达到平衡；一氧化碳在气泡内的扩散速率快，一氧化碳在气-液界面的分压等于气泡内部一氧化碳的分压。因此，吹氮脱氧的控制步骤是碳和氧通过液相边界层的传质。对于冶炼的后期，钢液中氧浓度高，碳浓度低，碳的扩散速度比氧慢，所以碳的扩散是控制步骤。有

$$\frac{dN_{C}}{dt} = k_{C}S_{N_2}(c_{C,b} - c_{C,i}) \tag{6.150}$$

其中

$$k_{C} = 2\sqrt{\frac{D_{C}}{\pi t_{e}}} \tag{6.151}$$

式中，k_C为碳的传质系数，cm/s；S_{N_2}为氮气泡的表面积；$c_{C,b}$，$c_{C,i}$分别为钢液本体和气-液界面碳的浓度；D_C为碳的扩散系数；t_e为接触时间：

$$t_{e} = \frac{2r}{v_{g}} \tag{6.152}$$

式中，r 为气泡半径；v_g 为气泡上浮速率，有

$$v_{g} = \frac{2}{3}(rg)^{\frac{1}{2}} \tag{6.153}$$

式中，g 为重力加速度。利用式（6.153）可以计算一个气泡在上浮过程中的脱碳速率。

6.7.2 单一氮气泡脱氧

氮气泡在上浮过程中，由于静压力减少，气泡内一氧化碳增加，气泡会逐渐长大。为了简化计算，气泡体积取其平均值，将气泡体积当做常数。这样，气泡的上浮速率和传质系数都可以当做常数。将

$$\frac{\mathrm{d}}{\mathrm{d}t}\left(\frac{p_{\mathrm{CO}}}{p^{\ominus}}\right) = -\frac{RT}{V_{\mathrm{g}}}\frac{\mathrm{d}N_{\mathrm{C}}}{\mathrm{d}t} \tag{6.154}$$

根据式（6.130），在气泡表面，碳的浓度为

$$\frac{w_{\mathrm{C}}}{w^{\ominus}} = \frac{p_{\mathrm{CO}}/p^{\ominus}}{500(w_{\mathrm{O}}/w^{\ominus})}$$

利用式（6.150），得

$$\frac{\mathrm{d}}{\mathrm{d}t}\left(\frac{p_{\mathrm{CO}}}{p^{\ominus}}\right) = \frac{0.006k_{\mathrm{C}}S_{\mathrm{N_2}}RT}{V_{\mathrm{g}}}\left[\frac{w_{\mathrm{C}}}{w^{\ominus}} - \frac{p_{\mathrm{CO}}/p^{\ominus}}{500(w_{\mathrm{O}}/w^{\ominus})}\right] \tag{6.155}$$

体积摩尔浓度为

$$c_{\mathrm{C}} = \frac{\frac{w_{\mathrm{C}}}{w^{\ominus}}\rho_{\mathrm{Fe}}}{100M_{\mathrm{C}}} = \frac{7.2\frac{w_{\mathrm{C}}}{w^{\ominus}}}{1200} = 0.006\frac{w_{\mathrm{C}}}{w^{\ominus}} \tag{6.156}$$

式中，M_{C}为碳的摩尔量；ρ_{Fe}为钢液密度，7.2g/cm^3；V_{g} 为气泡体积。

积分式（6.155），得

$$\ln\frac{\frac{w_{\mathrm{C}}}{w^{\ominus}}}{\frac{w_{\mathrm{C}}}{w^{\ominus}} - \frac{p'_{\mathrm{CO}}/p^{\ominus}}{500(w_{\mathrm{O}}/w^{\ominus})}} = 1.2\times10^{-5}\frac{RT}{V_{\mathrm{g}}}S_{\mathrm{N_2}}k_{\mathrm{C}}\frac{w^{\ominus}}{w_{\mathrm{O}}}t \tag{6.157}$$

式中，$p'_{\mathrm{CO}}/p^{\ominus}$ 是气泡在钢液中停留时间 t 后，气泡中一氧化碳的压力。

表6.1列出了对于钢液中不同大小的气泡，不同的碳、氧含量，相应的不同传质系数用式（6.157）计算得到的氮气泡脱氧结果。

表 6.1　50cm 上浮路程氮气泡的脱氧效果

w(C) = 0.03；w(O) = 0.08

气泡直径/cm	0.2	0.5	1	2	3	4	5
气泡上浮速度/cm·s^{-1}	11.4	18.1	25.6	36.2	44.3	51.2	57.2
上浮时间 τ/s	4.37	2.77	1.96	1.38	1.13	0.977	0.875
传质系数 k_{d}/cm·s^{-1}	0.0603	0.0480	0.0403	0.0339	0.0307	0.0286	0.0270
浮出表面时 $p_{\mathrm{CO}}/p^{\ominus}$	1.2	1.2	1.2	1.15	0.957	0.742	0.575
$\frac{p_{\mathrm{CO}}/p^{\ominus}}{500(w_{\mathrm{C}}/w^{\ominus})(w_{\mathrm{O}}/w^{\ominus})}=\alpha$	1	1	1	0.961	0.797	0.619	0.480

表中最后一行是气泡中一氧化碳压力和碳氧平衡压力之比。这一比值 α 称做不平衡参数。由式（6.157）可得

$$\ln \frac{1}{1-\alpha} = 1.2 \times 10^{-5} \frac{RT}{V_g} S_{N_2} k_C \frac{w^{\ominus}}{w_O} t \tag{6.158}$$

对于气泡 50cm 的上浮过程计算得到 α 值，如图 6.14 所示。

由图 6.14 可见，气泡直径越小，钢水含氧量越低。α 值越大，即气泡中的一氧化碳越接近平衡压力，脱氧效果越好。

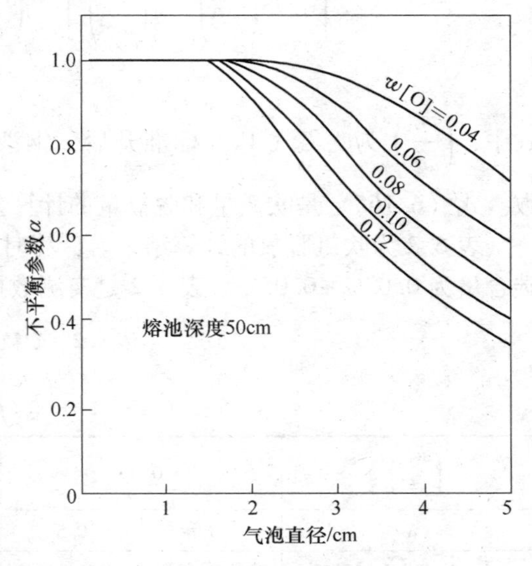

图 6.14 不平衡参数和气泡大小、钢水含氧量的关系

6.7.3 大量氮气泡脱氧

向钢液中吹氮，同时产生大量的氮气泡。随着大量氮气泡通过钢液，碳和氧的浓度不断降低。对于整个吹氮量，每个气泡可以看做体积 dV_{N_2}。在温度为 0℃、一个标准压力的条件下，单一气泡的标准体积为

$$dV_{N_2,\,O} = dV \frac{273}{1873} \tag{6.159}$$

该气泡从炉底上浮到钢液表面，脱氧量为

$$dN_O = \frac{(p_{CO}/p^{\ominus})\,dV}{RT} = \frac{(p'_{CO}/p^{\ominus})\,dV_{N_2,O}}{22.4} \tag{6.160}$$

式中，$p'_{CO}/p^{\ominus}$ 为气泡上浮到钢液表面处气泡中一氧化碳的压力，可由式（6.157）计算。由该气泡脱氧使钢液中氧含量下降为

$$-d\frac{w_O}{w^{\ominus}} = \frac{16dN_O}{10^6 W_{Fe}} \times 100 \tag{6.161}$$

式中，W_{Fe} 为钢液质量（t）。引入不平衡参数 α，有

$$\frac{p'_{CO}}{p^{\ominus}} = \alpha\left(\frac{p_{CO}}{p^{\ominus}}\right)_e = 500\alpha \frac{w_C}{w^{\ominus}} \frac{w_O}{w^{\ominus}} \tag{6.162}$$

式中，$(p_{CO}/p^{\ominus})_e$ 为一氧化碳的平衡压力。

将式（6.161）和式（6.162）代入式（6.160），得

$$dV_{N_2,O} = -28 \frac{W_{Fe}}{\alpha \frac{w_C}{w^{\ominus}} \frac{w_O}{w^{\ominus}}} d\left(\frac{w_O}{w^{\ominus}}\right) \tag{6.163}$$

从化学反应方程可以得到碳含量和氧含量的减少有如下关系

$$\frac{w_C}{w^{\ominus}} = \left(\frac{w_C}{w^{\ominus}}\right)_0 - \frac{12}{16}\left[\left(\frac{w_O}{w^{\ominus}}\right)_0 - \frac{w_O}{w^{\ominus}}\right] \tag{6.164}$$

式中，$\left(\frac{w_C}{w^{\ominus}}\right)_0$ 和 $\left(\frac{w_O}{w^{\ominus}}\right)_0$ 分别为钢液中碳和氧的初始含量。

将式（6.164）代入式（6.163）后积分，得

$$V_{N_2,O}=\frac{64.5W_{Fe}}{\alpha\left[0.75\left(\frac{w_O}{w^\ominus}\right)_0-\left(\frac{w_C}{w^\ominus}\right)_0\right]}\lg\frac{\left(\frac{w_O}{w^\ominus}\right)_f\left(\frac{w_C}{w^\ominus}\right)_0}{\left(\frac{w_C}{w^\ominus}\right)_0-0.75\left(\frac{w_O}{w^\ominus}\right)_0+0.75\left(\frac{w_O}{w^\ominus}\right)_f\left(\frac{w_O}{w^\ominus}\right)_0}\tag{6.165}$$

式中，$\left(\frac{w_O}{w^\ominus}\right)_f$为吹氮气$V_{N_2,O}$标准升后，钢液中的氧含量。为简化，在积分时将$\alpha$当做常数。式（6.165）是吹氮量和脱氧量的计算公式。

表6.2为吹氮脱氧的计算结果。计算时α取值为0.5和1，吹氮到钢液含氧量0.11%，碳含量为0.03%~0.05%。表6.2是实测数据。比较可见，两者符合较好。

表6.2　吹氮脱氧的计算结果

$\left(\frac{w_O}{w^\ominus}\right)_0=0.11$

$\left(\frac{w_C}{w^\ominus}\right)_0$	0.03				0.04				0.05			
α	1		0.5		1		0.5		1		0.5	
V_0(标态)/L·t^{-1}	2000	4000	2000	4000	2000	4000	2000	4000	2000	4000	2000	4000
$\left(\frac{w_O}{w^\ominus}\right)_f$	0.0706	0.070	0.074	0.0706	0.058	0.0567	0.0635	0.058	0.0461	0.0436	0.0534	0.0461

6.7.4　氩气脱氧

除吹氮脱氧外，也常采用吹氩脱氧。吹氩脱氧的公式为

$$V_{Ar,O}=\frac{86W_{Fe}}{\alpha\left[1.33\left(\frac{w_C}{w^\ominus}\right)_0-\left(\frac{w_O}{w^\ominus}\right)_0\right]}\lg\frac{\left(\frac{w_O}{w^\ominus}\right)_0\left(\frac{w_C}{w^\ominus}\right)_f}{\left(\frac{w_O}{w^\ominus}\right)_0-1.33\left(\frac{w_C}{w^\ominus}\right)_0+1.33\left(\frac{w_C}{w^\ominus}\right)_f\left(\frac{w_C}{w^\ominus}\right)_0}\tag{6.166}$$

式中，$(w_C/w^\ominus)_f$是吹入$V_{Ar,O}$标准升氩气后钢液中心碳含量。

对于含碳量大于0.2%的钢液，钢中氧化量低于碳含量，氧通过边界层的传质是控制步骤。对于中、高碳钢，吹氩脱氧碳降低很少，钢水中的碳含量可以当做常数。可以直接积分公式（6.163），得

$$V_{Ar,O}=\frac{64.5W_{Fe}}{\alpha\frac{w_C}{w^\ominus}}\lg\frac{(w_O/w^\ominus)_0}{(w_O/w^\ominus)_f}\tag{6.167}$$

碳在钢液中的扩散系数和氧的扩散系数近似相等。用近似的方法得到

$$\ln\frac{1}{1-\alpha}=0.9\times10^5\frac{RT}{V_g}S_{Ar}k_C\frac{w^\ominus}{w_C}t\tag{6.168}$$

6.7.5 气泡脱氢

氩气泡、氮气泡、一氧化碳气泡都可以脱出钢液中的氢。钢液中的氢扩散到气泡表面形成氢分子，进入气泡后随气泡上浮从钢液中脱出。有

$$[H] = \frac{1}{2}H_2(g)$$

$$K_H = \frac{(p_{H_2}/p^{\ominus})^{\frac{1}{2}}}{w_H/w^{\ominus}}$$

在 1600℃，$K_H = 0.036$，氢的平衡压力为 $1.3 \times 10^{-3}\left(\frac{w_H}{w^{\ominus}}\right)^2$。

氢在钢液中的扩散系数大，气泡中的氢接近平衡。气泡脱氢速率和脱碳反应速率的关系为

$$\frac{d}{dt}\left(\frac{w_H}{w^{\ominus}}\right) = 2.17 \times 10^{-4}\left(\frac{w_H}{w^{\ominus}}\right)^2 \frac{d}{dt}\left(\frac{w_C}{w^{\ominus}}\right) \tag{6.169}$$

积分式（6.169），得

$$\frac{1}{\left(\frac{w_H}{w^{\ominus}}\right)_f} = \frac{1}{\left(\frac{w_H}{w^{\ominus}}\right)_0} + 2.17 \times 10^{-4}\left[\left(\frac{w_C}{w^{\ominus}}\right)_0 - \left(\frac{w_C}{w^{\ominus}}\right)_f\right] \tag{6.170}$$

式中，$\left(\frac{w_C}{w^{\ominus}}\right)_0$ 和 $\left(\frac{w_H}{w^{\ominus}}\right)_0$ 为钢液中碳和氢的初始含量；$\left(\frac{w_C}{w^{\ominus}}\right)_f$ 和 $\left(\frac{w_H}{w^{\ominus}}\right)_f$ 为钢液中碳和氢的终点含量。

相类似的方法可以得到

$$V_{Ar,O} = 0.86W_{Fe}\left[\frac{1}{\left(\frac{w_H}{w^{\ominus}}\right)_f} - \frac{1}{\left(\frac{w_H}{w^{\ominus}}\right)_0}\right] \tag{6.171}$$

式中，$V_{Ar,O}$为氩气用量，m^3；W_{Fe}为钢液质量，t。

吹氩脱氮可以得到相应的公式。但是，与氢不同，钢液中的氮分压远未达到平衡。生产实践表明，吹氩脱氮没有明显效果。这是由于氮在钢液中的扩散不是唯一的控制步骤，界面化学反应也是控制步骤所致。

表 6.3 列出了吹氩脱氢、脱氧的计算结果。由表可见，吹氩脱氢消耗氩气量很大，而吹氩脱氧需要的氩气量小，这是由于氢的平衡分压小，而一氧化碳的平衡分压大。

表 6.3 吹氩脱氢、脱氧计算实例

脱出气体	计 算 参 数	原始含量	吹氩后含量	氩气需要量，l/T
[H]	$\alpha=1$	6×10^{-6}	3×10^{-6}	1430
	$\alpha=1$	4×10^{-6}	1×10^{-6}	6450

续表 6.3

脱出气体	计 算 参 数	原始含量	吹氩后含量	氩气需要量，l/T
[O]	$\frac{w_C}{w^{\ominus}}=0.5$， $\alpha=1$	0.0040%	0.001%	77.6
	$\frac{w_C}{w^{\ominus}}=0.5$， $\alpha=0.5$	0.0040%	0.001%	155
	$\frac{w_C}{w^{\ominus}}=0.2$， $\alpha=1$	0.010%	0.002%	225
	$\frac{w_C}{w^{\ominus}}=0.2$， $\alpha=0.5$	0.010%	0.002%	451

6.8 气体在液体中的溶解

6.8.1 气体在液体中溶解的步骤

气体溶解于液体中有三个步骤：一是气体通过液体表面的气相边界层——气膜扩散；二是气体与液体在气-液界面发生反应——溶解；三是溶解组元在液相边界层向液相本体传质。

气体在液体中溶解有分子组成不变和分子分解两种情况。前者如氧气、氮气溶解到水中，后者如氮气、氢气、氨气溶解到钢液中。反应方程式为

$$(A_2)_g = (A_2)_l$$

$$(A_mB_n)_g = (A_mB_n)_l$$

$$(A_2)_g = 2[A]$$

$$(A_mB_n)_g = m[A] + n[B]$$

6.8.2 气体在气相边界层的扩散为控制步骤

气体在气相边界层中的扩散速度慢，是过程的控制步骤。

6.8.2.1 气体溶解过程不分解

过程速率为

$$-\frac{dN_{(A_2)_g}}{dt} = \frac{dN_{(A_2)_l}}{dt} = \Omega_{g'l'} J_{A_2,g'}$$

式中，$J_{A_2,g'} = D_{A_2,g'}\left(\frac{p_{A_2,b} - p_{A_2,i}}{p^{\ominus}}\right)$。

$$-\frac{dN_{(A_2)_g}}{dt} = \frac{dN_{(A_2)_l}}{dt} = \Omega_{g'l'}\left[D_{A_2,g'}\left(\frac{p_{A_2,b} - p_{A_2,i}}{p^{\ominus}}\right)\right] \tag{6.172}$$

$$-\frac{dN_{(A_mB_n)_g}}{dt} = \frac{dN_{(A_mB_n)_l}}{dt} = \Omega_{g'l'} J_{A_mB_n,g'}$$

$$-\frac{dN_{(A_mB_n)_g}}{dt} = \frac{dN_{(A_mB_n)_l}}{dt} = \Omega_{g'l'}\left[D_{A_mB_n,g'}\left(\frac{p_{A_mB_n,b} - p_{A_mB_n,i}}{p^{\ominus}}\right)\right] \tag{6.173}$$

$$J_{A_mB_n,g'}=D_{A_mB_n,g'}\left(\frac{p_{A_mB_n,b}-p_{A_mB_n,i}}{p^{\ominus}}\right)$$

式中，$N_{(A_2)_g}$、$N_{(A_2)_l}$和$N_{(A_mB_n)_g}$、$N_{(A_mB_n)_l}$分别为气相和液相中组元 A_2 和 $N_{A_mB_n}$ 的摩尔数；$\Omega_{g'l'}$为气膜和液膜界面面积；$D_{A_2,g'}$、$D_{A_mB_n,g'}$分别为组元 A_2、A_mB_n 在气膜中的扩散系数；$J_{A_2,g'}$、$J_{A_mB_n,g'}$分别为单位时间、单位气膜-液膜界面面积组元 A_2、A_mB_n 的扩散通量；$p_{A_2,b}$、$p_{A_2,i}$、$p_{A_mB_n,b}$、$p_{A_mB_n,i}$分别为组元 A_2、A_mB_n 在气相本体和气液界面的压力。

6.8.2.2 气体溶解时分解

过程的速率为

$$-\frac{dN_{A_2(g)}}{dt}=\frac{1}{2}\frac{dN_{[A]}}{dt}=\Omega_{g'l'}J_{A_2,g'}$$

式中，$J_{A_2,g'}=D_{A_2,g'}\left(\frac{p_{A_2,b}-p_{A_2,i}}{p^{\ominus}}\right)$。

$$-\frac{dN_{A_2(g)}}{dt}=\frac{1}{2}\frac{dN_{[A]}}{dt}=\Omega_{g'l'}\left[D_{A_2,g'}\left(\frac{p_{A_2,b}-p_{A_2,i}}{p^{\ominus}}\right)\right] \tag{6.174}$$

$$-\frac{dN_{(A_mB_n)_g}}{dt}=\frac{1}{m}\frac{dN_{[A]}}{dt}=\frac{1}{n}\frac{dN_{[B]}}{dt}=\Omega_{g'l'}J_{A_mB_n,g'}$$

式中，$J_{A_mB_n,g'}=D_{A_mB_n,g'}\left(\frac{p_{A_mB_n,b}-p_{A_mB_n,i}}{p^{\ominus}}\right)$。

$$-\frac{dN_{(A_mB_n)_g}}{dt}=\frac{1}{m}\frac{dN_{[A]}}{dt}=\frac{1}{n}\frac{dN_{[B]}}{dt}=\Omega_{g'l'}\left[D_{A_mB_n,g'}\left(\frac{p_{A_mB_n,b}-p_{A_mB_n,i}}{p^{\ominus}}\right)\right] \tag{6.175}$$

6.8.3 气体与溶剂的相互作用为控制步骤

气体与溶剂相互作用，有两种情况：一种是气体不分解，生成水化分子，例如，氧气、氮气、氨溶解于水中；一种是气体分子分解，例如，氮气、氢气、氨溶解于钢液中。

6.8.3.1 气体分子不分解

过程速率为

$$-\frac{dN_{(A_2)_g}}{dt}=\frac{dN_{(A_2)_l}}{dt}=\Omega_{g'l'}j_{A_2}$$

式中，$j_{A_2}=k_{A_2}\left(\frac{p_{A_2,i}}{p^{\ominus}}\right)^{n_{A_2}}-k'_{A_2}c_{A_2,i}^{n_{A_2}}=k_{A_2}\left[\left(\frac{p_{A_2,b}}{p^{\ominus}}\right)^{n_{A_2}}-kc_{A_2,i}^{n_{A_2}}\right]$。

$$\frac{k_{A_2}}{k'_{A_2}}=\left(\frac{c'_{A_2,i}}{p'_{A_2,i}/p^{\ominus}}\right)^{n_{A_2}}=\frac{1}{k}=K$$

$$-\frac{dN_{(A_2)_g}}{dt}=\frac{dN_{(A_2)_l}}{dt}=\Omega_{g'l'}k_{A_2}\left[\left(\frac{p_{A_2,b}}{p^{\ominus}}\right)^{n_{A_2}}-\frac{c_{A_2,i}^{n_{A_2}}}{K}\right] \tag{6.176}$$

由于在气膜中的扩散不是控制步骤，所以组元 A_2 在气-液界面的压力等于气相本体的压力。式中 K 为平衡常数；$c_{A_2,i}$ 为组元 A_2 在气-液界面液相一侧的浓度；$c'_{A_2,i}$、$p'_{A_2,b}$ 为体系达到平衡时组元 A_2 的浓度和压力。

$$-\frac{dN_{(A_mB_n)_g}}{dt}=\frac{dN_{(A_mB_n)_l}}{dt}=\Omega_{g'l'}j_{A_mB_n}$$

式中，$j_{A_mB_n}=k_{A_mB_n}\left(\frac{p_{A_mB_n,i}}{p^{\ominus}}\right)^{n_{A_mB_n}}-k'_{A_mB_n}c_{A_mB_n,i}^{n_{A_mB_n}}=k_{A_mB_n}\left[\left(\frac{p_{A_mB_n,b}}{p^{\ominus}}\right)^{n_{A_mB_n}}-\frac{c_{A_mB_n,i}^{n_{A_mB_n}}}{K}\right]$。

达到平衡，有

$$\frac{k_{A_mB_n}}{k'_{A_mB_n}}=\left(\frac{c'_{A_mB_n,i}}{p'_{A_mB_n,i}/p^{\ominus}}\right)^{n_{A_mB_n}}=K$$

$$-\frac{dN_{(A_mB_n)_g}}{dt}=\frac{dN_{(A_mB_n)_l}}{dt}=\Omega_{g'l'}k_{A_mB_n}\left[\left(\frac{p_{A_mB_n,b}}{p^{\ominus}}\right)^{n_{A_mB_n}}-\frac{c_{A_mB_n,i}^{n_{A_mB_n}}}{K}\right] \tag{6.177}$$

由于在气膜中的扩散不是控制步骤，所以 $p_{A_mB_n,i}$ 等于 $p_{A_mB_n,b}$；$c_{A_mB_n,i}$ 为组元 A_mB_n 在气-液界面液相一侧的浓度；$c'_{A_mB_n,i}$ 和 $p'_{A_mB_n,i}$ 为体系达到平衡时组元 A_mB_n 的压力，$p'_{A_mB_n,i}=p'_{A_mB_n,b}$。

6.8.3.2 气体分子分解

对于双原子分子，过程速率为

$$-\frac{dN_{A_2(g)}}{dt}=\frac{1}{2}\frac{dN_{[A]}}{dt}=\Omega_{g'l'}j$$

式中
$$j=k_{A_2}\left(\frac{p_{A_2,i}}{p^{\ominus}}\right)^{n_{A_2}}-k_Ac_{A,i}^{n_A}=k_{A_2}\left[\left(\frac{p_{A_2,b}}{p^{\ominus}}\right)^{n_{A_2}}-\frac{c_{A,i}^{n_A}}{K}\right]$$

达到平衡，有

$$\frac{k_{A_2}}{k_A}=\frac{c'^{n_A}_{A,i}}{(p'_{A_2,b}/p^{\ominus})^{n_{A_2}}}=K$$

$$-\frac{dN_{(A_2)_g}}{dt}=\frac{1}{2}\frac{dN_{[A]}}{dt}=\Omega_{g'l'}k_{A_2}\left[\left(\frac{p_{A_2,b}}{p^{\ominus}}\right)^{n_{A_2}}-\frac{c_{A,i}^{n_A}}{K}\right] \tag{6.178}$$

对于多原子分子，过程速率为

$$-\frac{dN_{(A_mB_n)_g}}{dt}=\frac{1}{m}\frac{dN_{[A]}}{dt}=\frac{1}{n}\frac{dN_{[B]}}{dt}=\Omega_{g'l'}j$$

式中
$$j=k_{A_mB_n}\left(\frac{p_{A_mB_n,i}}{p^{\ominus}}\right)^{n_{A_mB_n}}-k_{A,B}c_{A,i}^{n_A}c_{B,i}^{n_B}=k_{A_mB_n}\left[\left(\frac{p_{A_mB_n,b}}{p^{\ominus}}\right)^{n_{A_mB_n}}-\frac{c_{A,i}^{n_A}c_{B,i}^{n_B}}{K}\right]$$

达到平衡，有

$$\frac{k_{A_mB_n}}{k_{A,B}}=\frac{c'^{n_A}_{A,i}c'^{n_B}_{B,i}}{(p'_{A_mB_n,b}/p^{\ominus})^{n_{A_mB_n}}}=K$$

$$-\frac{dN_{(A_mB_n)_g}}{dt}=\frac{1}{m}\frac{dN_{[A]}}{dt}=\frac{1}{n}\frac{dN_{[B]}}{dt}=\Omega_{g'l'}k_{A_2}\left[\left(\frac{p_{A_mB_n,b}}{p^{\ominus}}\right)^{n_{A_mB_n}}-\frac{c_{A,i}^{n_A}c_{B,i}^{n_B}}{K}\right] \tag{6.179}$$

式中，$p_{A_mB_n,i}$和$p_{A_mB_n,b}$分别为气-液界面和气相本体组元 A_mB_n 的压力，两者相等；

$c_{A,i}$和$c_{B,i}$分别为气-液界面液相中组元 A 和 B 的浓度；

$c'_{A,i}$、$c'_{B,i}$和$p'_{A_mB_n,b}$分别为平衡时，组元 A 和 B 在气-液界面液相中的浓度和组元 A_mB_n 在气相本体的压力。

6.8.4　在液相边界层中的传质为控制步骤

溶解进入液相边界层中的气体会向液相本体扩散。如果该过程慢，就成为溶解过程的控制步骤。

6.8.4.1　气体分子溶解后不分解

过程速率为

$$-\frac{\mathrm{d}N_{(A_2)_g}}{\mathrm{d}t}=\frac{\mathrm{d}N_{(A_2)_l}}{\mathrm{d}t}=\Omega_{l'l}J_{A_2,l'}$$

式中，$\Omega_{l'l}$为液相边界层与液相本体的界面；$J_{A_2,l'}$为组元 A_2在单位面积液膜 l'的扩散速率，$J_{A_2,l'}=D_{A_2,l'}(c_{A_2,i}-c_{A_2,b})$。

$$-\frac{\mathrm{d}N_{(A_2)_g}}{\mathrm{d}t}=\frac{\mathrm{d}N_{(A_2)_l}}{\mathrm{d}t}=\Omega_{l'l}D_{A_2,l'}(c_{A_2,i}-c_{A_2,b})\tag{6.180}$$

式中，$c_{A_2,i}$为气-液界面液相一侧组元 A_2 的浓度；

$c_{A_2,b}$为液相本体组元 A_2的浓度。

$$-\frac{\mathrm{d}N_{(A_mB_n)_g}}{\mathrm{d}t}=\frac{\mathrm{d}N_{(A_mB_n)_l}}{\mathrm{d}t}=\Omega_{l'l}J_{A_mB_n,l'}$$

式中，$J_{A_mB_n,l'}$为组元 A_mB_n 在单位面积液膜的扩散速率，$J_{A_mB_n,l'}=D_{A_mB_n,l'}(c_{A_mB_n,i}-c_{A_mB_n,b})$。

$$-\frac{\mathrm{d}N_{(A_mB_n)_g}}{\mathrm{d}t}=\frac{\mathrm{d}N_{(A_mB_n)_l}}{\mathrm{d}t}=\Omega_{l'l}D_{A_mB_n,l'}(c_{A_mB_n,i}-c_{A_mB_n,b})\tag{6.181}$$

式中，$c_{A_mB_n,i}$为气-液界面液相一侧组元 A_mB_n 的浓度；

$c_{A_mB_n,b}$为液相本体组元 A_mB_n 的浓度。

6.8.4.2　气体分子溶解后分解

过程速率为

$$-\frac{\mathrm{d}N_{A_2(g)}}{\mathrm{d}t}=\frac{1}{2}\frac{\mathrm{d}N_{[A]}}{\mathrm{d}t}=\Omega_{l'l}J_{A,l'}$$

式中，$J_{A,l'}=D_{A,l'}(c_{A,i}-c_{A,b})$。所示

$$-\frac{\mathrm{d}N_{A_2(g)}}{\mathrm{d}t}=\frac{1}{2}\frac{\mathrm{d}N_{[A]}}{\mathrm{d}t}=\Omega_{l'l}D_{A,l'}(c_{A,i}-c_{A,b})$$

式中，$c_{A,i}$为气-液界面液相一侧组元 A 的浓度；

$c_{A,b}$为液相本体组元 A 的浓度。

$$-\frac{\mathrm{d}N_{(A_mB_n)_g}}{\mathrm{d}t}=\frac{1}{m}\frac{\mathrm{d}N_{[A]}}{\mathrm{d}t}=\frac{1}{n}\frac{\mathrm{d}N_{[B]}}{\mathrm{d}t}=\frac{\Omega_{l'l}}{m}J_{A,l'}=\frac{\Omega_{l'l}}{n}J_{B,l'}$$

式中

$$J_{A,l'}=D_{A,l'}(c_{A,i}-c_{A,b})$$

$$J_{B,l'} = D_{B,l'}(c_{B,i} - c_{B,b})$$

$$-\frac{dN_{(A_mB_n)_g}}{dt} = \frac{1}{m}\frac{dN_{[A]}}{dt} = \frac{\Omega_{l'l}}{m}D_{A,l'}(c_{A,i} - c_{A,b}) \tag{6.182}$$

$$-\frac{dN_{(A_mB_n)_g}}{dt} = \frac{1}{n}\frac{dN_{[B]}}{dt} = \frac{\Omega_{l'l}}{n}D_{B,l'}(c_{B,i} - c_{B,b}) \tag{6.183}$$

式中，$c_{A,i}$、$c_{B,i}$分别为气-液界面液相一侧组元 A、B 的浓度；

$c_{A,b}$、$c_{B,b}$分别为液相本体组元 A、B 的浓度。

6.8.5 溶解过程由在气膜中的传质和气体与溶剂的相互作用共同控制

6.8.5.1 双原子分子气体溶解时不分解

过程速率为

$$-\frac{dN_{(A_2)_g}}{dt} = \frac{dN_{(A_2)_l}}{dt} = \Omega_{g'l'}J_{A_2,g'} = \Omega_{g'l'}j_{A_2} = \Omega J$$

式中，$\Omega_{g'l'} = \Omega$；$J = \frac{1}{2}(J_{A_2,g'} + j_{A_2})$；$J_{A_2,g'} = D_{A_2,g'}\left(\frac{p_{A_2,b} - p_{A_2,i}}{p^{\ominus}}\right)$；

$j_{A_2} = k_{A_2}\left(\frac{p_{A_2,i}}{p^{\ominus}}\right)^{n_{A_2}} - k'_{A_2}c_{A,i}^{n_A} = k_{A_2}\left[\left(\frac{p_{A_2,i}}{p^{\ominus}}\right)^{n_{A_2}} - \frac{c_{A_2,i}^{n_{A_2}}}{K}\right]$；

$\frac{k_{A_2}}{k'_{A_2}} = \frac{c_{A_2,i}^{n_{A_2}}}{(p_{A_2,i}/p^{\ominus})^{n_{A_2}}} = \left(\frac{c'_{A_2,i}}{p_{A_2,i}/p^{\ominus}}\right)^{n_{A_2}} = K$。

$$-\frac{dN_{(A_2)_g}}{dt} = \frac{dN_{(A_2)_l}}{dt} = \frac{\Omega_{g'l'}}{2}\left\{D_{A_2,g'}\left(\frac{p_{A_2,b} - p_{A_2,i}}{p^{\ominus}}\right) + k_{A_2}\left[\left(\frac{p_{A_2,i}}{p^{\ominus}}\right)^{n_{A_2}} - \frac{c_{A_2,i}^{n_{A_2}}}{K}\right]\right\} \tag{6.184}$$

6.8.5.2 双原子分子气体溶解时分解

过程速率为

$$-\frac{dN_{A_2(g)}}{dt} = \frac{1}{2}\frac{dN_{[A]}}{dt} = \Omega_{g'l}J_{A,g'} = \Omega_{g'l}\ j_A = \Omega J$$

式中，$\Omega_{g'l} = \Omega$；$J = \frac{1}{2}(J_{A_2,g'} + j_A)$；$J_{A_2,g'} = D_{A_2,g'}\left(\frac{p_{A_2,b} - p_{A_2,i}}{p^{\ominus}}\right)$；

$j_A = k_{A_2}\left(\frac{p_{A_2,i}}{p^{\ominus}}\right)^{n_{A_2}} - k_A c_{A,i}^{n_A} = k_{A_2}\left[\left(\frac{p_{A_2,i}}{p^{\ominus}}\right)^{n_{A_2}} - \frac{c_{A,i}^{n_A}}{K}\right]$；

$K = \frac{k_{A_2}}{k_A} = \frac{c'^{n_A}_{A,i}}{(p'_{A_2,i}/p^{\ominus})^{n_{A_2}}}$。

$$-\frac{dN_{(A_2)_g}}{dt} = \frac{1}{2}\frac{dN_{[A]}}{dt} = \frac{\Omega_{g'l'}}{2}\left\{D_{A_2,g'}\left(\frac{p_{A_2,b} - p_{A_2,i}}{p^{\ominus}}\right) + k_{A_2}\left[\left(\frac{p_{A_2,i}}{p^{\ominus}}\right)^{n_{A_2}} - \frac{c_{A_2,i}^{n_A}}{K}\right]\right\} \tag{6.185}$$

6.8.5.3 多原子分子气体溶解时不分解

过程速率为

$$-\frac{dN_{(A_mB_n)_g}}{dt} = \frac{dN_{(A_mB_n)_l}}{dt} = \Omega_{g'l}J_{A_mB_n,g'} = \Omega_{g'l'}j_{A_mB_n} = \Omega J$$

式中，$\Omega_{g'l'}=\Omega$；$J=\dfrac{1}{2}(J_{A_mB_n,g'}+j_{A_mB_n})$；$J_{A_mB_n,g'}=D_{A_mB_n,g'}\left(\dfrac{p_{A_mB_n,b}-p_{A_mB_n,i}}{p^\ominus}\right)$；

$$j_{A_mB_n}=k_{A_mB_n}\left(\frac{p_{A_mB_n,i}}{p^\ominus}\right)^{n_{A_mB_n}}-k'_{A_mB_n}c^{n_{A_mB_n}}_{A_mB_n,i}=k_{A_mB_n}\left[\left(\frac{p_{A_mB_n,i}}{p^\ominus}\right)^{n_{A_mB_n}}-\frac{c^{n_{A_mB_n}}_{A_mB_n,i}}{K}\right]；$$

$$K=\frac{k_{A_mB_n}}{k'_{A_mB_n}}=\left(\frac{c'_{A_mB_n,i}}{p'_{A_2,i}/p^\ominus}\right)^{n_{A_mB_n}}。$$

$$-\frac{dN_{(A_mB_n)_g}}{dt}=\frac{dN_{(A_mB_n)_l}}{dt}=\frac{\Omega_{g'l'}}{2}\left\{D_{A_mB_n,g'}\left(\frac{p_{A_mB_n,b}-p_{A_mB_n,i}}{p^\ominus}\right)+k_{A_mB_n}\left[\left(\frac{p_{A_mB_n,i}}{p^\ominus}\right)^{n_{A_mB_n}}-\frac{c^{n_{A_mB_n}}_{A_mB_n,i}}{K}\right]\right\}\tag{6.186}$$

6.8.5.4 多原子气体溶解时分解

过程速率为

$$-\frac{dN_{(A_mB_n)_g}}{dt}=\frac{1}{m}\frac{dN_{[A]}}{dt}=\frac{1}{n}\frac{dN_{[B]}}{dt}=\Omega_{g'l'}J_{A_mB_n,g'}=\Omega_{g'l'}j=\Omega J$$

式中，$J=\dfrac{1}{2}(J_{A_mB_n,g'}+j)$；$J_{A_mB_n,g'}=D_{A_mB_n,g'}\left(\dfrac{p_{A_mB_n,b}-p_{A_mB_n,i}}{p^\ominus}\right)$；

$$j=k_{A_mB_n}\left(\frac{p_{A_mB_n,i}}{p^\ominus}\right)^{n_{A_mB_n}}-k_{A,B}c^{n_A}_{A,i}c^{n_B}_{B,i}=k_{A_mB_n}\left[\left(\frac{p_{A_mB_n,i}}{p^\ominus}\right)^{n_{A_mB_n}}-\frac{c^{n_A}_{A,i}c^{n_B}_{B,i}}{K}\right]；$$

$$K=\frac{c'^{n_A}_{A,i}c'^{n_B}_{B,i}}{(p'_{A_mB_n,i}/p^\ominus)^{n_{A_mB_n}}}。$$

$$-\frac{dN_{(A_mB_n)_g}}{dt}=\frac{dN_{(A_mB_n)_l}}{dt}=\frac{1}{m}\frac{dN_{[A]}}{dt}=\frac{1}{n}\frac{dN_{[B]}}{dt}=\frac{\Omega}{2}\left\{D_{A_mB_n,g'}\left(\frac{p_{A_mB_n,b}-p_{A_mB_n,i}}{p^\ominus}\right)+k_{A_mB_n}\left[\left(\frac{p_{A_mB_n,i}}{p^\ominus}\right)^{n_{A_mB_n}}-\frac{c^{n_A}_{A,i}c^{n_B}_{B,i}}{K}\right]\right\}\tag{6.187}$$

6.8.6 溶解过程由气膜传质和液膜传质共同控制

6.8.6.1 双原子分子气体溶解时不分解

过程速率为

$$-\frac{dN_{(A_2)_g}}{dt}=\frac{dN_{(A_2)_g}}{dt}=\Omega_{g'l'}J_{A_2,g'}=\Omega_{l'l}J_{A_2,l'}=\Omega J$$

式中，$\Omega_{g'l'}\approx\Omega_{l'l}=\Omega$；$J=\dfrac{1}{2}(J_{A_2,g'}+J_{A_2,l'})$；$J_{A_2,g'}=D_{A_2,g'}\left(\dfrac{p_{A_2,b}-p_{A_2,i}}{p^\ominus}\right)$；$J_{A_2,l'}=D_{A,l'}(c_{A,i}-c_{A,b})$。

$$-\frac{dN_{(A_2)_g}}{dt}=\frac{dN_{(A_2)_l}}{dt}=\frac{\Omega}{2}\left[D_{A_2,g'}\left(\frac{p_{A_2,b}-p_{A_2,i}}{p^\ominus}\right)+D_{A,l'}(c_{A,i}-c_{A,b})\right]\tag{6.188}$$

6.8.6.2 双原子分子气体溶解时分解

$$-\frac{\mathrm{d}N_{(\mathrm{A}_2)_\mathrm{g}}}{\mathrm{d}t}=\frac{1}{2}\frac{\mathrm{d}N_{[\mathrm{A}]}}{\mathrm{d}t}=\Omega_{\mathrm{g}'l'}J_{\mathrm{A}_2,\mathrm{g}'}=\frac{\Omega_{l'l}}{2}J_{\mathrm{A},l'}=\Omega J$$

式中，$J=\frac{1}{2}\left(J_{\mathrm{A}_2,\mathrm{g}'}+\frac{1}{2}J_{\mathrm{A},l'}\right)$；$J_{\mathrm{A}_2,\mathrm{g}'}=D_{\mathrm{A}_2,\mathrm{g}'}\left(\frac{p_{\mathrm{A}_2,\mathrm{b}}-p_{\mathrm{A}_2,\mathrm{i}}}{p^{\ominus}}\right)$；$J_{\mathrm{A},l'}=D_{\mathrm{A},l'}(c_{\mathrm{A,i}}-c_{\mathrm{A,b}})$。

$$-\frac{\mathrm{d}N_{(\mathrm{A}_2)_\mathrm{g}}}{\mathrm{d}t}=\frac{\Omega}{2}\left[D_{\mathrm{A}_2,\mathrm{g}'}\left(\frac{p_{\mathrm{A}_2,\mathrm{b}}-p_{\mathrm{A}_2,\mathrm{i}}}{p^{\ominus}}\right)+\frac{D_{\mathrm{A},l'}}{2}(c_{\mathrm{A,i}}-c_{\mathrm{A,b}})\right] \tag{6.189}$$

6.8.6.3 多原子分子溶解时不分解

$$-\frac{\mathrm{d}N_{(\mathrm{A}_m\mathrm{B}_n)_\mathrm{g}}}{\mathrm{d}t}=\frac{\mathrm{d}N_{(\mathrm{A}_m\mathrm{B}_n)_l}}{\mathrm{d}t}=\Omega_{\mathrm{g}'l'}J_{\mathrm{A}_m\mathrm{B}_n,\mathrm{g}'}=\Omega_{l'l}J_{\mathrm{A}_m\mathrm{B}_n,l'}=\Omega J$$

式中，$J=\frac{1}{2}(J_{\mathrm{A}_m\mathrm{B}_n,\mathrm{g}'}+J_{\mathrm{A}_m\mathrm{B}_n,l'})$；$J_{\mathrm{A}_m\mathrm{B}_n,\mathrm{g}'}=D_{\mathrm{A}_m\mathrm{B}_n,\mathrm{g}'}\left(\frac{p_{\mathrm{A}_m\mathrm{B}_n,\mathrm{b}}-p_{\mathrm{A}_m\mathrm{B}_n,\mathrm{i}}}{p^{\ominus}}\right)$；$J_{\mathrm{A}_m\mathrm{B}_n,l'}=D_{\mathrm{A}_m\mathrm{B}_n,l'}(c_{\mathrm{A}_m\mathrm{B}_n,\mathrm{i}}-c_{\mathrm{A}_m\mathrm{B}_n,\mathrm{b}})$。

$$-\frac{\mathrm{d}N_{(\mathrm{A}_m\mathrm{B}_n)_\mathrm{g}}}{\mathrm{d}t}=\frac{\mathrm{d}N_{(\mathrm{A}_m\mathrm{B}_n)_l}}{\mathrm{d}t}=\frac{\Omega}{2}\left[D_{\mathrm{A}_m\mathrm{B}_n,\mathrm{g}'}\left(\frac{p_{\mathrm{A}_m\mathrm{B}_n,\mathrm{b}}-p_{\mathrm{A}_m\mathrm{B}_n,\mathrm{i}}}{p^{\ominus}}\right)+D_{\mathrm{A}_m\mathrm{B}_n,l'}(c_{\mathrm{A}_m\mathrm{B}_n,\mathrm{i}}-c_{\mathrm{A}_m\mathrm{B}_n,\mathrm{b}})\right] \tag{6.190}$$

6.8.6.4 多原子分子溶解时分解

$$-\frac{\mathrm{d}N_{(\mathrm{A}_m\mathrm{B}_n)_\mathrm{g}}}{\mathrm{d}t}=\frac{1}{m}\frac{\mathrm{d}N_{[\mathrm{A}]}}{\mathrm{d}t}=\frac{1}{n}\frac{\mathrm{d}N_{[\mathrm{B}]}}{\mathrm{d}t}=\Omega_{\mathrm{g}'l'}J_{\mathrm{A}_m\mathrm{B}_n,\mathrm{g}'}=\frac{\Omega_{l'l}}{m}J_{\mathrm{A},l'}=\frac{\Omega_{l'l}}{n}J_{\mathrm{B},l'}=\Omega J$$

式中，$J=\frac{1}{3}\left(J_{\mathrm{A}_m\mathrm{B}_n,\mathrm{g}'}+\frac{1}{m}J_{\mathrm{A},l'}+\frac{1}{n}J_{\mathrm{B},l'}\right)$；$J_{\mathrm{A}_m\mathrm{B}_n,\mathrm{g}'}=D_{\mathrm{A}_m\mathrm{B}_n,\mathrm{g}'}\left(\frac{p_{\mathrm{A}_m\mathrm{B}_n,\mathrm{b}}-p_{\mathrm{A}_m\mathrm{B}_n,\mathrm{i}}}{p^{\ominus}}\right)$；

$J_{\mathrm{A},l'}=D_{\mathrm{A},l'}(c_{\mathrm{A,i}}-c_{\mathrm{A,b}})$；$J_{\mathrm{B},l'}=D_{\mathrm{B},l'}(c_{\mathrm{B,i}}-c_{\mathrm{B,b}})$。

$$-\frac{\mathrm{d}N_{(\mathrm{A}_m\mathrm{B}_n)_\mathrm{g}}}{\mathrm{d}t}=\frac{1}{m}\frac{\mathrm{d}N_{[\mathrm{A}]}}{\mathrm{d}t}=\frac{1}{n}\frac{\mathrm{d}N_{[\mathrm{B}]}}{\mathrm{d}t}=\frac{\Omega}{3}\left[D_{\mathrm{A}_m\mathrm{B}_n,\mathrm{g}'}\left(\frac{p_{\mathrm{A}_m\mathrm{B}_n,\mathrm{b}}-p_{\mathrm{A}_m\mathrm{B}_n,\mathrm{i}}}{p^{\ominus}}\right)+\frac{D_{\mathrm{A},l'}}{m}(c_{\mathrm{A,i}}-c_{\mathrm{A,b}})+\frac{D_{\mathrm{B},l'}}{n}(c_{\mathrm{B,i}}-c_{\mathrm{B,b}})\right] \tag{6.191}$$

6.8.7 溶解过程由气体与溶剂的相互作用和液膜中传质共同控制

气体与溶剂的相互作用和液膜中的传质都很慢，是气体溶解过程的共同控制步骤。

6.8.7.1 双原子气体分子溶解时不分解

过程速率为

$$-\frac{\mathrm{d}N_{(\mathrm{A}_2)_\mathrm{g}}}{\mathrm{d}t}=\frac{\mathrm{d}N_{(\mathrm{A}_2)_l}}{\mathrm{d}t}=\Omega_{\mathrm{g}'l'}j_{\mathrm{A}_2}=\Omega_{l'l}J_{\mathrm{A}_2,l'}=\Omega J$$

式中，$\Omega_{\mathrm{g}'l'}\approx\Omega_{l'l}=\Omega$；$J=\frac{1}{2}(j_{\mathrm{A}_2}+J_{\mathrm{A}_2,l'})$；

$$j_{\mathrm{A}_2}=k_{\mathrm{A}_2}\left(\frac{p_{\mathrm{A}_2,\mathrm{i}}}{p^{\ominus}}\right)^{n_{\mathrm{A}_2}}-k'_{\mathrm{A}_2}c_{\mathrm{A}_2,\mathrm{i}}^{n_{\mathrm{A}_2}}=k_{\mathrm{A}_2}\left(\frac{p_{\mathrm{A}_2,\mathrm{b}}}{p^{\ominus}}\right)^{n_{\mathrm{A}_2}}-k'_{\mathrm{A}_2}c_{\mathrm{A}_2,\mathrm{i}}^{n_{\mathrm{A}_2}}=k_{\mathrm{A}_2}\left[\left(\frac{p_{\mathrm{A}_2,\mathrm{b}}}{p^{\ominus}}\right)^{n_{\mathrm{A}_2}}-\frac{c_{\mathrm{A}_2,\mathrm{i}}^{n_{\mathrm{A}_2}}}{K}\right];$$

$$K=\frac{k_{A_2}}{k'_{A_2}}=\left(\frac{c'_{A_2,i}}{p'_{A_2,b}/p^{\ominus}}\right)^{n_{A_2}}\quad。$$

由于气体在气膜中的扩散速度快，不是过程的控制步骤，所以有

$$p_{A_2,b}=p_{A_2,i}$$

$$J_{A_2,l'}=D_{A_2,l'}(c_{A_2,i}-c_{A_2,b})$$

$$-\frac{dN_{(A_2)_g}}{dt}=\frac{dN_{(A_2)_l}}{dt}=\frac{\Omega}{2}\left\{k_{A_2}\left[\left(\frac{p_{A_2,b}}{p^{\ominus}}\right)^{n_{A_2}}-\frac{c_{A_2,i}^{n_{A_2}}}{K}\right]+D_{A_2,l'}(c_{A_2,i}-c_{A_2,b})\right\}\tag{6.192}$$

6.8.7.2 双原子气体分子溶解时分解

过程速率为

$$-\frac{dN_{(A_2)_g}}{dt}=\frac{1}{2}\frac{dN_{[A]}}{dt}=\Omega_{g'l'}j_A=\frac{\Omega_{l'l}}{2}J_{A,l'}=\Omega J$$

式中，$\Omega_{g'l'}\approx\Omega_{l'l}=\Omega$；

$$J=\frac{1}{2}\left(j_A+\frac{1}{2}J_{A,l'}\right)\tag{6.193}$$

$$j_A=k_{A_2}\left(\frac{p_{A_2,i}}{p^{\ominus}}\right)^{n_{A_2}}-k_A c_{A,i}^{n_A}=k_{A_2}\left[\left(\frac{p_{A_2,b}}{p^{\ominus}}\right)^{n_{A_2}}-\frac{c_{A,i}^{n_A}}{K}\right]\ ;$$

$$K=\frac{c'^{n_A}_{A,i}}{(p'_{A_2,b}/p^{\ominus})^{n_{A_2}}};\ J_{A,l'}=D_{A,l'}(c_{A,i}-c_{A,b})\ 。$$

$$-\frac{dN_{(A_2)_g}}{dt}=\frac{1}{2}\frac{dN_{[A]}}{dt}=\frac{\Omega}{2}\left\{k_{A_2}\left[\left(\frac{p_{A_2,b}}{p^{\ominus}}\right)^{n_{A_2}}-\frac{c_{A,i}^{n_A}}{K}\right]+\frac{D_{A,l'}}{2}(c_{A,i}-c_{A,b})\right\}\tag{6.194}$$

6.8.7.3 多原子气体分子溶解时不分解

过程速率为

$$-\frac{dN_{(A_mB_n)_g}}{dt}=\frac{dN_{(A_mB_n)_l}}{dt}=\Omega_{g'l'}j_{A_mB_n}=\Omega_{l'l}J_{A_mB_n,l'}=\Omega J$$

式中，$\Omega_{g'l'}\approx\Omega_{l'l}=\Omega$；

$$J=\frac{1}{2}(j_{A_mB_n}+J_{A_mB_n,l'})\tag{6.195}$$

$$j_{A_mB_n}=k_{A_mB_n}\left(\frac{p_{A_mB_n,i}}{p^{\ominus}}\right)^{n_{A_mB_n}}-k'_{A_mB_n}c_{A_mB_n,i}^{n_{A_mB_n}}=k_{A_mB_n}\left[\left(\frac{p_{A_mB_n,b}}{p^{\ominus}}\right)^{n_{A_mB_n}}-\frac{c_{A_mB_n,i}^{n_{A_mB_n}}}{K}\right]\ ;$$

$$K=\frac{c'^{n_{A_mB_n}}_{A_mB_n,i}}{(p'_{A_mB_n,b}/p^{\ominus})^{n_{A_mB_n}}};J_{A_mB_n,l'}=D_{A_mB_n,l'}(c_{A_mB_n,i}-c_{A_mB_n,b})\ 。$$

$$-\frac{dN_{(A_mB_n)_g}}{dt}=\frac{dN_{(A_mB_n)_l}}{dt}=\frac{\Omega}{2}\left\{k_{A_mB_n}\left[\left(\frac{p_{A_mB_n,b}}{p^{\ominus}}\right)^{n_{A_mB_n}}-\frac{c_{A_mB_n,i}^{n_{A_mB_n}}}{K}\right]+D_{A_mB_n,l'}(c_{A_mB_n,i}-c_{A_mB_n,b})\right\}\tag{6.196}$$

6.8.7.4 多原子气体分子溶解时分解

过程速率为

$$-\frac{\mathrm{d}N_{(\mathrm{A}_m\mathrm{B}_n)_\mathrm{g}}}{\mathrm{d}t}=\frac{1}{m}\frac{\mathrm{d}N_{[\mathrm{A}]}}{\mathrm{d}t}=\frac{1}{n}\frac{\mathrm{d}N_{[\mathrm{B}]}}{\mathrm{d}t}=\Omega_{g'l'}j_{\mathrm{A}_m\mathrm{B}_n}=\frac{\Omega_{l'l}}{m}J_{\mathrm{A},l'}=\frac{\Omega_{l'l}}{n}J_{\mathrm{B},l'}=\Omega J$$

式中，$\Omega_{g'l'}\approx\Omega_{l'l}=\Omega$；

$$J=\frac{1}{3}\left(j_{\mathrm{A}_m\mathrm{B}_n}+\frac{1}{m}J_{\mathrm{A},l'}+\frac{1}{n}J_{\mathrm{B},l'}\right)\tag{6.197}$$

$$j_{\mathrm{A}_m\mathrm{B}_n}=k_{\mathrm{A}_m\mathrm{B}_n}\left[\left(\frac{p_{\mathrm{A}_m\mathrm{B}_n,\mathrm{b}}}{p^\ominus}\right)^{n_{\mathrm{A}_m\mathrm{B}_n}}-\frac{c_{\mathrm{A,i}}^{n_\mathrm{A}}c_{\mathrm{B,i}}^{n_\mathrm{B}}}{K}\right]；K=\frac{c'^{n_\mathrm{A}}_{\mathrm{A,i}}c'^{n_\mathrm{B}}_{\mathrm{B,i}}}{(p'_{\mathrm{A}_m\mathrm{B}_n,\mathrm{b}}/p^\ominus)^{n_{\mathrm{A}_m\mathrm{B}_n}}}；$$

$J_{\mathrm{A},l'}=D_{\mathrm{A},l'}(c_{\mathrm{A,i}}-c_{\mathrm{A,b}})$；$J_{\mathrm{B},l'}=D_{\mathrm{B},l'}(c_{\mathrm{B,i}}-c_{\mathrm{B,b}})$。

$$-\frac{\mathrm{d}N_{(\mathrm{A}_m\mathrm{B}_n)_\mathrm{g}}}{\mathrm{d}t}=\frac{1}{m}\frac{\mathrm{d}N_{[\mathrm{A}]}}{\mathrm{d}t}=\frac{1}{n}\frac{\mathrm{d}N_{[\mathrm{B}]}}{\mathrm{d}t}=\frac{\Omega}{3}\left\{k_{\mathrm{A}_m\mathrm{B}_m}\left[\left(\frac{p_{\mathrm{A}_m\mathrm{B}_n,\mathrm{b}}}{p^\ominus}\right)^{n_{\mathrm{A}_m\mathrm{B}_n}}-\frac{c_{\mathrm{A,i}}^{n_\mathrm{A}}c_{\mathrm{B,i}}^{n_\mathrm{B}}}{K}\right]+\frac{D_{\mathrm{A},l'}}{m}(c_{\mathrm{A,i}}-c_{\mathrm{A,b}})+\frac{D_{\mathrm{B},l'}}{n}(c_{\mathrm{B,i}}-c_{\mathrm{B,b}})\right\}\tag{6.198}$$

6.8.8 溶解过程由气体在气膜中的传质，气体与溶剂的相互作用和在液膜中的传质共同控制

气体在气膜中的传质，气体与溶剂的相互作用及溶解的气体在液膜中的传质都慢，共同是过程的控制步骤。

6.8.8.1 双原子气体分子气体不分解

过程速率为

$$-\frac{\mathrm{d}N_{(\mathrm{A}_2)_\mathrm{g}}}{\mathrm{d}t}=\frac{\mathrm{d}N_{(\mathrm{A}_2)_l}}{\mathrm{d}t}=\Omega_{g'l'}J_{\mathrm{A}_2,g'}=\Omega_{g'l'}j_{\mathrm{A}_2}=\Omega_{l'l}J_{\mathrm{A}_2,l'}=\Omega J$$

式中，$\Omega_{g'l'}\approx\Omega_{l'l}=\Omega$；

$$J=\frac{1}{3}(J_{\mathrm{A}_2,g'}+j_{\mathrm{A}_2}+J_{\mathrm{A}_2,l'})\tag{6.199}$$

$$J_{\mathrm{A}_2,g'}=D_{\mathrm{A}_2,g'}\left(\frac{p_{\mathrm{A}_2,\mathrm{b}}-p_{\mathrm{A}_2,\mathrm{i}}}{p^\ominus}\right)；j_{\mathrm{A}_2}=k_{\mathrm{A}_2}\left[\left(\frac{p_{\mathrm{A}_2,\mathrm{i}}}{p^\ominus}\right)^{n_{\mathrm{A}_2}}-\frac{c_{\mathrm{A}_2,\mathrm{i}}^{n_{\mathrm{A}_2}}}{K}\right]；J_{\mathrm{A}_2,l'}=D_{\mathrm{A}_2,l'}(c_{\mathrm{A}_2,\mathrm{i}}-c_{\mathrm{A}_2,\mathrm{b}})。$$

$$-\frac{\mathrm{d}N_{(\mathrm{A}_2)_\mathrm{g}}}{\mathrm{d}t}=\frac{\mathrm{d}N_{(\mathrm{A}_2)_l}}{\mathrm{d}t}=\frac{\Omega}{3}\left\{D_{\mathrm{A}_2,g'}\left(\frac{p_{\mathrm{A}_2,\mathrm{b}}-p_{\mathrm{A}_2,\mathrm{i}}}{p^\ominus}\right)+k_{\mathrm{A}_2}\left[\left(\frac{p_{\mathrm{A}_2,\mathrm{i}}}{p^\ominus}\right)^{n_{\mathrm{A}_2}}-\frac{c_{\mathrm{A}_2,\mathrm{i}}^{n_{\mathrm{A}_2}}}{K}\right]+D_{\mathrm{A}_2,l'}(c_{\mathrm{A}_2,\mathrm{i}}-c_{\mathrm{A}_2,\mathrm{b}})\right\}\tag{6.200}$$

6.8.8.2 双原子气体分子气体分解

过程速率为

$$-\frac{\mathrm{d}N_{(\mathrm{A}_2)_\mathrm{g}}}{\mathrm{d}t}=\frac{1}{2}\frac{\mathrm{d}N_{[\mathrm{A}]}}{\mathrm{d}t}=\Omega_{g'l'}J_{\mathrm{A}_2,g'}=\Omega_{g'l'}j_\mathrm{A}=\frac{\Omega_{l'l}}{2}J_{\mathrm{A},l'}=\Omega J$$

式中，$\Omega_{g'l'}\approx\Omega_{l'l}=\Omega$；

$$J=\frac{1}{3}\left(J_{\mathrm{A}_2,g'}+j_\mathrm{A}+\frac{1}{2}J_{\mathrm{A},l'}\right)\tag{6.201}$$

$$J_{\mathrm{A}_2,g'}=D_{\mathrm{A}_2,g'}\left(\frac{p_{\mathrm{A}_2,\mathrm{b}}-p_{\mathrm{A}_2,\mathrm{i}}}{p^\ominus}\right)；j_\mathrm{A}=k_{\mathrm{A}_2}\left[\left(\frac{p_{\mathrm{A}_2,\mathrm{i}}}{p^\ominus}\right)^{n_{\mathrm{A}_2}}-\frac{c_{\mathrm{A,i}}^{n_\mathrm{A}}}{K}\right]；$$

$$K = \frac{c'^{n_A}_{A,i}}{(p'_{A_2,i}/p^{\ominus})^{n_{A_2}}}；J_{A,l'} = D_{A,l'}(c_{A,i} - c_{A,b})。$$

$$-\frac{dN_{(A_2)_g}}{dt} = \frac{1}{2}\frac{dN_{[A]}}{dt} = \frac{\Omega}{3}\left\{D_{A_2,g'}\left(\frac{p_{A_2,b} - p_{A_2,i}}{p^{\ominus}}\right) + k_{A_2}\left[\left(\frac{p_{A_2,i}}{p^{\ominus}}\right)^{n_{A_2}} - \frac{c^{A_2}_{A,i}}{K}\right] + \frac{D_{A,l'}}{2}(c_{A,i} - c_{A,b})\right\} \tag{6.202}$$

6.8.8.3 多原子气体分子不分解

过程速率为

$$-\frac{dN_{(A_mB_n)_g}}{dt} = \frac{dN_{(A_mB_n)_l}}{dt} = \Omega_{g'l'} J_{A_mB_n,g'} = \Omega_{g'l'} J_{A_mB_n} = \Omega_{l'l} J_{A_mB_n,l'} = \Omega J$$

式中，$\Omega_{g'l'} \approx \Omega_{l'l} = \Omega$；

$$J = \frac{1}{3}(J_{A_mB_n,g'} + j_{A_mB_n} + J_{A_mB_n,l'}) \tag{6.203}$$

$$J_{A_mB_n,g'} = D_{A_mB_n,g'}\left(\frac{p_{A_mB_n,b} - p_{A_mB_n,i}}{p^{\ominus}}\right)；j_{A_mB_n} = k_{A_mB_n}\left[\left(\frac{p_{A_mB_n,i}}{p^{\ominus}}\right)^{n_{A_mB_n}} - \frac{c^{n_{A_mB_n}}_{A_mB_n,i}}{K}\right]；$$

$$K = \frac{c'^{n_{A_mB_n}}_{A_mB_n,i}}{(p'_{A_mB_n}/p^{\ominus})^{n_{A_mB_n}}}；J_{A_mB_n,l'} = D_{A_mB_n,l'}(c_{A_mB_n,i} - c_{A_mB_n,b})。$$

$$-\frac{dN_{(A_mB_n)_g}}{dt} = \frac{dN_{(A_mB_n)_l}}{dt} = \frac{\Omega}{3}\left\{D_{A_mB_n,g'}\left(\frac{p_{A_mB_n,b} - p_{A_mB_n,i}}{p^{\ominus}}\right) + k_{A_mB_n}\left[\left(\frac{p_{A_mB_n,i}}{p^{\ominus}}\right)^{n_{A_mB_n}} - \frac{c^{n_{A_mB_n}}_{A_mB_n,i}}{K}\right] + D_{A_mB_n,l'}(c_{A_mB_n,i} - c_{A_mB_n,b})\right\} \tag{6.204}$$

6.8.8.4 多原子气体分子分解

过程速率为

$$-\frac{dN_{(A_mB_n)_g}}{dt} = \frac{1}{m}\frac{dN_{[A]}}{dt} = \frac{1}{n}\frac{dN_{[B]}}{dt} = \Omega_{g'l'} J_{A_mB_n,g'} = \Omega_{g'l'} j = \frac{\Omega_{l'l}}{m} J_A = \frac{\Omega_{l'l}}{N} J_B = \Omega J$$

式中，$\Omega_{g'l'} \approx \Omega_{l'l} = \Omega$；

$$J = \frac{1}{4}\left(J_{A_mB_n,g'} + j + \frac{1}{m}J_A + \frac{1}{n}J_B\right) \tag{6.205}$$

$$J_{A_mB_n,g'} = D_{A_mB_n,g'}\left(\frac{p_{A_mB_n,b} - p_{A_mB_n,i}}{p^{\ominus}}\right)；j = k_{A_mB_n}\left[\left(\frac{p_{A_mB_n,i}}{p^{\ominus}}\right)^{n_{A_mB_n}} - \frac{c^{n_A}_{A,i}c^{n_B}_{B,i}}{K}\right]；$$

$$J_{A,l'} = D_{A,l'}(c_{A,i} - c_{A,b})；J_{B,l'} = D_{B,l'}(c_{B,i} - c_{B,b})。$$

$$-\frac{dN_{(A_mB_n)_g}}{dt} = \frac{1}{m}\frac{dN_{[A]}}{dt} = \frac{1}{n}\frac{dN_{[B]}}{dt} = \frac{\Omega}{4}\left\{D_{A_mB_n,g'}\left(\frac{p_{A_mB_n,b} - p_{A_mB_n,i}}{p^{\ominus}}\right) + k_{A_mB_n}\left[\left(\frac{p_{A_mB_n,i}}{p^{\ominus}}\right)^{n_{A_mB_n}} - \frac{c^{n_A}_{A,i}c^{n_B}_{B,i}}{K}\right] + \frac{D_{A,l'}}{m}(c_{A,i} - c_{A,b}) + \frac{D_{B,l'}}{n}(c_{B,i} - c_{B,b})\right\} \tag{6.206}$$

6.8.9 氮气在钢液中溶解

6.8.9.1 由液相边界层传质控制

钢液吸氮为钢液液相边界层传质控制，其速率方程为

$$J = D_{N,l'}\left[K\left(\frac{p_{N_2,i}}{p^{\ominus}}\right)^{\frac{1}{2}} - c_{N,b}\right] = D_{N,l'}(c_{N,i} - c_{N,b}) \tag{6.207}$$

式中，K 为平衡常数，即西华特定律常数。由于化学反应不是控制步骤，可以认为化学反应达到平衡。

设钢液的体积为 V，传质面积为 $\Omega_{l'l}$，总吸气速率为

$$\frac{dN_N}{dt} = V\frac{dc_N}{dt} = \Omega_{l'l}D_{N,l'}\left[K\left(\frac{p_{N_2,i}}{p^{\ominus}}\right)^{\frac{1}{2}} - c_{N,b}\right] = \Omega_{l'l}D_{N,l'}(c_{N,i} - c_{N,b}) \tag{6.208}$$

界面浓度 $c_{N,i}$ 可看做常数，积分式（6.208），得

$$\ln\frac{c_{N,i} - c_{N,bt}}{c_{N,i} - c_{N,b0}} = -\frac{\Omega_{l'l}}{V}D_{N,l'}t \tag{6.209}$$

式中，$D_{N,l'}$ 为氮在边界层中的扩散系数；$\Omega_{l'l}$ 为液相边界层面积；$p_{N_2,i}$ 为界面上组元 N_2 的压力，等于气相本体的压力 $p_{N_2,b}$；$c_{N,b0}$ 和 $c_{N,bt}$ 分别为钢液中组元 N 的初始浓度和 t 时刻的浓度。

图 6.15 是纯铁液吸收氮气的实验数据。由图中的直线斜率求得传质系数 $D_{N,l'}$ = 0.02cm/s。

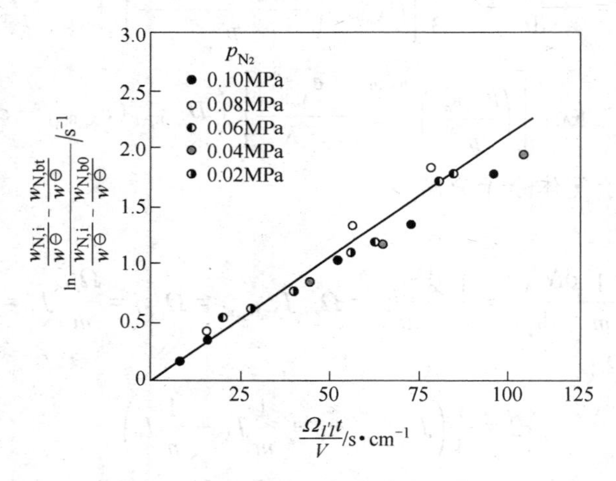

图 6.15 纯铁液吸氮的动力学曲线

6.8.9.2 由界面化学反应和液相边界层扩散共同控制

当钢液中含有氧和硫时，由于它们是表面活性物质，会富集在钢液表面，使氮气界面反应的面积减少，界面反应速率变慢。随着钢液中含氧、硫量增加，钢水吸收氮气的速率由界面化学反应和液相传质共同控制。

钢液吸氮的界面化学反应为

$$N_2(g) \Longrightarrow 2[N]$$

速率为

$$j = \frac{\Omega}{V}(k_1 p_{N_2,i}/p^{\ominus} - k'_1 c_{N,i}^2) = \frac{\Omega}{V}k'_1\left(\frac{k_1 p_{N_2,i}/p^{\ominus}}{k'_1} - c_{N,i}^2\right)$$

$$= \frac{\Omega}{V}k'_1(K p_{N_2,i}/p^{\ominus} - c_{N,i}^2) = \frac{\Omega}{V}k'_1(c_{N,e}^2 - c_{N,i}^2) \tag{6.210}$$

式中，$p_{N_2,i}$为气-液界面氮气的压力，等于气相本体中氮气压力；$c_{N,i}$为钢液表面氮的浓度；$c_{N,e}$为与气相中氮气平衡的钢液中氮的浓度；Ω为钢液的表面积；V为钢液的体积；k_1，k'_1分别为正、逆反应速率常数；K为平衡常数。

通过钢液边界层的扩散

$$[N]_i = [N]_b$$

速率为

$$J_N = \frac{\Omega}{V}D_{N,l'}(c_{N,i} - c_{N,b}) \tag{6.211}$$

过程达到稳态，两个步骤相等，有

$$(c_{N,e} + c_{N,i})(c_{N,e} - c_{N,i}) = \frac{D_{N,l'}}{k'_1}(c_{N,i} - c_{N,b})$$

得

$$c_{N,i} = \frac{(c_{N,e} + c_{N,i})c_{N,e}\frac{k'_1}{D_{N,l'}} + c_{N,b}}{(c_{N,e} + c_{N,i})\frac{k'_1}{D_{N,l'}} + 1} \tag{6.212}$$

如果人为地把这一混合控制的吸氮过程当做一级或二级反应，则由实验测得的速率常数不是真正的速率常数，叫做表观速率常数，定义为

$$J_N = k_1^* \frac{\Omega}{V}(c_{N,e} - c_{N,b}) \tag{6.213}$$

或

$$J_N = k_2^* \frac{\Omega}{V}(c_{N,e}^2 - c_{N,b}^2) \tag{6.214}$$

比较式（6.213）和式（6.210），得

$$k'_1(c_{N,e} + c_{N,i})(c_{N,e} - c_{N,i}) = k_1^*(c_{N,e} - c_{N,b})$$

将式（6.212）代入上式，得

$$k_1^* = \frac{k'_1}{\frac{k'_1}{D_{N,l'}} + \frac{1}{c_{N,e} + c_{N,i}}} \tag{6.215}$$

由式（6.215）可见，k_1^* 不是常数，它随着 $c_{N,e} + c_{N,i}$ 的减少而减少，即随气相中氮气压力的降低而减少。

当气相中氮气压力较高时，$c_{N,e} + c_{N,i}$ 值较大，则

$$\frac{k'_1}{D_{N,l'}} \gg \frac{1}{c_{N,e} + c_{N,i}} \tag{6.216}$$

式（6.215）可简化为

$$k_1^* = D_{N,l'}$$

$$J_N = D_{N,l'}\frac{\Omega}{V}(c_{N,e} - c_{N,b}) \tag{6.217}$$

式（6.217）表明，在该条件下，氮气溶于钢液是一级反应。

当气相中氮气压力很小，则 $c_{N,e} + c_{N,i}$ 很小，可能会有

$$\frac{k_1'}{D_{N,l'}} \ll \frac{1}{c_{N,e} + c_{N,i}} \tag{6.218}$$

可以得到

$$k_1^* = k_1'(c_{N,e} + c_{N,i}) \tag{6.219}$$

据此，由式（6.215）的前式，得

$$c_{N,i} \approx c_{N,b} \tag{6.220}$$

而有

$$k_1^* = k_1'(c_{N,e} + c_{N,b}) \tag{6.221}$$

将式（6.221）代入式（6.213），得

$$J_N = k_1'\frac{\Omega}{V}(c_{N,e}^2 - c_{N,b}^2) \tag{6.222}$$

式（6.222）表明，在该条件下，氮气溶于钢液是二级反应。可见，氮气压力不同，溶于钢液过程的动力学规律不同。

利用式（6.214）可进行类似的讨论。

6.8.10 钢液吸氢

钢液中的氢的来源是钢液上部空间气体中含有水，在高温条件，水分解为氢和氧，被钢液吸收。

$$H_2O(g) = 2[H] + [O]$$

在高温条件，水的分解反应很快达到平衡。

研究表明，钢液吸氢过程由钢液边界层传质控制。传质速率为

$$J_{l,H} = k_{l,H}(c_{H,i} - c_{H,b}) \tag{6.223}$$

式中，$c_{H,i}$为气-液界面液相中氢的浓度；$c_{H,b}$为钢液本体氢的浓度，单位为 mol/L。

设钢液体积为 V，表面积为 Ω，则

$$\frac{dn_H}{dt} = \Omega J_{l,H} = \Omega k_{l,H}(c_{H,i} - c_{H,b})$$

$$n_H = \Omega k_{l,H}\int_{t_0}^{t}(c_{H,i} - c_{H,b})dt \tag{6.224}$$

或

$$V\frac{dc_H}{dt} = \frac{dn_H}{dt} = \Omega k_{l,H}(c_{H,i} - c_{H,b}) \tag{6.225}$$

积分得

$$\ln\frac{c_{H,i} - c_{H,b}}{c_{N,i} - c_{H,0}} = \frac{\Omega}{V}k_{l,H}t \tag{6.226}$$

式中，$c_{H,0}$为钢液中氢的初始浓度。

6.9 气体从溶液中脱出

6.9.1 气体从溶液中脱出的步骤

溶解于液体中的气体达到一定的过饱和度后会从液体中脱出。气体从液体中脱出有五个步骤：

(1) 溶解组元从液相本体向气-液相界面传质；

(2) 溶解组元在界面由溶解状态转变为吸附状态；

(3) 溶解组元在界面发生反应，生成气体；

(4) 气体分子从界面脱附，进入气体边界层或气泡；

(5) 气体分子通过气体边界层扩散到气相本体或被气泡带到气相本体。

这里不考虑溶解组元在容器壁和液体中的固相杂质表面形成气泡的过程。

反应方程为

$$(A_2)_l = (A_2)_g$$
$$(A_mB_n)_l = (A_mB_m)_g$$
$$2[A] = (A_2)_g$$
$$m[A] + n[B] = (A_mB_n)_g$$

6.9.2 液相传质

6.9.2.1 双原子分子组元的传质速率

溶解时不分解的分子组元在液相中的传质速率为

$$-\frac{dN_{(A_2)_l}}{dt} = \frac{dN_{(A_2)_g}}{dt} = \Omega_{l'g'}J_{A_2,l'}$$

式中，$J_{A_2,l'} = D_{A_2,l'}(c_{A_2,b} - c_{A_2,i})$；$D_{A_2,l'}$ 为组元 A_2在液膜中的扩散系数；$c_{A_2,b}$和 $c_{A_2,i}$分别为组元 A_2在液相本体和气-液相界面处组元 A_2的浓度。

$$-\frac{dN_{(A_2)_l}}{dt} = \frac{dN_{(A_2)_g}}{dt} = \Omega_{l'g'}D_{A_2,l'}(c_{A_2,b} - c_{A_2,i}) \tag{6.227}$$

6.9.2.2 可以形成双原子分子气体组元的传质速率

可以形成双原子气体的原子组元在液相的传质速率

$$-\frac{1}{2}\frac{dN_{[A]}}{dt} = \frac{dN_{(A_2)_g}}{dt} = \Omega_{l'g'}J_{A,l'} \tag{6.228}$$

式中，$J_{A,l'} = D_{A,l'}(c_{A,b} - c_{A,i})$；$D_{A,l'}$ 为组元 A 在液膜中的扩散系数；$c_{A,b}$和 $c_{A,i}$分别为组元 A 在液相本体和液-气界面的浓度。

$$-\frac{1}{2}\frac{dN_{[A]}}{dt} = \frac{dN_{(A_2)_g}}{dt} = \Omega_{l'g'}D_{A_2,l'}(c_{A,b} - c_{A,i}) \tag{6.229}$$

6.9.2.3 可以形成多原子分子组元的传质速率

过程速率为

$$-\frac{1}{m}\frac{dN_{[A]}}{dt} = -\frac{1}{n}\frac{dN_{[B]}}{dt} = \frac{dN_{A_mB_n}}{dt} = \frac{\Omega_{l'g'}}{m}J_{A,l'} = \frac{\Omega_{l'g'}}{n}J_{B,l'} = \Omega J \tag{6.230}$$

式中，$\Omega_{l'g'} = \Omega$；$J = \frac{1}{2}\left(\frac{1}{m}J_{A,l'} + \frac{1}{n}J_{B,l'}\right)$；$J_{A,l'} = D_{A,l'}(c_{A,b} - c_{A,i})$；$J_{B,l'} = D_{B,l'}(c_{B,b} - c_{B,i})$；

$$J = \frac{1}{2}\left[\frac{1}{m}D_{A,l'}(c_{A,b} - c_{A,i}) + \frac{1}{n}D_{B,l'}(c_{B,b} - c_{B,i})\right]。$$

$$\frac{dN_{A_mB_n}}{dt} = \Omega J = \frac{\Omega}{2}\left[\frac{1}{m}D_{A,l'}(c_{A,b} - c_{A,i}) + \frac{1}{n}D_{B,l'}(c_{B,b} - c_{B,i})\right] \tag{6.231}$$

6.9.3　界面反应速率

扩散到气-液界面的组元发生反应，反应有两种类型：一种是组元不发生化合反应，只是由水化分子变成气体分子，例如溶解于水中的氧气、氮气，温度升高从水中析出；一种是溶解组元化合成气体分子，例如溶解于钢液中的氮、氢等。

6.9.3.1　溶解组元不发生化学反应

溶解组元不发生化学反应，有

$$(A_2)_l = (A_2)_g$$

$$-\frac{dN_{(A_2)_l}}{dt} = \frac{dN_{(A_2)_g}}{dt} = \Omega_{l'g'}j_{A_2} \tag{6.232}$$

式中，$j_{A_2} = k_{A_2}c_{A_2,i}^{n_{A_2}} - k'_{A_2}\left(\frac{p_{A_2,i}}{p^{\ominus}}\right)^{n_{A_2}} = k_{A_2}\left[c_{A_2,i}^{n_{A_2}} - \frac{(p_{A_2,i}/p^{\ominus})^{n_{A_2}}}{K}\right]$；

$\frac{k_{A_2}}{k'_{A_2}} = \left(\frac{p'_{A_2,i}/p^{\ominus}}{c'_{A_2,i}}\right)^{n_{A_2}} = K$，$k_{A_2}$和$k'_{A_2}$分别为正逆反应速率常数；

$c_{A_2,i}$为液-气界面组元A_2的浓度；$p_{A_2,i}$为液-气界面气相中组元A_2的压力，若界面反应为控制步骤，$p_{A_2,i}$等于组元A_2在气相本体的压力$p_{A_2,b}$；$p'_{A_2,i}$和$c'_{A_2,i}$分别为反应达到平衡时，在气-液界面组元A_2的压力和浓度。

$$-\frac{dN_{(A_2)_l}}{dt} = \frac{dN_{(A_2)_g}}{dt} = \Omega_{l'g'}k_{A_2}\left[c_{A_2,i}^{n_{A_2}} - \frac{(p_{A_2,i}/p^{\ominus})^{n_{A_2}}}{K}\right] \tag{6.233}$$

6.9.3.2　溶解组元化合成双原子气体

传质到液-气界面的溶解组元化合成双原子分子，化学反应为

$$2[A] = (A_2)_g$$

$$-\frac{1}{2}\frac{dN_{[A]}}{dt} = \frac{dN_{(A_2)g}}{dt} = \Omega_{l'g'}j$$

式中，$j = k_A c_{A,i}^{n_A} - k_{A_2}\left(\frac{p_{A_2,i}}{p^{\ominus}}\right)^{n_{A_2}}$；$c_{A,i}$和$p_{A_2,i}$分别为液-气界面组元A和$A_2$的浓度和压力。

如果只有界面反应是整个脱气过程的控制步骤，则

$$c_{A,i} = c_{A,b}，p_{A_2,i} = p_{A_2,b}$$

$$j = k_A c_{A,b}^{n_A} - k_{A_2}\left(\frac{p_{A_2,b}}{p^{\ominus}}\right)^{n_{A_2}} = k_A\left[c_{A,b}^{n_A} - \frac{(p_{A_2,b}/p^{\ominus})^{n_{A_2}}}{K}\right]$$

$$K = \frac{k_A}{k_{A_2}} = \frac{(p'_{A_2,b}/p^{\ominus})^{n_{A_2}}}{c'^{n_A}_{A,b}}$$

式中，$p'_{A_2,b}$为达到平衡时组元A_2在气相本体的压力；$c'^{n_A}_{A,b}$为达到平衡时组元A在液相本体的浓度。

$$-\frac{1}{2}\frac{dN_{[A]}}{dt}=\frac{dN_{(A_2)_g}}{dt}=\Omega_{l'g'}k_A\left[c^{n_A}_{A,b}-\frac{1}{K}\left(\frac{p_{A_2,b}}{p^\ominus}\right)^{n_{A_2}}\right] \tag{6.234}$$

6.9.3.3 溶解组元化合成多原子分子气体

传质到液-气界面的溶解组元化合多原子分子气体，化学反应方程式为

$$m[A]+n[B]=\!=\!=(A_mB_n)$$

过程速率为

$$-\frac{1}{m}\frac{dN_{[A]}}{dt}=-\frac{1}{n}\frac{dN_{[B]}}{dt}=\frac{dN_{A_mB_n}}{dt}=\Omega_{l'g'}j$$

式中，$j=k_{A,B}c^{n_A}_{A,i}c^{n_B}_{B,i}-k_{A_mB_n}\left(\frac{p_{A_mB_n,i}}{p^\ominus}\right)^{n_{A_mB_n}}=k_{A,B}\left[c^{n_A}_{A,i}c^{n_B}_{B,i}-\frac{(p_{A_mB_n,i}/p^\ominus)^{n_{A_mB_n}}}{K}\right]$；

$K=\frac{k_{A,B}}{k_{A_mB_n}}=\frac{(p'_{A_mB_n,i}/p^\ominus)^{n_{A_mB_n}}}{c'^{n_A}_{A,i}c'^{n_B}_{B,i}}$。

$$-\frac{1}{m}\frac{dN_{[A]}}{dt}=-\frac{1}{n}\frac{dN_{[B]}}{dt}=\frac{dN_{(A_mB_n)}}{dt}=\Omega_{l'g'}\left[k_{A,B}c^{n_A}_{A,i}c^{n_B}_{B,i}-\frac{1}{K}\left(\frac{p_{A_mB_n,i}}{p^\ominus}\right)^{n_{A_mB_n}}\right] \tag{6.235}$$

如果只有界面反应是整个过程的控制步骤，则

$$c_{A,i}=c_{A,b},\ c_{B,i}=c_{B,b},\ p_{A_mB_n,i}=p_{A_mB_n,b}$$

$$j=k_{A,B}\left[c^{n_A}_{A,b}c^{n_B}_{B,b}-K\left(\frac{p_{A_mB_n,b}}{p^\ominus}\right)^{n_{A_mB_n}}\right]$$

$$-\frac{1}{m}\frac{dN_{[A]}}{dt}=-\frac{1}{n}\frac{dN_{[B]}}{dt}=\frac{dN_{(A_m,B_n)}}{dt}=\Omega_{l'g'}k_{A,B}\left[c^{n_A}_{A,b}c^{n_B}_{B,b}-\frac{(p_{A_mB_n,b}/p^\ominus)^{n_{A_mB_n}}}{K}\right]$$

6.9.4 气相边界层传质速率

在液-气界面产生的气体通过气相边界层向气相本体传质。对于双原子分子，脱出前后组成不变，过程速率为

$$-\frac{dN_{(A_2)_l}}{dt}=\frac{dN_{(A_2)_g}}{dt}=\Omega_{g'g}J_{A_2,g'}$$

$$J_{A_2,g'}=D_{A_2,g'}\left(\frac{p_{A_2,i}-p_{A_2,b}}{p^\ominus}\right)$$

$$-\frac{dN_{(A_2)_l}}{dt}=\frac{dN_{(A_2)_g}}{dt}=\Omega_{g'g}D_{A,g'}\left(\frac{p_{A_2,i}-p_{A_2,b}}{p^\ominus}\right)$$

$$-\frac{dN_{(A_mB_n)_l}}{dt}=\frac{dN_{(A_mB_n)_g}}{dt}=\Omega_{g'g}J_{A_mB_n,g'}$$

$$J_{A_mB_n,g'}=D_{A_mB_n,g'}\left(\frac{p_{A_mB_n,i}-p_{A_mB_n,b}}{p^\ominus}\right)$$

$$-\frac{dN_{(A_mB_n)_l}}{dt}=\frac{dN_{(A_mB_n)_g}}{dt}=\Omega_{g'g}D_{A_mB_n,g'}\left(\frac{p_{A_mB_m,i}-p_{A_mB_n,b}}{p^{\ominus}}\right)$$

脱出前后，组成变化，对于双原子分子，过程速率为

$$-\frac{1}{2}\frac{dN_{[A]}}{dt}=\frac{dN_{(A_2)g}}{dt}=\Omega_{g'g}J_{A_2,g'} \tag{6.236}$$

$$J_{A_2,g'}=D_{A_2,g'}\left(\frac{p_{A_2,i}-p_{A_2,b}}{p^{\ominus}}\right)$$

$$-\frac{1}{2}\frac{dN_{[A]}}{dt}=\frac{dN_{(A_2)g}}{dt}=\Omega_{g'g}D_{A_2,g'}\left(\frac{p_{A_2,i}-p_{A_2,b}}{p^{\ominus}}\right) \tag{6.237}$$

对于多原子分子，有

$$-\frac{1}{m}\frac{dN_{[A]}}{dt}=-\frac{1}{n}\frac{dN_{[B]}}{dt}=\frac{dN_{(A_mB_n)}}{dt}=\Omega_{gg'}J_{A_mB_n,g'} \tag{6.238}$$

$$-\frac{1}{m}\frac{dN_{[A]}}{dt}=-\frac{1}{n}\frac{dN_{[B]}}{dt}=\frac{dN_{(A_mB_n)}}{dt}=\Omega_{gg'}\left[D_{A_mB_n,g'}\left(\frac{p_{A_mB_n,i}-p_{A_mB_n,b}}{p^{\ominus}}\right)\right] \tag{6.239}$$

式中，$p_{A_2,i}$和$p_{A_mB_n,i}$分别为液-气界面组元A_2和A_mB_n的压力；

$p_{A_2,b}$和$p_{A_mB_n,b}$分别为气相本体组元A_2和A_mB_n的压力。

6.9.5 气体从液体中脱出由几个步骤共同控制

从液体中脱出气体的三个步骤中，如果不止一个阻力大，则从液体中脱出气体的速率由阻力大的几个步骤共同控制。

6.9.5.1 液相传质和界面反应共同为控制步骤

过程不发生化合反应。过程速率为

$$-\frac{dN_{(A_2)l}}{dt}=\frac{dN_{(A_2)g}}{dt}=\Omega_{l'g'}J_{A_2,l'}=\Omega_{l'g'}j=\Omega J \tag{6.240}$$

式中，$\Omega_{l'g'}=\Omega$；$J=\frac{1}{2}(J_{A_2,l'}+j)$；$J_{A_2,l'}=D_{A_2,l'}(c_{A_2,b}-c_{A_2,i})$；$j=k_{A_2}c_{A_2,i}^{n_{A_2}}-k'_{A_2}\left(\frac{p_{A_2,i}}{p^{\ominus}}\right)^{n_{A_2}}$。

由于气膜中扩散不是控制步骤，所以

$$p_{A_2,i}=p_{A_2,b}$$

$$j=k_{A_2}c_{A_2,i}^{n_{A_2}}-k'_{A_2}\left(\frac{p_{A_2,b}}{p^{\ominus}}\right)^{n_{A_2}}=k_{A_2}\left[c_{A_2,i}^{n_{A_2}}-k\left(\frac{p_{A_2,b}}{p^{\ominus}}\right)^{n_{A_2}}\right]$$

式中，$\frac{k_{A_2}}{k'_{A_2}}=\left(\frac{p'_{A_2,i}/p^{\ominus}}{c'_{A_2,i}}\right)^{n_{A_2}}=K=\frac{1}{k}$。

$$-\frac{dN_{(A_2)l}}{dt}=\frac{dN_{(A_2)g}}{dt}=\frac{1}{2}\Omega_{l'g'}\left\{D_{A_2,l'}(c_{A_2,b}-c_{A_2,i})+k_{A_2}\left[c_{A_2,i}^{n_{A_2}}-\frac{(p_{A_2,b}/p^{\ominus})^{n_{A_2}}}{K}\right]\right\} \tag{6.241}$$

过程发生化合反应，对于双原子分子，有

$$-\frac{1}{2}\frac{dN_{[A]}}{dt}=\frac{dN_{(A_2)}}{dt}=\frac{1}{2}\Omega_{l'g'}J_{A_2,l'}=\Omega_{l'g'}j=\Omega J \tag{6.242}$$

式中，$\Omega_{l'g'}=\Omega$；$J=\frac{1}{2}\left(\frac{1}{2}J_{A,l'}+j\right)$；$J_{A,l'}=D_{A,l'}(c_{A,b}-c_{A,i})$；$j=k_A c_{A,i}^{n_A}-k_{A_2}\left(\frac{p_{A_2,i}}{p^{\ominus}}\right)^{n_{A_2}}$。

由于气相扩散不是控制步骤，所以

$$p_{A_2,i}=p_{A_2,b}$$

$$j=k_A c_{A,i}^{n_A}-k_{A_2}\left(\frac{p_{A_2,b}}{p^{\ominus}}\right)^{n_{A_2}}=k_A\left[c_{A,i}^{n_A}-\frac{(p_{A_2,b}/p^{\ominus})^{n_{A_2}}}{K}\right]$$

$$K=\frac{k_A}{k_{A_2}}=\frac{(p'_{A_2,b}/p^{\ominus})^{n_{A_2}}}{c'^{n_A}_{A,i}}$$

$$-\frac{1}{2}\frac{dN_{[A]}}{dt}=\frac{dN_{(A_2)}}{dt}=\frac{1}{2}\Omega_{g'l'}\left\{\frac{D_{A,l'}}{2}(c_{A,b}-c_{A,i})+k_A\left[c_{A,i}^{n_A}-\frac{1}{K}\left(\frac{p_{A_2,b}}{p^{\ominus}}\right)^{n_{A_2}}\right]\right\} \tag{6.243}$$

对于多原子分子，有

$$-\frac{1}{m}\frac{dN_{[A]}}{dt}=-\frac{1}{n}\frac{dN_{[B]}}{dt}=\frac{dN_{(A_mB_n)}}{dt}=\frac{\Omega_{l'g'}}{m}J_{A,l'}=\frac{\Omega_{l'g'}}{n}J_{B,l'}=\Omega_{l'g'}j=\Omega J \tag{6.244}$$

式中，$\Omega_{l'g'}=\Omega$；$J=\frac{1}{3}\left(\frac{1}{m}J_{A,l'}+\frac{1}{n}J_{B,l'}+j\right)$；$J_{A,l'}=D_{A,l'}(c_{A,b}-c_{A,i})$；$J_{B,l'}=D_{B,l'}(c_{B,b}-c_{B,i})$；

$$j=k_{A,B}c_{A,i}^{n_A}c_{B,i}^{n_B}-k_{A_mB_n}\left(\frac{p_{A_mB_n,i}}{p^{\ominus}}\right)^{n_{A_mB_n}}=k_{A,B}c_{A,i}^{n_A}c_{B,i}^{n_B}-k_{A_mB_n}\left(\frac{p_{A_mB_n,b}}{p^{\ominus}}\right)^{n_{A_mB_n}}$$

$$=k_{A,B}\left[c'^{n_A}_{A,i}c'^{n_B}_{B,i}-\frac{(p_{A_mB_n,b}/p^{\ominus})^{n_{A_mB_n}}}{K}\right];$$

$$K=\frac{k_{A,B}}{k_{A_mB_n}}=\frac{(p'_{A_mB_n,b}/p^{\ominus})^{n_{A_mB_n}}}{c'^{n_A}_{A,i}c'^{n_B}_{B,i}}。$$

$$-\frac{1}{m}\frac{dN_{[A]}}{dt}=-\frac{1}{n}\frac{dN_{[B]}}{dt}=\frac{dN_{(A_mB_n)}}{dt}=\frac{1}{3}\Omega_{g'l'}\left\{\frac{D_{A,l'}}{m}(c_{A,b}-c_{A,i})+\frac{D_{B,l'}}{n}(c_{B,b}-c_{B,i})+k_{A,B}\left[c_{A,i}^{n_A}c_{B,i}^{n_B}-\frac{1}{K}\left(\frac{p_{A_mB_n,b}}{p^{\ominus}}\right)^{n_{A_mB_n}}\right]\right\} \tag{6.245}$$

6.9.5.2 界面反应和气相传质共同为控制步骤

不发生化学反应，过程速率为

$$-\frac{dN_{(A_2)_l}}{dt}=\frac{dN_{(A_2)_g}}{dt}=\Omega_{l'g'}j=\Omega_{g'g}J_{A_2,g'}=\Omega J \tag{6.246}$$

式中，$\Omega_{l'g'}\approx\Omega_{gg'}=\Omega$；$J=\frac{1}{2}\left(j+\frac{1}{2}J_{A_2,g'}\right)$；

$$j=k_{A_2}c_{A_2,i}^{n_{A_2}}-k'_{A_2}\left(\frac{p_{A_2,i}}{p^{\ominus}}\right)^{n_{A_2}}=k_{A_2}\left[c_{A_2,i}^{n_{A_2}}-\frac{(p_{A_2,i}/p^{\ominus})^{n_{A_2}}}{K}\right];$$

$$\frac{k_{A_2}}{k'_{A_2}}=\left(\frac{p'_{A_2,i}/p^{\ominus}}{c'_{A_2,i}}\right)^{n_{A_2}}=K；J_{A_2,g'}=D_{A_2,g'}\left(\frac{p_{A_2,b}-p_{A_2,i}}{p^{\ominus}}\right)。$$

$$-\frac{dN_{(A_2)_l}}{dt}=\frac{dN_{(A_2)_g}}{dt}=\frac{\Omega}{2}\left\{k_{A_2}\left[c_{A_2,i}^{n_A}-\frac{(p_{A_2,i}/p^{\ominus})^{n_{A_2}}}{K}\right]-D_{A_2,g'}\left(\frac{p_{A_2,i}-p_{A_2,b}}{p^{\ominus}}\right)\right\} \tag{6.247}$$

发生化合反应，对于双原子分子，过程速率为

$$-\frac{1}{2}\frac{\mathrm{d}N_{[\mathrm{A}]}}{\mathrm{d}t}=\frac{\mathrm{d}N_{(\mathrm{A}_2)}}{\mathrm{d}t}=\Omega_{l'g'}j=\Omega_{l'g'}J_{\mathrm{A}_2,g'}=\Omega J \tag{6.248}$$

式中，$\Omega_{l'g'}=\Omega$；$J=\frac{1}{2}(j+J_{\mathrm{A}_2,g'})$；

$$j=k_{\mathrm{A}}c_{\mathrm{A,i}}^{n_{\mathrm{A}}}-k_{\mathrm{A}_2}\left(\frac{p_{\mathrm{A}_2,\mathrm{i}}}{p^{\ominus}}\right)^{n_{\mathrm{A}_2}}=k_{\mathrm{A}}\left[c_{\mathrm{A,i}}^{n_{\mathrm{A}}}-\frac{(p_{\mathrm{A}_2,\mathrm{i}}/p^{\ominus})^{n_{\mathrm{A}_2}}}{K}\right];$$

$$K=\frac{k_{\mathrm{A}}}{k_{\mathrm{A}_2}}=\frac{(p'_{\mathrm{A}_2,\mathrm{i}}/p^{\ominus})^{n_{\mathrm{A}_2}}}{c_{\mathrm{A,b}}^{n_{\mathrm{A}}}}。$$

由于液相传质不是控制步骤，所以

$$c_{\mathrm{A,i}}=c_{\mathrm{A,b}}$$

$$J_{\mathrm{A}_2,g'}=D_{\mathrm{A}_2,g'}\left(\frac{p_{\mathrm{A}_2,\mathrm{i}}-p_{\mathrm{A}_2,\mathrm{b}}}{p^{\ominus}}\right)$$

$$-\frac{1}{2}\frac{\mathrm{d}N_{[\mathrm{A}]}}{\mathrm{d}t}=\frac{\mathrm{d}N_{(\mathrm{A}_2)}}{\mathrm{d}t}=\frac{\Omega_{l'g'}}{2}\left\{k_{\mathrm{A}}\left[c_{\mathrm{A,b}}^{n_{\mathrm{A}}}-\frac{1}{K}\left(\frac{p_{\mathrm{A}_2,\mathrm{i}}}{p^{\ominus}}\right)^{n_{\mathrm{A}_2}}\right]+D_{\mathrm{A}_2,g'}\left(\frac{p_{\mathrm{A}_2,\mathrm{i}}-p_{\mathrm{A}_2,\mathrm{b}}}{p^{\ominus}}\right)\right\} \tag{6.249}$$

对于多原子分子，过程速率为

$$-\frac{1}{m}\frac{\mathrm{d}N_{[\mathrm{A}]}}{\mathrm{d}t}=-\frac{1}{n}\frac{\mathrm{d}N_{[\mathrm{B}]}}{\mathrm{d}t}=\frac{\mathrm{d}N_{(\mathrm{A}_m\mathrm{B}_n)}}{\mathrm{d}t}=\Omega_{l'g'}j=\Omega_{l'g'}J_{\mathrm{A}_m\mathrm{B}_n,g'}=\Omega J \tag{6.250}$$

式中，$\Omega_{l'g'}=\Omega$；

$$J=\frac{1}{2}(j+J_{\mathrm{A}_m\mathrm{B}_n,g'}) \tag{6.251}$$

$$j=k_{\mathrm{A,B}}c_{\mathrm{A,i}}^{n_{\mathrm{A}}}c_{\mathrm{B,i}}^{n_{\mathrm{B}}}-k_{\mathrm{A}_m\mathrm{B}_n}\left(\frac{p_{\mathrm{A}_m\mathrm{B}_n,\mathrm{i}}}{p^{\ominus}}\right)^{n_{\mathrm{A}_m\mathrm{B}_n}}=k_{\mathrm{A,B}}\left[c_{\mathrm{A,i}}^{n_{\mathrm{A}}}c_{\mathrm{B,i}}^{n_{\mathrm{B}}}-\frac{(p_{\mathrm{A}_m\mathrm{B}_n,\mathrm{i}}/p^{\ominus})^{n_{\mathrm{A}_m\mathrm{B}_n}}}{K}\right] \tag{6.252}$$

式中，$K=\frac{k_{\mathrm{A,B}}}{k_{\mathrm{A}_m\mathrm{B}_n}}=\frac{(p'_{\mathrm{A}_m\mathrm{B}_n,\mathrm{i}}/p^{\ominus})^{n_{\mathrm{A}_m\mathrm{B}_n}}}{c'^{n_{\mathrm{A}}}_{\mathrm{A,i}}c'^{n_{\mathrm{B}}}_{\mathrm{B,i}}}$；

$$J_{\mathrm{A}_m\mathrm{B}_n,g'}=D_{\mathrm{A}_m\mathrm{B}_n,g'}\left(\frac{p_{\mathrm{A}_m\mathrm{B}_n,\mathrm{i}}-p_{\mathrm{A}_m\mathrm{B}_n,\mathrm{b}}}{p^{\ominus}}\right) \tag{6.253}$$

$$-\frac{1}{m}\frac{\mathrm{d}N_{[\mathrm{A}]}}{\mathrm{d}t}=-\frac{1}{n}\frac{\mathrm{d}N_{[\mathrm{B}]}}{\mathrm{d}t}=\frac{\mathrm{d}N_{(\mathrm{A}_m\mathrm{B}_n)}}{\mathrm{d}t}=\frac{\Omega_{l'g'}}{2}\left\{k_{\mathrm{A,B}}\left[c_{\mathrm{A,i}}^{n_{\mathrm{A}}}c_{\mathrm{B,i}}^{n_{\mathrm{B}}}-\frac{1}{K}\left(\frac{p_{\mathrm{A}_m\mathrm{B}_n,\mathrm{i}}}{p^{\ominus}}\right)^{n_{\mathrm{A}_m\mathrm{B}_n}}\right]+D_{\mathrm{A}_m\mathrm{B}_n,g'}\left(\frac{p_{\mathrm{A}_m\mathrm{B}_n,\mathrm{i}}-p_{\mathrm{A}_m\mathrm{B}_n,\mathrm{b}}}{p^{\ominus}}\right)\right\} \tag{6.254}$$

6.9.5.3 液相传质和气相传质共同为控制步骤

过程不发生化合反应，过程速率为

$$-\frac{\mathrm{d}N_{(\mathrm{A}_2)_l}}{\mathrm{d}t}=\frac{\mathrm{d}N_{(\mathrm{A}_2)_\mathrm{g}}}{\mathrm{d}t}=\Omega_{l'g'}J_{\mathrm{A}_2,l'}=\Omega_{g'g}J_{\mathrm{A}_2,\mathrm{g}}=\Omega J \tag{6.255}$$

式中，$\Omega_{l'g'}\approx\Omega_{g'g}=\Omega$；

$$J=\frac{1}{2}(J_{\mathrm{A}_2,l'}+J_{\mathrm{A}_2,g'}) \tag{6.256}$$

$$J_{A_2,l'} = D_{A_2,l'}(c_{A_2,b} - c_{A_2,i}) \tag{6.257}$$

$$J_{A_2,g'} = D_{A_2,g'}\left(\frac{p_{A_2,i} - p_{A_2,b}}{p^{\ominus}}\right) \tag{6.258}$$

$$-\frac{dN_{(A_2)_l}}{dt} = \frac{dN_{(A_2)_g}}{dt} = \frac{\Omega}{2}\left[D_{A_2,l'}(c_{A_2,b} - c_{A_2,i}) + D_{A_2,g'}\left(\frac{p_{A_2,i} - p_{A_2,b}}{p^{\ominus}}\right)\right] \tag{6.259}$$

发生化合反应，对于双原子分子，过程速率为

$$-\frac{1}{2}\frac{dN_{[A]}}{dt} = \frac{dN_{(A_2)}}{dt} = \frac{1}{2}\Omega_{l'g'}J_{A,l'} = \Omega_{gg'}J_{A_2,g'} = \Omega J \tag{6.260}$$

式中，$\Omega_{l'g'} \approx \Omega_{g'g} = \Omega$；$J = \frac{1}{2}\left(\frac{1}{2}J_{A,l'} + J_{A_2,g'}\right)$。

$$J_{A,l'} = D_{A,l'}(c_{A,b} - c_{A,i}) \tag{6.261}$$

$$J_{A_2,g'} = D_{A_2,g'}\left(\frac{p_{A_2,i} - p_{A_2,b}}{p^{\ominus}}\right) \tag{6.262}$$

$$-\frac{dN_{[A]}}{dt} = \frac{dN_{(A_2)}}{dt} = \frac{\Omega}{2}\left[\frac{1}{2}D_{A,l'}(c_{A,b} - c_{A,i}) + D_{A_2,g'}\left(\frac{p_{A_2,i} - p_{A_2,b}}{p^{\ominus}}\right)\right] \tag{6.263}$$

对于多原子分子，有

$$-\frac{1}{m}\frac{dN_{[A]}}{dt} = -\frac{1}{n}\frac{dN_{[B]}}{dt} = \frac{dN_{(A_mB_n)}}{dt} = \frac{1}{m}\Omega_{l'g'}J_{A,l'} = \frac{1}{n}\Omega_{l'g'}J_{B,l'} = \Omega_{g'g}J_{A_mB_n,g'} = \Omega J \tag{6.264}$$

式中，$\Omega_{l'g'} \approx \Omega_{g'g} = \Omega$。

$$J = \frac{1}{3}\left(\frac{1}{m}J_{A,l'} + \frac{1}{n}J_{B,l'} + J_{A_mB_n,g'}\right) \tag{6.265}$$

$$J_{A,l'} = D_{A,l'}(c_{A,b} - c_{A,i}) \tag{6.266}$$

$$J_{B,l'} = D_{B,l'}(c_{B,b} - c_{B,i}) \tag{6.267}$$

$$J_{A_mB_n,g'} = D_{A_mB_n,g'}\left(\frac{p_{A_mB_n,i} - p_{A_mB_n,b}}{p^{\ominus}}\right) \tag{6.268}$$

$$-\frac{1}{m}\frac{dN_{[A]}}{dt} = -\frac{1}{n}\frac{dN_{[B]}}{dt} = \frac{dN_{(A_mB_n)}}{dt} = \frac{\Omega}{3}\left[\frac{1}{m}D_{A,l'}(c_{A,b} - c_{A,i}) + \frac{1}{n}D_{B,l'}(c_{B,b} - c_{B,i}) + D_{A_mB_n,g'}\left(\frac{p_{A_mB_n,i} - p_{A_mB_n,b}}{p^{\ominus}}\right)\right] \tag{6.269}$$

6.9.5.4 液相传质界面反应和气相传质共同为控制步骤

不发生化合反应，过程速率为

$$-\frac{dN_{(A_2)_l}}{dt} = \frac{dN_{(A_2)_g}}{dt} = \Omega_{l'g'}J_{A_2,l'} = \Omega_{l'g'}j = \Omega_{g'g'}J_{A_2,g'} = \Omega J \tag{6.270}$$

式中，$\Omega_{l'g'} \approx \Omega_{g'g} = \Omega$；$J = \frac{1}{3}(J_{A_2,l'} + j + J_{A_2,g'})$；$J_{A_2,l'} = D_{A_2,l'}(c_{A_2,b} - c_{A_2,i})$。

$$j = k_{A_2}c_{A_2,i}^{n_{A_2}} - k'_{A_2}\left(\frac{p_{A_2,i}}{p^{\ominus}}\right)^{n_{A_2}} = k_{A_2}\left[c_{A_2,i}^{n_{A_2}} - \frac{(p_{A_2,i}/p^{\ominus})^{n_{A_2}}}{K}\right] \tag{6.271}$$

$$\frac{k_{A_2}}{k'_{A_2}} = \left(\frac{p'_{A_2,i}/p^{\ominus}}{c'_{A_2,i}}\right)^{n_{A_2}} = K \tag{6.272}$$

$$J_{A_2,g'} = D_{A_2,g'}\left(\frac{p_{A_2,i} - p_{A_2,b}}{p^{\ominus}}\right) \tag{6.273}$$

$$-\frac{dN_{(A_2)_l}}{dt} = \frac{dN_{(A_2)_g}}{dt} = \frac{\Omega}{3}\left\{D_{A_2,l'}(c_{A_2,b} - c_{A_2,i}) + k_{A_2}\left[c_{A_2,i}^{n_{A_2}} - \frac{(p_{A_2,i}/p^{\ominus})^{n_{A_2}}}{K}\right] + D_{A_2,g'}\left(\frac{p_{A_2,i} - p_{A_2,b}}{p^{\ominus}}\right)\right\} \tag{6.274}$$

发生化合反应，对于双原子分子，有

$$-\frac{1}{2}\frac{dN_{[A]}}{dt} = \frac{dN_{(A_2)}}{dt} = \frac{1}{2}\Omega_{l'g'}J_{A,l'} = \Omega_{l'g}j = \Omega_{g'g}J_{A_2,g'} = \Omega J \tag{6.275}$$

式中，$\Omega_{l'g'} \approx \Omega_{g'g} = \Omega$；$J = \frac{1}{3}\left(\frac{1}{2}J_{A,l'} + j + J_{A_2,g'}\right)$；

$$J_{A,l'} = D_{A,l'}(c_{A,b} - c_{A,i}) \tag{6.276}$$

$$j = k_A c_{A,i}^{n_A} - k_{A_2}\left(\frac{p_{A_2,i}}{p^{\ominus}}\right)^{n_{A_2}} = k_A\left[c_{A,i}^{n_A} - \frac{(p_{A_2,i}/p^{\ominus})^{n_{A_2}}}{K}\right] \tag{6.277}$$

$$K = \frac{k_A}{k_{A_2}} = \frac{(p'_{A_2,i}/p^{\ominus})^{n_{A_2}}}{c'^{n_A}_{A,i}}$$

$$J_{A_2,g'} = D_{A_2,g'}\left(\frac{p_{A_2,i} - p_{A_2,b}}{p^{\ominus}}\right) \tag{6.278}$$

$$-\frac{1}{2}\frac{dN_{[A]}}{dt} = \frac{dN_{(A_2)}}{dt} = \frac{\Omega}{3}\left\{D_{A,l'}(c_{A,b} - c_{A,i}) + k_A\left[c_{A,i}^{n_A} - \frac{1}{K}\left(\frac{p_{A_2,i}}{p^{\ominus}}\right)^{n_{A_2}}\right] + D_{A_2,g'}\left(\frac{p_{A_2,i} - p_{A_2,b}}{p^{\ominus}}\right)\right\} \tag{6.279}$$

对于多原子分子，有

$$-\frac{1}{m}\frac{dN_{[A]}}{dt} = -\frac{1}{n}\frac{dN_{[B]}}{dt} = \frac{dN_{(A_mB_n)}}{dt} = \frac{1}{m}\Omega_{l'g'}J_{A,l'} = \frac{1}{n}\Omega_{l'g'}J_{B,l'} = \Omega_{l'g'}j = \Omega_{g'g}J_{A,g'} = \Omega J \tag{6.280}$$

式中，$\Omega_{l'g'} \approx \Omega_{g'g} = \Omega$；$J = \frac{1}{4}\left(\frac{1}{m}J_{A,l'} + \frac{1}{n}J_{B,l'} + j + J_{A_mB_n,g'}\right)$；

$$J_{A,l'} = D_{A,l'}(c_{A,b} - c_{A,i}) \tag{6.281}$$

$$J_{B,l'} = D_{B,l'}(c_{B,b} - c_{B,i}) \tag{6.282}$$

$$j = k_{A,B}c_{A,i}^{n_A}c_{B,i}^{n_B} - k_{A_mB_n}\left(\frac{p_{A_mB_n,i}}{p^{\ominus}}\right)^{n_{A_mB_n}} = k_{A,B}\left[c_{A,i}^{n_A}c_{B,i}^{n_B} - \frac{1}{K}\left(\frac{p_{A_mB_n,i}}{p^{\ominus}}\right)^{n_{A_mB_n}}\right] \tag{6.283}$$

$$K = \frac{k_{A,B}}{k_{A_mB_n}} = \frac{(p_{A_mB_n,i}/p^{\ominus})^{n_{A_mB_n}}}{c_{A,i}^{n_A}c_{B,i}^{n_B}}$$

$$J_{A_mB_n} = D_{A_mB_n,g'}\left(\frac{p_{A_mB_n,i} - p_{A_mB_n,b}}{p^{\ominus}}\right) \tag{6.284}$$

$$-\frac{1}{m}\frac{\mathrm{d}N_{[\mathrm{A}]}}{\mathrm{d}t}=-\frac{1}{n}\frac{\mathrm{d}N_{[\mathrm{B}]}}{\mathrm{d}t}=\frac{\mathrm{d}N_{(\mathrm{A}_m\mathrm{B}_n)}}{\mathrm{d}t}=\frac{\Omega}{4}\Bigg\{\frac{D_{\mathrm{A},l'}}{m}(c_{\mathrm{A,b}}-c_{\mathrm{A,i}})+\frac{D_{\mathrm{B},l'}}{n}(c_{\mathrm{B,b}}-c_{\mathrm{B,i}})+ k_{\mathrm{A,B}}\left[c_{\mathrm{A}}^{n_{\mathrm{A}}}c_{\mathrm{B}}^{n_{\mathrm{B}}}-\frac{1}{K}\left(\frac{p_{\mathrm{A}_m\mathrm{B}_n,\mathrm{i}}}{p^{\ominus}}\right)^{n_{\mathrm{A}_m\mathrm{B}_n}}\right]+D_{\mathrm{A}_m\mathrm{B}_n,g'}\left(\frac{p_{\mathrm{A}_m\mathrm{B}_n,\mathrm{i}}-p_{\mathrm{A}_m\mathrm{B}_n,\mathrm{b}}}{p^{\ominus}}\right)\Bigg\} \tag{6.285}$$

6.10 真空脱气和惰性气体脱气

真空脱气是在低于1个标准压力条件下脱出在液体或固体中溶解的气体溶质。在一定温度下，气体在液体或固体中有确定的溶解度，与气相中该种气体的压力平衡。如果气相中该种气体的压力升高，其溶解度增加，溶解的气体成为不饱和，该种气体就向液体或固体中溶解；如果气相中该种气体的压力降低，其溶解度减少，溶解的气体成为过饱和，该种气体就从液体或固体中脱出。如果在气体脱出过程中，不断地减少气相中该种气体的压力，例如从容器中不断地抽走气体，则该种气体就不断地被脱出。此即真空脱气。

6.10.1 真空脱气和惰性气体脱气的步骤

液体真空脱气过程有以下几个步骤：

（1）溶解在液体中的气体传质到液体表面或气泡表面；

（2）在液体或气泡表面，气体由溶解状态转变为吸附状态；

（3）在表面吸附的原子进行化学反应生成分子或在表面吸附的分子由水化分子转变为分子；

（4）气体分子从表面脱附，进入气体边界层或气泡；

（5）气体分子通过气体边界层进入气相，或被气泡带到气相，再被抽走。

6.10.2 钢液脱气

6.10.2.1 由液相边界层传质控制

钢液脱气过程由钢液液相边界层传质控制时，其速率方程为

$$J_{\mathrm{A}}=D_{\mathrm{A},l'}(c_{\mathrm{A,b}}-c_{\mathrm{A,i}}) \tag{6.286}$$

总脱气速率为

$$\frac{\mathrm{d}N_{\mathrm{A}}}{\mathrm{d}t}=-V\frac{\mathrm{d}c_{\mathrm{A}}}{\mathrm{d}t}=\Omega D_{\mathrm{A},l'}(c_{\mathrm{A,b}}-c_{\mathrm{A,i}}) \tag{6.287}$$

积分得

$$\ln\frac{c_{\mathrm{A,b}}-c_{\mathrm{A,i}}}{c_{\mathrm{A,0}}-c_{\mathrm{A,i}}}=-\frac{\Omega}{V}D_{\mathrm{A},l'}t \tag{6.288}$$

6.10.2.2 真空或惰性气体脱氢

研究表明，钢液脱氢过程由液相边界层传质控制。传质速率为

$$\frac{\mathrm{d}N_{\mathrm{H}}}{\mathrm{d}t}=\Omega D_{\mathrm{H},l'}(c_{\mathrm{H,b}}-c_{\mathrm{H,i}}) \tag{6.289}$$

式中，Ω为边界层面积；$c_{\mathrm{H,b}}$为液相本体中氢的浓度；$c_{\mathrm{H,i}}$为气-液界面液相一侧氢的浓度，

mol/L；$D_{H,l'}$为氢在液相边界层的扩散系数。

达到平衡时，传质速率就等于脱氢速率。

设钢液的体积为 V，有

$$\frac{dN_H}{dt}=-V\frac{dc_H}{dt} \tag{6.290}$$

将式（6.290）代入式（6.289），得

$$\frac{dc_H}{dt}=-\frac{\Omega}{V}D_{H,l'}(c_{H,b}-c_{H,i}) \tag{6.291}$$

$c_{H,i}$可以看做常数，积分式（6.291），得

$$\ln\frac{c_{H,b}-c_{H,i}}{c_{H,0}-c_{H,i}}=-\frac{\Omega}{V}D_{H,l'}t \tag{6.292}$$

忽略 $c_{H,i}$，得

$$\lg\frac{c_{H,t}}{c_{H,0}}=-\frac{\Omega}{2.303V}D_{H,l'}t \tag{6.293}$$

式中，$c_{H,0}$和 $c_{H,t}$分别为钢液本体氢的初始浓度和真空脱气 t 时刻的浓度。

式（6.292）和式（6.293）表明，由传质控制的真空脱氢过程为一级反应。

6.10.2.3 由界面化学反应和液相边界层传质共同控制

真空或向钢液中吹氩气脱氮，过程由界面化学反应和液相边界层传质共同控制，有

$$\frac{1}{k_t}=\frac{1}{D_{N,l'}}+\frac{K^2}{2k\left[K\left(\frac{p_{N_2,i}}{p^{\ominus}}\right)^{\frac{1}{2}}+c_{N,i}\right]} \tag{6.294}$$

将式（6.294）代入

$$J_N=k_t\left[K\left(\frac{p_{N_2,i}}{p^{\ominus}}\right)^{\frac{1}{2}}-c_{N,b}\right] \tag{6.295}$$

得

$$J_N=\frac{K\left(\frac{p_{N_2,i}}{p^{\ominus}}\right)^{\frac{1}{2}}-c_{N,b}}{\frac{1}{D_{N,l'}}+\frac{K^2}{2k\left[K\left(\frac{p_{N_2,i}}{p^{\ominus}}\right)^{\frac{1}{2}}+c_{N,i}\right]}} \tag{6.296}$$

将

$$c_{N,e}=K\left(\frac{p_{N_2,i}}{p^{\ominus}}\right)^{\frac{1}{2}} \tag{6.297}$$

代入式（6.296），得

$$J=J_N=\frac{k(c_{N,e}-c_{N,b})}{\frac{k}{D_{N,l'}}+\frac{K^2}{2(c_{N,e}+c_{N,i})}} \tag{6.298}$$

式中，$c_{N,e}+c_{N,i}$ 很小，会有

$$\frac{k}{D_{N,l'}}\ll\frac{K^2}{2(c_{N,e}+c_{N,i})} \tag{6.299}$$

得

$$J=J_N=\frac{2k}{K^2}(c_{N,e}-c_{N,b})(c_{N,e}+c_{N,i}) \tag{6.300}$$

若脱氮仅受界面化学反应控制，氮在界面的浓度近似等于液相本体中氮的浓度。式(6.300) 成为

$$J=\frac{2k}{K^2}(c_{N,e}^2-c_{N,b}^2) \tag{6.301}$$

将

$$K=\frac{c_{N,e}}{\left(\frac{p_{N_2,i}}{p^{\ominus}}\right)^{\frac{1}{2}}} \tag{6.302}$$

代入式（6.301），得

$$J=2k\left(\frac{p_{N_2,i}}{p^{\ominus}}-\frac{c_{N,b}^2}{K^2}\right) \tag{6.303}$$

由$J=J_N=2j$，界面反应速率

$$j=\frac{J}{2}=k\left(\frac{p_{N_2,i}}{p^{\ominus}}-\frac{c_{N,b}^2}{K^2}\right) \tag{6.304}$$

即

$$-\frac{dc_N}{dt}=k\frac{\Omega}{V}\left(\frac{p_{N_2,i}}{p^{\ominus}}-\frac{c_{N,b}^2}{K^2}\right) \tag{6.305}$$

在真空条件下或氩气流速很快，可以认为

$$p_{N_2,i}=0$$

所以

$$-\frac{dc_N}{dt}=\frac{k\Omega}{VK^2}c_{N,b}^2=k_z c_{N,b}^2 \tag{6.306}$$

式中，$k_z=\frac{k\Omega}{VK^2}$ 为速率常数。

脱氮过程为二级反应。

将式（6.306）积分，得

$$\frac{1}{c_{N,t}}-\frac{1}{c_{N,0}}=k_z\frac{\Omega}{V}t \tag{6.307}$$

式中，$c_{N,0}$，$c_{N,t}$分别为钢液中氮的初始和 t 时刻浓度。

将 $\frac{1}{c_{N,t}}$ 对 t 作图得一直线，斜率即为 k_z。速率常数 k_z与钢液组成有关。钢液中氧含量增加，k_z减少，硅、碳、镍使 k_z增大，铬使 k_z减少。

6.10.3 真空或惰性气体条件下气泡的上浮和长大

在真空或流动的惰性气体条件下，气相中脱出气体的压力 p_g 接近于零。气泡上浮时，气泡所受到的压力为

$$p = \rho g h + \frac{4\sigma}{d} \tag{6.308}$$

将 $h = h' + d$ 代入式（6.308），得

$$\rho g d^2 + (\rho g h' - p)d + 4\sigma = 0 \tag{6.309}$$

式（6.309）一元二次方程的解为

$$d = \frac{-(\rho g h' - p) \pm \sqrt{(\rho g h' - p)^2 - 16\rho g \sigma}}{2\rho g} \tag{6.310}$$

当 $(\rho g h' - p)^2 \geqslant 16\rho g \sigma$ 时，方程（6.310）有两个实根，溶解在液相中的气体组元可以形成气泡并上浮。

在液体表面 $h' = 0$，有

$$d = \frac{p \pm \sqrt{p^2 - 16\rho g \sigma}}{2\rho g} \qquad (p^2 \geqslant 16\rho g \sigma) \tag{6.311}$$

方程有两个实根。

对于液体边界层传质控制的脱气过程，在非真空情况下，前面推导的气泡上浮过程中气泡内气体量的变化公式适用于真空情况。而气泡尺寸变化的公式为

$$\frac{\mathrm{d}r}{\mathrm{d}t} = \frac{RT}{\rho g h}\left(\frac{gD}{3\pi^2 r}\right)^{\frac{1}{4}}(c_b - c_i) \tag{6.312}$$

$$\frac{\mathrm{d}r}{\mathrm{d}h} = -\frac{RT}{2\rho g h}\left(\frac{gD}{3gr^3\pi^2}\right)^{\frac{1}{4}}(c_b - c_i) \tag{6.313}$$

$$r = \frac{4RT(3D)^{\frac{1}{2}}(c_b - c_i)}{14\pi^{\frac{1}{2}}(3g)^{\frac{1}{4}}\rho g}(\ln h)^{\frac{4}{7}} \tag{6.314}$$

6.11 气体与溶液中组元的反应

6.11.1 氧气与冰铜的反应

冰铜吹炼是向冰铜熔体中吹入空气或富氧。吹炼过程分为两个阶段：第一阶段为造渣期，在 1150～1250℃冰铜中的 FeS 和 O_2 反应，生成 FeO，进入渣中。主要反应为

$$2[\mathrm{FeS}] + 3\mathrm{O_2}(\mathrm{g}) = 2(\mathrm{FeO}) + 2\mathrm{SO_2}(\mathrm{g})$$

除铁后富集了铜的熔体称为白冰铜。

第二阶段为造铜期，在 1200～1280℃，白冰铜与氧反应，得到粗铜。主要反应为

$$2[\mathrm{Cu_2S}] + 3\mathrm{O_2}(\mathrm{g}) = 2[\mathrm{Cu_2O}] + 2\mathrm{SO_2}(\mathrm{g})$$

$$2[\mathrm{Cu_2O}] + [\mathrm{Cu_2S}] = 6[\mathrm{Cu}] + \mathrm{SO_2}(\mathrm{g})$$

6.11.1.1 造渣期反应的动力学

在造渣期，Fe_2S 氧化的步骤为：

（1）O_2从气相本体扩散到气-液界面；

（2）Fe_2S 从冰铜主体扩散到气-液界面；

（3）O_2和 Fe_2S 在气-液界面反应生成 FeO 和 SO_2；

（4）生成的 FeO 进入渣相；

（5）生成的 SO_2进入气相。

其中步骤（3）、（4）、（5）都很快，不是控制步骤。步骤（1）和（2）为控制步骤。气相传质速率为

$$J_{O_2} = \frac{D_{O_2,g'}}{RT}(p_{O_2,b} - p_{O_2,i}) \tag{6.315}$$

冰铜中 FeS 的传质速率为

$$J_{FeS} = D_{FeS,l'}(c_{FeS,b} - c_{FeS,i}) \tag{6.316}$$

式中，$D_{O_2,g'}$和 $D_{FeS,l'}$分别为 O_2在气相和 FeS 在冰铜中的传质系数；$p_{O_2,b}$和 $c_{FeS,b}$分别为气体本体和冰铜本体 O_2的压力和 FeS 的浓度；$p_{O_2,i}$和 $c_{FeS,i}$分别为气-液界面处 O_2的压力和液-气界面 FeS 的浓度。

由于界面反应速率快，可以认为 $p_{O_2,i}=0$，$c_{FeS,i}=0$。因此，式（6.315）和式（6.316）分别简化为

$$J_{O_2} = \frac{D_{O_2,g'}}{RT} p_{O_2,b} \tag{6.317}$$

$$J_{FeS} = D_{FeS,l'} c_{FeS,b} \tag{6.318}$$

两式相比，得

$$\frac{J_{O_2}}{J_{FeS}} = \frac{1}{c_{FeS,b}}\left(\frac{D_{O_2,g'}}{D_{FeS,l'}}\right)\left(\frac{p_{O_2,b}}{RT}\right) = \beta \tag{6.319}$$

若 $\beta<1$，则有

$$c_{FeS,b} > \frac{D_{O_2,g'}}{D_{FeS,l'}}\left(\frac{p_{O_2,b}}{RT}\right)$$

即当冰铜中 FeS 含量高时，反应速率主要决定于氧的传质速率。

若 $\beta>1$，则

$$c_{FeS,b} < \frac{D_{O_2,g'}}{D_{FeS,l'}}\left(\frac{p_{O_2,b}}{RT}\right) \tag{6.320}$$

即当冰铜中 FeS 含量低时，反应速率主要决定于 FeS 的传质速率。

若 $\beta=1$，则

$$c_{FeS,b} = \frac{D_{O_2,g'}}{D_{FeS,l'}}\left(\frac{p_{O_2,b}}{RT}\right) \tag{6.321}$$

O_2的传质速率等于 FeS 的传质速率。

定义在 O_2的传质速率等于 FeS 的传质速率时，冰铜中 FeS 的浓度为临界浓度，记做 $c^*_{FeS,b}$。在该浓度界面反应的控制步骤发生转变。

设反应温度为1200℃，气相中O_2压力为21.27kPa，O_2在气相中的扩散系数为0.64cm^2/s，FeS在冰铜中的扩散系数为$7.57\times10^{-5}cm^2/s$，冰铜的密度为4.1g/cm^3。认为气相和液相边界层厚度相等。将这些数据代入式（6.321），计算得到FeS的临界浓度

$$c^*_{FeS,b}=1.47mol/L \qquad (6.322)$$

换算成质量分数，得$w(FeS)=3.15\%$。

在冰铜实际吹炼达到造渣期终点之前，冰铜中FeS的浓度都大于3.15%。可见，在造渣期，氧的传质速率是反应的控制步骤，而与冰铜中FeS的浓度无关。即供氧速率决定造渣期的反应速率。

图6.16是由造渣期冰铜吹炼的实测数据绘制。由图可见，冰铜含铁量与吹炼时间呈线性关系，反应速率（直线斜率）为一常数。这表明冰铜中FeS的氧化速率与其浓度无关，主要受供氧速率控制。

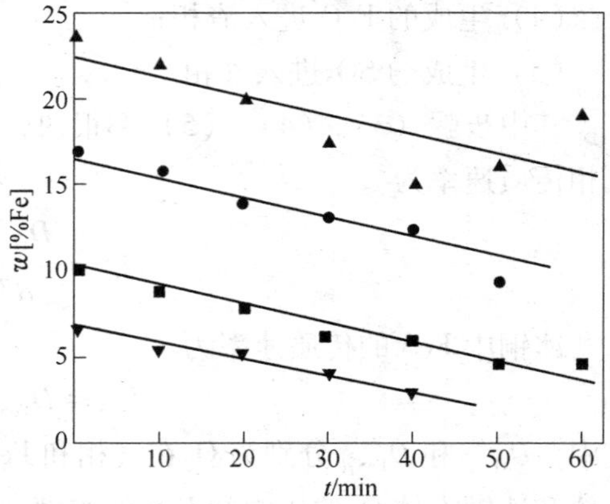

图6.16 冰铜吹炼过程中含铁量与反应时间的关系

6.11.1.2 造铜期反应的动力学

造铜期的主要反应为Cu_2S（白冰铜）氧化。反应速率与熔体中硫含量和供氧速率有关。造铜期Cu_2S氧化分为两个阶段：第一阶段为脱硫反应，主要是硫氧化成SO_2脱出，随着反应的进行，熔体的质量减少；第二阶段主要是一部分铜氧化，随着反应的进行，熔体质量增加。

当熔体含硫量为33.3%（摩尔分数）时，熔体完全为Cu_2S。随着反应的进行，熔体硫含量减少，生成金属铜，金属铜溶解于白冰铜中。反应速率与熔体的含硫量成正比，如图6.17中曲线的ab段所示，有

$$-\frac{d\Delta W}{dt}=k_1c_S^n \qquad (6.323)$$

式中，k_1为速率常数；c_S为熔体中的硫含量；n为经验常数。

当熔体中的硫含量降到图6.17中b点时，金属铜在Cu_2S熔体中的浓度达到饱和。熔体开始分层。上层为金属铜饱和的Cu_2S熔体，下层为Cu_2S饱和的铜熔体。两相平衡共存。氧化反应只改变上下两层熔体的相对量，即Cu_2S和Cu各自的量，而两层熔体的组成不变，此时脱硫速率为常数，如图6.17曲线bc段。有

$$-\frac{d\Delta W}{dt}=k_2 \qquad (6.324)$$

式中，k_2为常数。

当熔体硫含量降到c点时，含铜的Cu_2S相消失，只有铜熔体存在，其含硫量已经很低。随着含流量的降低，脱硫速率

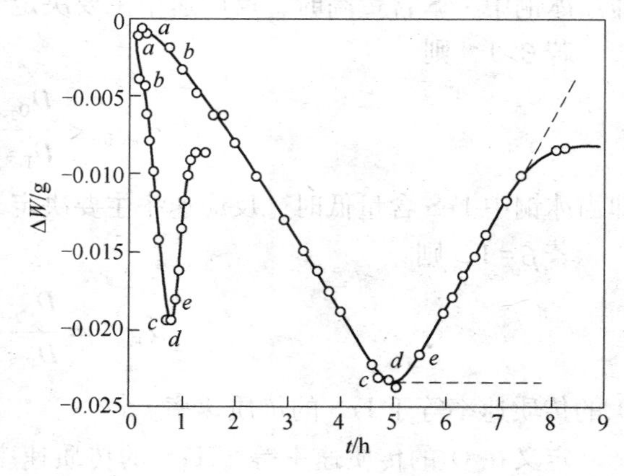

图6.17 Cu_2S熔体氧化时质量变化与时间的关系

变小。如图6.17曲线的cd段。有

$$-\frac{\mathrm{d}\Delta W}{\mathrm{d}t}=k_3c_{\mathrm{S}}^m \tag{6.325}$$

式中，k_3为速率常数；c_{S}为硫含量；m为经验常数。

当熔体中硫含量为零时，脱硫速率为零，如图6.17中曲线的d点。如果继续吹氧，金属铜被氧化，铜液含氧量增加。如图6.17中曲线的de段及其延长线。有

$$-\frac{\mathrm{d}\Delta W}{\mathrm{d}t}=k_4 \tag{6.326}$$

式中，k_4为常数。

6.11.2 氧气与溶解在铁水中的碳的反应

向铁水中吹入氧气，氧气与溶解在铁水中的碳反应可以表示为

$$2[\mathrm{C}]+\mathrm{O_2(g)}=\!=\!=2\mathrm{CO(g)}$$

氧气顶吹转炉吹炼高炉铁水的脱碳反应分为三个阶段：

在第一阶段，脱碳反应速率慢。这是由于铁水温度低，铁水中含有硅和锰，硅和锰优先于碳氧化。随着吹炼的进行，铁水温度升高，硅、锰含量减少，脱碳反应速率加快。脱碳速率和时间成正比，有

$$-\frac{\mathrm{d}c_{\mathrm{C}}}{\mathrm{d}t}=k_1t \tag{6.327}$$

式中，k_1为常数，与铁水中硅的原始浓度和温度有关。

在第二阶段，脱碳反应激烈进行，脱碳速率和碳浓度无关，脱碳速率由氧气通过气膜向气铁水界面传质控制。由于界面化学反应速率极快，气-液界面的氧气浓度可以看做零。氧气的传质速率由气体本体浓度决定，即由向铁水中的供氧量决定。

脱碳速率为

$$-\frac{\mathrm{d}c_{\mathrm{C}}}{\mathrm{d}t}=k_2 \tag{6.328}$$

式中，k_2为常数。

在第三阶段，碳含量较低，脱碳速率由碳在铁水中的传质速率控制。由于界面化学反应速率极快，气-液界面碳的浓度可以看做零。传质速率由铁水中碳的浓度决定，所以脱碳速率和铁水中碳的浓度成正比，即

$$-\frac{\mathrm{d}c_{\mathrm{C}}}{\mathrm{d}t}=k_3c_{\mathrm{C}} \tag{6.329}$$

式中，k_3为比例常数，与氧气流量、喷枪和铁水的相对位置有关。

氧气顶吹转炉脱碳速率与碳浓度、脱碳时间的关系如图6.18和图6.19所示。

对于不含硅、锰的铁水，温度升高到1450℃开始吹氧脱碳，就没有第一阶段，脱碳速率和铁水中碳含量的关系分为两个阶段。在碳含量高时，脱碳速率和碳含量无关。脱碳速率由氧的 传质控制，即和供氧量成正比有

$$-\frac{\mathrm{d}c_{\mathrm{C}}}{\mathrm{d}t}=k_2$$

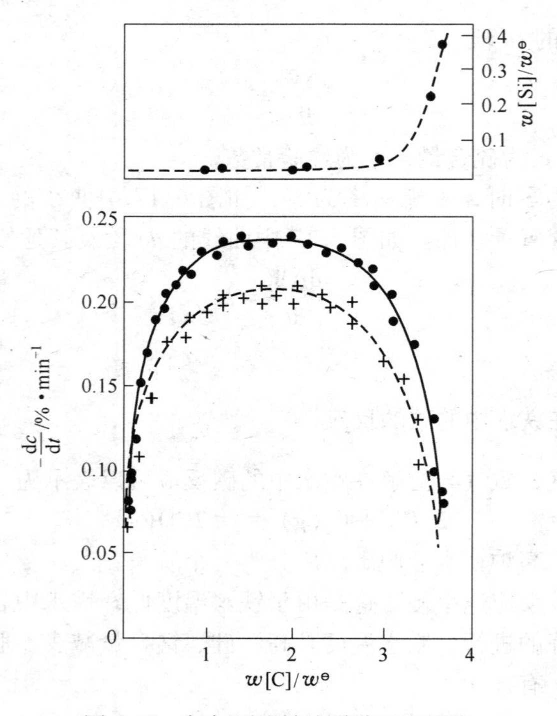

图 6.18　氧气顶吹转炉脱碳反应规律

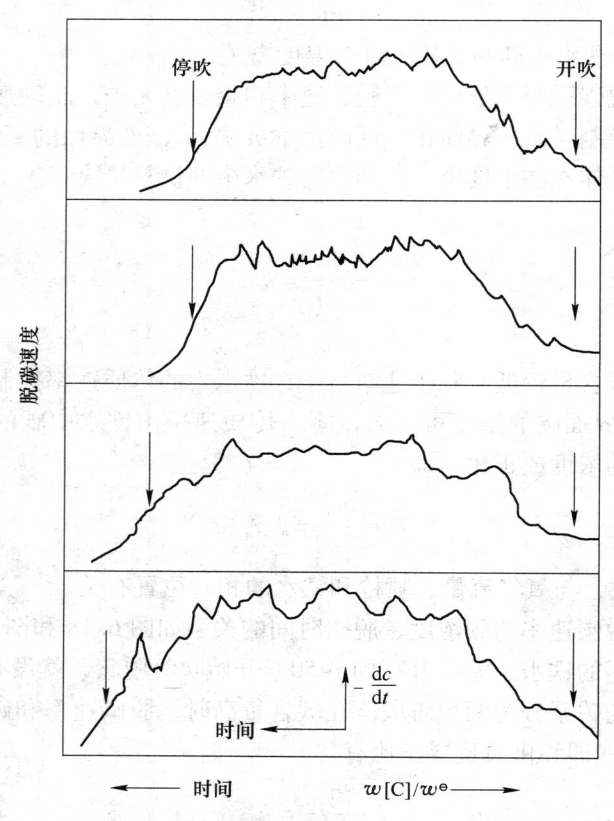

图 6.19　氧气顶吹转炉炉气连续测定装置记录的脱碳速度图

在碳含量低时，脱碳速率由碳在铁水中的传质控制，即和碳的浓度成正比（图 6.20）。有

$$-\frac{dc_C}{dt}=k_3c_C$$

铁水中的硅、锰、磷与氧气的反应和碳与氧气的反应类似。

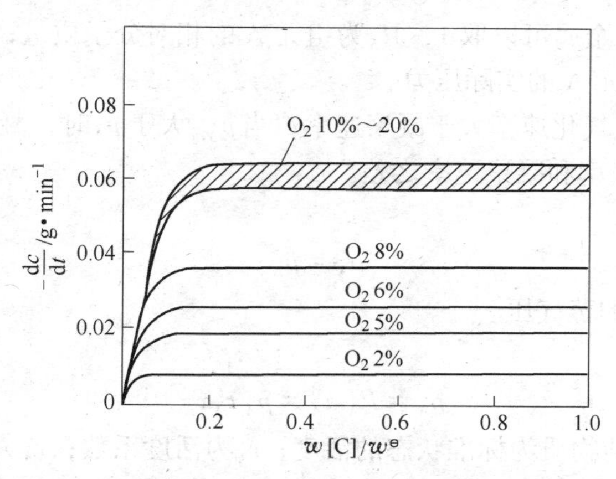

图 6.20　脱碳速度和钢中碳含量以及气流中氧含量的关系

6.12 液 体 蒸 发

液体由液态变为气态的过程叫蒸发或挥发。纯液态物质具有饱和蒸气压，在一定温度，纯液态物质的饱和蒸气压为定值。对于封闭体系，在一定温度，液态物质与其饱和蒸气平衡，蒸气压力不变。宏观上液态物质不再蒸发，微观上液态物质蒸发的速率和其蒸气冷凝的速率相等。

溶解在液体中的组元也会蒸发，在一定温度也有饱和蒸气压。但其饱和蒸气压和它的纯物质不同，其饱和蒸气压的值可近似地用拉乌尔定律或亨利定律计算，或者将拉乌尔定律或亨利定律中的浓度用活度代替后计算。在一定温度，溶解在液体中的组元与其饱和蒸气平衡，其饱和蒸气压不变。

在一定温度，敞开体系和封闭体系的情况不同。纯物质或溶解在液体中组元的蒸气会跑掉，不能和纯物质或溶解在液体中的组元保持平衡，液面上方各组元的蒸气压低于各组元的饱和蒸气压，因而，液体会不断蒸发。

6.12.1 液体蒸发的步骤

纯液体的蒸发过程有以下两个步骤：

（1）在液体表面，物质由液体转变为气态；

（2）气态物质通过气体边界层迁移到气相本体。

溶解在液体中组元的蒸发过程由三个步骤组成：

（1）溶解组元从液体本体通过液相边界层扩散到液体表面；

（2）在液体表面溶解组元由溶解的液态转变为气态；

（3）气态物质通过气体边界层迁移到气相本体。

6.12.2　蒸发速率

朗格缪尔根据气体分子运动论推导出液体单位表面积的蒸发速率为

$$J_{A,e}=\frac{\alpha}{(2\pi M_A RT)^{\frac{1}{2}}}(p_A-p_{A,g}) \tag{6.330}$$

式中，α 为蒸发系数，金属可以取 1；M_A为组元 A 的相对分子质量；p_A为组元 A 的饱和蒸气压；$p_{A,g}$为气相中组元 A 的实际压力。

当p_A大于$p_{A,g}$时，气化速率大于凝聚速率；当$p_{A,g}$大于p_A时，凝聚速率大于气化速率。净蒸发速率等于气化速率和凝聚速率之差。

对于纯物质

$$p_A=p_A^* \tag{6.331}$$

式中，p_A^* 为纯物质 A 的蒸气压。

对于溶解组元

$$p_A=P_A^* a_A^R=p_A^* r_A x_A \tag{6.332}$$

式中，a_A^R 为组元 A 以纯物质为标准状态的活度；r_A为活度系数；x_A为组元 A 的摩尔分数。

或

$$p_A=k_H a_A^H=k_H f_A x_A \tag{6.333}$$

式中，a_A^H 为组元 A 以假想的纯物质为标准状态的活度；f_A为活度系数。

在真空情况下，$p_A \gg p_{A,g}$，凝聚过程可以忽略，有

$$J_{A,e}=\frac{\alpha p_A}{(2\pi M_A RT)^{\frac{1}{2}}} \tag{6.334}$$

表面积为 Ω 的液体蒸发速率为

$$J_{A,t}=\Omega J_{A,e}=\frac{\Omega\alpha}{(2\pi M_A RT)^{\frac{1}{2}}}(p_A-p_{A,g}) \tag{6.335}$$

真空情况下的蒸发速率为

$$J_{A,t}=\frac{\Omega\alpha p_A}{(2\pi M_A RT)^{\frac{1}{2}}} \tag{6.336}$$

6.12.3　蒸发系数

金属中的杂质组元能否采用蒸发的方法除去，取决于杂质组元与基体金属蒸发速率的相对大小。

设基体金属 A 和杂质组元 B 的质量分别为 a 和 b，经过时间 t 后，它们各自挥发了 x 和 y，质量单位为 g，时间单位为 s。A 和 B 的蒸发速率为

$$\frac{dx}{dt}=J_A=J_{A,e}M_A=\left(\frac{M_A}{2\pi RT}\right)^{\frac{1}{2}}p_A^* r_A x_A \tag{6.337}$$

$$\frac{dy}{dt}=J_B=J_{B,e}M_B=\left(\frac{M_B}{2\pi RT}\right)^{\frac{1}{2}}k_{H,B} f_B x_B \tag{6.338}$$

式（6.334）的α取1。基体金属A以纯物质为标准状态，r_A为活度系数；杂质组元B以符合亨利定律的假想的纯物质为标准状态，f_B为活度系数；$k_{H,B}$为组元B的亨利定律常数。体系中的总摩尔数n近似为常数，则A和B的摩尔分数为

$$x_A = \frac{a - x}{nM_A} \tag{6.339}$$

$$x_B = \frac{b - y}{nM_B} \tag{6.340}$$

将式（6.339）和式（6.340）代入式（6.337）和式（6.338），然后相除，得

$$\frac{dy}{dx} = \beta \frac{b - y}{a - x} \tag{6.341}$$

式中

$$\beta = \left(\frac{M_A}{M_B}\right)^{\frac{1}{2}} \frac{f_B k_{H,B}}{r_A p_A^*} \tag{6.342}$$

称做分离系数。

对式（6.341）积分，得

$$\ln \frac{b - y}{b} = \ln \left(\frac{a - x}{a}\right)^{\beta}$$

整理，有

$$\frac{y}{b} = 1 - \left(1 - \frac{x}{a}\right)^{\beta} \approx \beta \frac{x}{a} \tag{6.343}$$

或

$$\frac{y}{x} \approx \beta \frac{b}{a} \tag{6.344}$$

式（6.344）中$\frac{y}{x}$为气相中组元B和A的比例，$\frac{b}{a}$为液相中组元B和A的比例。因此，由式（6.344）可以得出：

（1）$\beta=1$，组元A和B的蒸发比例相等，气相和液相组成相同。组元A和B不能用蒸发的方法分离。

（2）$\beta>1$，组元B的挥发比例大于组元A的蒸发比例，组元B在气相富集，组元A在液相富集。组元A和B可以用蒸发的方法分离。β值越大，分离效果越好。

（3）$\beta<1$，组元A的蒸发比例大于组元B的蒸发比例，组元A富集在气相，组元B富集在液相。组元A和组元B可以用蒸发的方法分离。β值越小，分离效果越好。

由于活度系数和溶液组成有关，因此，β值也与溶液组成有关。在液体蒸发过程中β值不守常。但是，对于稀溶液而言可以将β看做常数，有

$$\beta = \left(\frac{M_A}{M_B}\right)^{\frac{1}{2}} \frac{k_{H,B}}{p_A^*} \tag{6.345}$$

表6.4列出了铁液中杂质和合金元素的分离系数。

表 6.4　二元铁合金中元素分离系数（1600℃）

元素	蒸气压/kPa	亨利活度系数 f	分离系数 β	
			计算值	测定值
Fe	0.011	1	—	—
Mn	5.600	1	900	150
Al	0.253	0.063	2.8	—
Cu	0.133	8.5	125	60
Sn	0.107	1	9.1	18
Si	0.056	0.0011	0.13	10
Cr	0.025	1	3.3	
Co	0.004	1	0.5	
Ni	0.004	0.66	0.32	
S	>101.3			1.5
P	>101.3			0.6

从表 6.4 中的数据可见，Mn、Cu、Sn 的分离系数大，可以采用真空蒸发与 Fe 分离；S 难以用真空蒸发去除。但是，当铁水中碳、硅浓度大时，硫的活度系数增大，分离系数变大，可以用真空蒸发去除。

6.12.4　传质速率

6.12.4.1　溶解组元通过液相边界层的传质速率

液体中的溶解组元通过液相边界层的传质速率为

$$J_{A,l'} = D_{A,l'}(c_{A,b} - c_{A,i}) \tag{6.346}$$

式中，$D_{A,l'}$为溶解组元在液体中的传质系数；$c_{A,b}$和$c_{A,i}$分别为溶解组元在液体内部和气-液界面的浓度。

6.12.4.2　蒸发的组元通过气相边界层的传质速率

在液体表面蒸发的组元通过气相边界层传质到气相本体，传质速率为

$$J_{A,g'} = \frac{D_{A,g'}}{RT}(p_{A,i} - p_{A,g}) \tag{6.347}$$

式中，$D_{A,g'}$是组元 A 在气相的传质系数；p_A为液体中组元 A 的饱和蒸气压；$p_{A,g}$为气相中组元 A 的压力。

6.12.4.3　几个步骤共同控制的蒸发速率

当蒸发过程达到稳态，蒸发和传质三个步骤的速率相等，即

$$J = J_{A,l'} = J_{A,e} = J_{A,g'} \tag{6.348}$$

如果蒸发过程不是只由蒸发步骤控制，式（6.330）和式（6.332）中组元 A 的浓度不是溶液本体中组元 A 的浓度 x_A，而应该是溶液表面组元 A 的浓度 $x_{A,i}$。式（6.330）中组元 A 的压力也不是溶液本体中组元 A 浓度的饱和蒸气压 p_A，而应该是溶液表面组元 A 浓度的饱和蒸气压 $p_{A,i}$。因此，在这种情况下，溶解组元的蒸发速率为

$$J_{A,e}=\frac{\alpha}{(2\pi M_A RT)^{\frac{1}{2}}}(p_{A,i}-p_{A,g})=\frac{\alpha}{(2\pi M_A RT)^{\frac{1}{2}}}RT(c_{A,i}-c_{A,g})=D_A(c_{A,i}-c_{A,g}) \tag{6.349}$$

式中

$$D_A=\frac{\alpha\,(RT)^{\frac{1}{2}}}{(2\pi M_A)^{\frac{1}{2}}} \tag{6.350}$$

将式（6.346）和式（6.349）联立，消去 $c_{A,i}$，解得

$$J=\frac{D_A D_{A,l'}}{D_A+D_{A,l'}}(c_{A,b}-c_{A,g}) \tag{6.351}$$

式（6.351）为液相传质和表面蒸发共同控制蒸发过程的速率方程。

由式（6.346）、式（6.349）和式（6.351）可见，不论挥发过程由表面蒸发控制或液相传质控制，还是两者共同控制，蒸发速率都和浓度的一次方成正比，是一级反应。

当蒸发过程不是只由气相传质控制时，式（6.347）中的 p_A 不是液体中组元 A 的饱和蒸气压，而应该是相应于组元 A 表面浓度 $x_{A,i}$ 的饱和蒸气压 $p_{A,i}$。因此，式（6.347）成为

$$J_g=\frac{D_{A,g'}}{RT}(p_{A,i}-p_{A,g})=D'_{A,g'}(c_{A,i}-c_{A,g}) \tag{6.352}$$

式中

$$D'_{A,g'}=\frac{D_{A,g'}}{RT} \tag{6.353}$$

将式（6.351）与式（6.352）联立，消去 $c_{A,g}$，得

$$J=\frac{D'_{A,g'}D_A D_{A,l'}}{D'_{A,g'}D_A+D'_{A,g'}D_{A,l'}+D_A D_{A,l'}}(c_{A,b}-c_{A,i}) \tag{6.354}$$

式（6.354）是气相传质、表面蒸发和液相传质共同控制的速率方程。

在真空情况下，式（6.349）成为

$$J_{A,e}=D_A c_{A,i} \tag{6.355}$$

式（6.351）成为

$$J=\frac{D_A D_{A,l'}}{D_A+D_{A,l'}}c_{A,b} \tag{6.356}$$

在真空情况下，气相传质速率快，不能成为控制步骤，也不能成为共同的控制步骤。

6.12.4.4 气氛对蒸发的影响

如果液体上方的气体能和蒸发出来的组元蒸气发生化学反应，则降低了气相中蒸发出来的组元的压力，使气相传质加快，整个蒸发过程速率加快。

托克道根（Turkdogan）等人研究了铜和铁液体在 1 个标准压力的 $Ar\text{-}O_2$ 混合气体中的蒸发过程。实验结果（见图 6.21）表明，铜和铁的蒸发速率随气相中氧含量的增加而增加，但是，当氧含量增加到某个值后，铜和铁的蒸发速率降为零。

如果气相边界层的传质速率是蒸发过程的控制步骤，蒸发速率为

$$J_{A,g'}=\frac{D_{A,g'}}{RT}(p_{A,e}-p_{A,g})=\frac{D_g}{\delta RT}(p_{A,e}-p_{A,g})$$

式中，D_g为蒸发气体的扩散系数；δ为气相边界层的厚度。

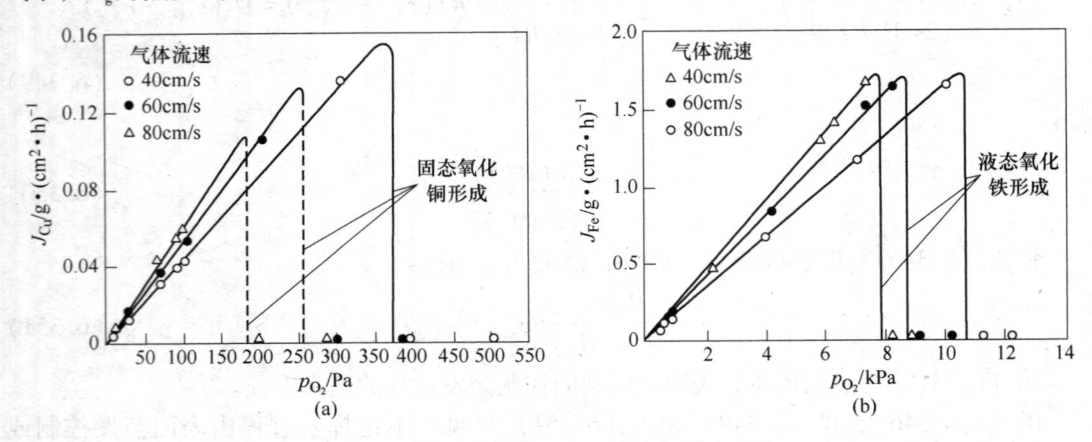

图 6.21　铜和铁液在 $Ar-O_2$混合气体中蒸发

下面以铁液在 $Ar-O_2$混合气体中的蒸发为例进行分析。

蒸发出来的铁蒸气和氧气在铁液上部的空间中逆向传输。在距离铁液表面 δ 的位置，铁蒸气和氧气相遇，并发生化学反应，生成氧化亚铁雾（细小的固体氧化亚铁颗粒）。化学反应方程式为

$$2Fe(g) + O_2(g) \xlongequal{} 2FeO(s)$$

化学反应速率很快，铁蒸气和氧气相遇就完成大部分反应。因此，在距离铁液表面为 d 的位置形成了一个与铁液表面平行的化学反应面，在此化学反应面，铁蒸气和氧气完成大部分反应。图 6.22 为其示意图。

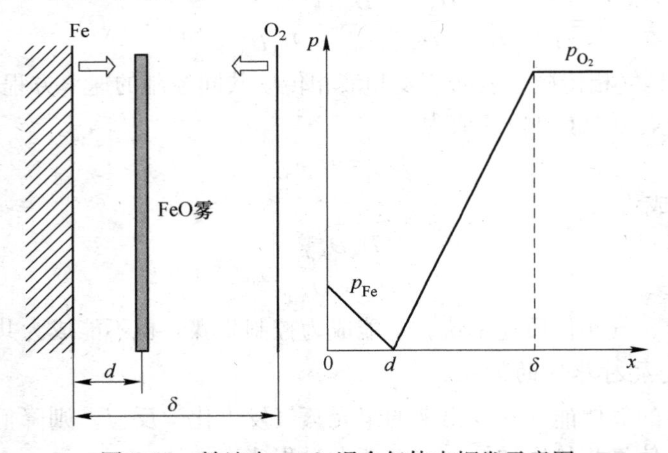

图 6.22　铁渣在 $Ar-O_2$混合气体中挥发示意图

在反应面的位置，铁蒸气和氧气的压力都很小，分别记做 p'_{Fe} 和 p'_{O_2}。有

$$J_{Fe} = \frac{D_{Fe}}{dRT}(p_{Fe} - p'_{Fe})$$

$$J_{O_2} = \frac{D_{O_2}}{(\delta - d)RT}(p_{O_2} - p'_{O_2})$$

$$J_{Fe} = 2J_{O_2}$$

如果$\delta \gg d$，$p_{O_2} \gg p'_{O_2}$，则

$$J_{Fe} = 2J_{O_2} = \frac{D_{O_2}}{\delta RT} p_{O_2}$$

由上式可见，气相中的氧气的压力越大，铁的蒸发速率就越大。但是，当氧分压达到某一临界值，$d=0$，反应面与铁液表面重合。氧气与铁液表面接触并直接反应，生成氧化铁膜，阻止铁的蒸发。当气相中的氧气压力小到某一临界值，$\delta > d$，反应界面在铁蒸气的扩散边界层之外，对铁蒸气扩散没有影响，即对铁液的蒸发速率没有影响。

气氛对铁液蒸发的影响规律也适用铜和其他物质及溶解在液体中的组元。

习　题

6-1　在深度为 h、密度为 ρ 的液体中均匀形成气泡核，需要克服多大的压力？

6-2　非均匀形成气泡核，需要克服多大的压力？

6-3　举例说明如何计算气泡与水溶液间的传质系数？

6-4　描述在喷嘴处，气泡的形成过程。

6-5　离开喷嘴的气泡直径大小由哪些因素决定？说明计算气泡直径的公式的使用范围。

6-6　简述气-液相反应在化学反应为控制步骤和传质为控制步骤的速率方程。

7 液-液相反应动力学

本章学习要点：

界面现象，两个连续液相间的反应，分散相在连续相中的运动与传质，熔渣与液态金属的反应。

液-液相反应是互不相溶（或相互间溶解度很小）的两个液相之间的反应。包括反应物和产物在两相间的传质过程，也包括两相和界面上的化学反应。

液-液相反应对于冶金、化工和材料制备具有重要意义。例如，从水溶液中用有机物萃取分离物质，火法冶金的渣-金反应，纳米材料制备的相转移反应。

两个液相间的接触有两种情况：一种是两个液相都是连续相，相间界面为一个平面，并且在发生反应的过程中界面面积基本不变；另一种是一个液相分散在另一个液体中，分散的液相不是连续相，另一液相为连续相。第一种情况如炼钢过程的扩散脱氧，第二种情况如萃取。

7.1 界面现象及对其解释

7.1.1 界面现象

把两个互不相溶的液体倒在同一个容器中，在开始的短时间内界面上发生剧烈的扰动，这种现象称为界面现象。在某些部分互溶的双组分体系中也会发生界面现象。其原因是由于两液相通过界面相互传质时，界面上多点的浓度发生变化而引起界面张力不均匀变化所致。当传质过程很快时，界面现象很明显；而当界面现象显著时，传质过程也快。这是因为界面张力的变化速度与溶质浓度的变化速率有关。一般来说，溶质浓度变化越快，界面张力变化越快。但对于不同的体系，界面张力随溶质浓度变化的幅度不同。

界面现象常出现在三组元以上的多组元体系中。在某些情况下，当溶质从分散相向连续相传递时，界面扰动现象强；而当溶质从连续相向分散相传递时，却不发生界面扰动；当与传质同时还存在化学反应时，界面现象更明显。界面扰动可使传质速度成倍提高。如果界面上有表面活性物质，可以减少界面的扰动。

当把少许表面张力小的液体加到表面张力大的液体中，表面张力小的液体会在表面张力大的液体表面铺成一薄层。不管两种液体是否互溶或部分互溶，都是如此。这种现象叫做马昂高里（Marangori）效应。例如，在水的表面加入一滴酒精，由于酒精的表面张力比水小，酒精就在水面上铺成一薄层。用马昂高里效应可以解释将少许表面张力和密度都小的液体加到表面张力大的液体中，表面产生波纹的原因。在水的表面加入一滴表面张力很小、密度比水小的液体，由于传质的推动力很大，在瞬间产生一些界面张力梯度极大的区域，从而产生很快的扩展。由于扩展的动量很大，以至于在原来液滴的中央部位把液膜拉破，把下面的水暴露出来。这样就形成一个表面张力小的扩展圆环和表面张力大的中心。在中心处，界面张力趋向于产生相反方向的扩展运动，液体从本体及扩展着的液膜流向圆环中心。这些流体的动量使中心部分的液体隆起，液面形成波纹。

如果在水面上加入一滴表面张力大的液体，界面张力变化的趋势与上述情况正好相反：传质使界面张力增加，传质快的点比圆周具有大的界面张力，该点不会产生扩展，因而液面不产生波纹，界面稳定。

7.1.2 对界面现象的解释

为了解释界面现象，哈依达姆（Haydom）假设非常接近界面处的溶质是平衡分布的，该处溶质在两相的浓度之比为常数，即为分配比；界面张力随向外迁移溶质的相中的溶质浓度降低而降低。据此得到

$$\Delta\sigma = -\beta(c_{2ib} - c_{2i}) \tag{7.1}$$

式中，$\Delta\sigma$ 为界面张力的变化；β 为比例常数；c_{2ib} 为液相 2 中溶质 i 的本体浓度；c_{2i} 为非常靠近界面处液相 2 中溶质 i 的浓度。

因为界面扰动强度与 $\Delta\sigma$ 成正比，对于具有一定溶质浓度的液相 2，β 大、c_{2i} 小时，界面扰动大，溶质传递速度快。如果界面被表面活性物质覆盖，溶质 i 难以越过表面活性物质传递到液相 1，β 值也会很小，界面扰动受到抑制。界面扰动使相互接触的两个液相中组分的传质系数增大。

7.2 两个连续液相间的反应动力学

对于两个连续的液相之间的扩散问题已经在第 2 章进行了讨论。本节讨论既有扩散又有化学反应发生的过程。这种过程可划分为三种情况：

一是与扩散相比化学反应速率很慢，整个过程为化学反应所控制。化学反应均匀地在反应相的整个体积中进行，相当于均相反应。过程速度与溶液的搅拌速度无关，与两相的接触面积无关，而与催化剂、温度和反应相的体积有关。

二是扩散比化学反应慢得多，整个过程为扩散所控制。化学反应发生在液相内的某个狭窄区域，该区域可以看做一个平面。这个平面可以是两相界面，也可以是距两相界面一定距离处的一个平面，究竟在什么位置，取决于反应类型。由于传质速度和界面面积都与搅拌强度有关，因此整个过程与搅拌强度有关。

三是扩散和化学反应快慢相近，整个过程为扩散和化学反应共同控制。化学反应在界面附近的区域内进行。该区域的大小取决于扩散和化学反应的快慢。

7.2.1 组元 i 由液相Ⅰ向液相Ⅱ传质并发生化学反应

液-液相界面的液膜很薄。化学反应发生在液膜内，还是扩展到液相区决定于化学反应和传质的相对速率大小。液相Ⅰ中的组元 i 在液膜内的传质速率为

$$J_i = |j_i| = k_i(c_{is} - c_{ib}) \tag{7.2}$$

式中，J_i为组元i的传质速率（传质速度的绝对值），即单位时间通过单位界面积传输组元i的量；k_i为组元i的传质系数；c_{is}和c_{ib}分别为界面和液相Ⅱ本体中组元i的浓度。

单位时间内单位面积上的液膜内参予化学反应的组元i的量为

$$w_i = j_i\delta_i \tag{7.3}$$

式中，j_i为组元i的化学反应速率；δ_i为液膜厚度，即组元i扩散边界层厚度。

7.2.1.1 化学反应速率慢

如果化学反应速率很慢，组元i穿过界面进入液膜中的量远大于液膜内化学反应消耗的组元i的量，则组元i将继续扩散在液相Ⅱ的本体中，组元i参与的化学反应也将扩展到液相Ⅱ的本体中进行。显然，发生这种情况的条件为

$$j_i\delta_i < k_i(c_{is} - c_{ib}) \tag{7.4}$$

若组元i的传质速率远远大于其化学反应速率，即

$$j_i\delta_i \ll k_i(c_{is} - c_{ib}) \tag{7.5}$$

则化学反应将扩展到液相Ⅱ的整个体积，化学反应主要在液相Ⅱ中进行。

7.2.1.2 化学反应与传质速率相近

如果组元i的传质速率与其化学反应速率相近，即

$$j_i\delta_i \approx k_i(c_{is} - c_{ib}) \tag{7.6}$$

则化学反应在液膜内进行。

7.2.1.3 传质速率慢

如果组元i的化学反应速率比其传质速率快得多，即

$$j_i\delta_i \gg k_i(c_{is} - c_{ib}) \tag{7.7}$$

则化学反应主要在界面上进行。

7.2.2 两液相都有组元向另一液相扩散

上面讨论的是液相Ⅰ中的组元i从液相Ⅰ向液相Ⅱ扩散，而液相Ⅱ中的组元不向液相Ⅰ扩散的情况。如果液相Ⅰ中的组元i向液相Ⅱ扩散，同时液相Ⅱ中的组元j向液相Ⅰ扩散，化学反应为

$$i + j \longrightarrow k$$

则过程更为复杂。液膜内组元i，j的传质速率分别为

$$J_i = k_i(c_{is} - c_{ib}) \tag{7.8}$$

$$J_j = k_j(c_{js} - c_{jb}) \tag{7.9}$$

单位面积上的液膜内的化学反应的量为

$$j_i\delta = j_j\delta \tag{7.10}$$

这里假设组元i、j的液膜厚度相同，都为δ。

(1) 化学反应速率与组元i、j的传质速率都慢。

如果化学反应速率比组元i、j的传质速率都慢，即

$$j_i\delta = j_j\delta < J_i \tag{7.11}$$

$$j_i\delta = j_j\delta < J_j \tag{7.12}$$

化学反应将扩展到液相Ⅰ和液相Ⅱ中，即在两液相中进行。

（2）化学反应速率比组元 i 传质慢，比组元 j 传质快。

如果化学反应速率比组元 i 传质速率慢，比组元 j 传质速率快，或与组元 j 的传质速率相近，即

$$j_i\delta = j_j\delta < J_i \tag{7.13}$$

$$j_i\delta = j_j\delta \geqslant J_j \tag{7.14}$$

则化学反应将在液膜和液相Ⅱ中进行。若组元 j 的传质速率比化学反应速率慢得多，化学反应只在液相Ⅱ中进行。

（3）化学反应速率比组元 j 传质慢，比组元 i 传质快。

如果化学反应速率比组元 j 的传质速率慢，但比组元 i 的传质速率快，或与组元 i 的传质速率相近，即

$$j_i\delta = j_j\delta < J_j \tag{7.15}$$

$$j_i\delta = j_j\delta \geqslant J_i \tag{7.16}$$

则化学反应将在液膜内和液相Ⅰ中进行。

（4）组元 i 传质速率比化学反应速率慢很多。

若组元 i 的传质速率比化学反应速率慢得多，则化学反应只在液相Ⅰ中进行。

（5）化学反应速率与组元 i、组元 j 的传质速率都相近。

如果组元 i、组元 j 的传质速率相近，并与化学反应速率相近，即

$$j_i\delta = j_j\delta \approx J_i \approx J_j \tag{7.17}$$

则化学反应在液膜和液膜附近的区域内进行。

7.2.3　化学反应是过程的控制步骤

考虑在等温条件下，发生在Ⅰ和Ⅱ两个相的一级可逆反应

$$a\mathrm{A} \rightleftharpoons b\mathrm{B}$$

反应可以在一个相中发生，也可以在两个相中同时进行。由于溶解度的关系，通常化学反应在某一相中进行的程度很小，以至于在分析时可以略去，而认为化学反应在一个相中例如Ⅱ相中进行。

设组元 A、B 在两相间的分配比分别为 m_A 和 m_B，则有

$$x_\mathrm{A}^\mathrm{I} = m_\mathrm{A} x_\mathrm{A}^\mathrm{II} \tag{7.18}$$

$$x_\mathrm{B}^\mathrm{I} = m_\mathrm{B} x_\mathrm{B}^\mathrm{II} \tag{7.19}$$

式中，x_A^I、x_B^I、x_A^II、x_B^II 分别为 A 和 B 在Ⅰ和Ⅱ相中的摩尔分数；m_A、m_B 分别为 A 和 B 在两相的分配系数。

7.2.3.1　组元 A 的转化速率

在任一时间内，组元 A 的总摩尔数为 N_A，则

$$N_\mathrm{A} = N_\mathrm{A\,I} + N_\mathrm{A\,II} \tag{7.20}$$

$$m_\mathrm{A} = \frac{x_\mathrm{A}^\mathrm{I}}{x_\mathrm{A}^\mathrm{II}} = \frac{\dfrac{N_\mathrm{A\,I}}{N_\mathrm{I}}}{\dfrac{N_\mathrm{A\,II}}{N_\mathrm{II}}} = \frac{1}{L}\frac{N_\mathrm{A\,I}}{N_\mathrm{A\,II}} \tag{7.21}$$

式中，$N_{A\text{I}}$、$N_{A\text{II}}$ 分别为组元 A 在相Ⅰ和相Ⅱ中的摩尔数；N_{I}、N_{II} 分别为相Ⅰ和相Ⅱ中多组元的总摩尔数；而

$$L = \frac{N_{\text{I}}}{N_{\text{II}}} \tag{7.22}$$

为Ⅰ、Ⅱ两相中多组元的总摩尔数之比。

将式（7.20）微分，并利用式（7.21），得

$$\mathrm{d}N_{A} = \mathrm{d}N_{A\text{I}} + \mathrm{d}N_{A\text{II}} = (m_{A}L + 1)\mathrm{d}N_{A\text{II}} \tag{7.23}$$

由于化学反应主要在相Ⅱ中进行，所以组元 A 的转化速率为

$$-\frac{\mathrm{d}N_{A}}{\mathrm{d}t} = V_{\text{II}}(k_{1}c_{A} - k_{2}c_{B}) \tag{7.24}$$

式中，V_{II} 为Ⅱ相的体积。上式也可以写为

$$-\frac{\mathrm{d}N_{A}}{\mathrm{d}t} = k_{1}x_{A}^{\text{II}}N_{\text{II}} - k_{2}x_{B}^{\text{II}}N_{\text{II}} \tag{7.25}$$

把式（7.23）代入式（7.25）

$$-(m_{A}L + 1)\frac{\mathrm{d}N_{A\text{II}}}{\mathrm{d}t} = (k_{1}x_{A}^{\text{II}} - k_{2}x_{B}^{\text{II}})N_{\text{II}} \tag{7.26}$$

由化学反应方程式可知，1mol 的 A 可以产生 $\frac{b}{a}$ mol 的 B。因此，组元 B 的总摩尔数为

$$N_{B} = N_{B0} + \frac{b}{a}(N_{A0} - N_{A}) \tag{7.27}$$

式中，N_{A0} 和 N_{B0} 为 $t=0$ 时 A 和 B 的摩尔数。

7.2.3.2　组元 B 的浓度关系式

将上面对组元 A 的分析应用于组元 B，同理有

$$N_{B} = N_{B\text{I}} + N_{B\text{II}} = (m_{B}L + 1)N_{B\text{II}} \tag{7.28}$$

$$N_{B\text{II}} = \frac{N_{B}}{m_{B}L + 1} \tag{7.29}$$

$$x_{B}^{\text{II}} = \frac{N_{B\text{II}}}{N_{\text{I}}} = \frac{N_{B}}{(m_{B}L + 1)N_{\text{II}}} = \frac{N_{B0} + \frac{b}{a}(N_{A0} - N_{A})}{(m_{B}L + 1)N_{\text{II}}} \tag{7.30}$$

得

$$N_{A} = x_{A}^{\text{II}}N_{\text{II}}(m_{B}L + 1)$$

代入式（7.30），得

$$x_{B}^{\text{II}} = \frac{N_{B0} + \frac{b}{a}N_{A0} - \frac{b}{a}x_{A}^{\text{II}}(m_{A}L + 1)N_{\text{II}}}{(m_{B}L + 1)N_{\text{II}}} \tag{7.31}$$

7.2.3.3　化学反应速率

将式（7.31）代入式（7.26），得

$$-\frac{dx_A^{II}}{dt}=\beta x_A^{II}-\lambda \tag{7.32}$$

式中

$$\beta=\frac{k_1}{m_A+1}+\frac{k_2 b}{a(m_B L+1)} \tag{7.33}$$

$$\lambda=\frac{k_2(aN_{B0}+bN_{A0})}{aN_{II}(m_A L+1)(m_B L+1)} \tag{7.34}$$

积分式（7.32），得 ·

$$t=\frac{1}{\beta}\ln(\beta x_A^{II}-\lambda)\Big|_{x_A^{II}}^{x_{A0}^{II}} \tag{7.35}$$

式中，x_{A0}^{II} 和 x_A^{II} 分别为 $t=0$ 时和任一时刻相Ⅱ中组元 A 的摩尔分数。

由式（7.35）可得

$$x_A^{II}=\frac{\beta x_{A0}^{II}-\lambda+\lambda e^{\beta t}}{\beta e^{\beta t}}$$

当 $t=0$ 时

$$x_A^{II}=x_0^{II} \tag{7.36}$$

当 $t=\infty$ 时，可得平衡浓度

$$x_{Ae}^{II}=\frac{k_2(aN_{B0}+bN_{A0})}{[bk_2(m_A L+1)+ak_1(m_B L+1)]N_{II}} \tag{7.37}$$

7.2.4 传质为过程的控制步骤

7.2.4.1 一个扩散过程为控制步骤

两相界面上发生的化学反应为

$$A(\text{I})+B(\text{II})=\!=\!=C(\text{II})+D(\text{I})$$

式中，Ⅰ、Ⅱ分别表示相Ⅰ和相Ⅱ。

整个过程可以分为五步：

（1）A 向Ⅰ-Ⅱ两相界面迁移；

（2）B 向Ⅰ-Ⅱ两相界面迁移；

（3）A 和 B 在Ⅰ-Ⅱ两相界面上进行化学反应；

（4）产生的 C 从界面向相Ⅱ扩散；

（5）产生的 D 从界面向相Ⅱ扩散。

第（3）步即Ⅰ-Ⅱ界面的化学反应迅速，处于局部平衡，不是控制步骤。下面计算其他各步骤的速度。

第 1 步，A 在相Ⅰ内部向Ⅰ-Ⅱ界面扩散，根据有效边界层理论，其扩散流密度为

$$J_A=D_A\frac{c_A-c_A^*}{\delta_A} \tag{7.38}$$

式中，J_A 为 A 的扩散流密度，mol/(m^2·s)；D_A 为 A 在相Ⅰ中的扩散系数，m^2/s；δ_A 为 A 在相Ⅰ中扩散时的有效边界层厚度，m；c_A 为 A 在相Ⅰ本体中的浓度，mol/m^3；c_A^* 为 A 在

相Ⅰ-Ⅱ界面上的浓度，mol/m^3。

设相Ⅰ-Ⅱ界面面积为 S，则 A 在相Ⅰ中的扩散速率为

$$\dot{N}_A = SJ_A = SD_A \frac{c_A - c_A^*}{\delta_A} \tag{7.39}$$

界面反应达到平衡，平衡常数为

$$K = \frac{c_C^* c_D^*}{c_A^* c_B^*} \tag{7.40}$$

式中，K 为平衡常数。其余各项为相应物质在界面上的浓度。

由式（7.40）得

$$c_A^* = \frac{c_C^* c_D^*}{K c_B^*} \tag{7.41}$$

假设 B、C、D 在相Ⅰ-Ⅱ界面上的浓度等于其本体浓度，则式（7.41）成为

$$c_A^* = \frac{c_C c_D}{K c_B} \tag{7.42}$$

将式（7.42）代入式（7.39），得

$$\dot{N}_A = SD_A \frac{1}{\delta_A}\left(c_A - \frac{c_C c_D}{K c_B}\right) \tag{7.43}$$

令

$$Q = \frac{c_C c_D}{c_A c_B} \tag{7.44}$$

将式（7.44）代入式（7.43），得

$$\dot{N}_A = SD_A \frac{1}{\delta_A} c_A\left(1 - \frac{Q}{K}\right) \tag{7.45}$$

同理，可推得

$$\dot{N}_B = SD_B \frac{1}{\delta_B} c_B\left(1 - \frac{Q}{K}\right) \tag{7.46}$$

$$\dot{N}_C = SD_C \frac{1}{\delta_C} c_C\left(1 - \frac{Q}{K}\right) \tag{7.47}$$

$$\dot{N}_D = SD_D \frac{1}{\delta_D} c_D\left(1 - \frac{Q}{K}\right) \tag{7.48}$$

代入实测数据，可以求得哪个组分扩散速率最慢，即为控制步骤。

7.2.4.2 多个扩散过程为控制步骤

如果上述计算结果有几个步骤的扩散速率相近，则过程不只为一个扩散过程所控制，而是为几个扩散过程所控制。对于这种情况，整个过程的速率不能用一个扩散速率表示。下面以两个扩散步骤控制的过程为例进行讨论。

假设 $\dot{N}_B$ 和 $\dot{N}_D$ 相近并且最慢，即反应物 B 和产物 D 的扩散为限制性步骤。当过程达稳态时，各环节速率相等，有

$$\dot{N} = SD_B \frac{c_B - c_B^*}{\delta_B} = SD_D \frac{c_D - c_D^*}{\delta_D} \tag{7.49}$$

界面反应达成平衡，有

$$K = \frac{c_C^* c_D^*}{c_A^* c_B^*} \tag{7.50}$$

由于组分 A 和 C 的扩散速率比 B 和 D 快，因而界面上的 A 和 C 的浓度可以用其本体浓度代替，即

$$c_A = c_A^*, \ c_C = c_C^* \tag{7.51}$$

将式（7.51）代入式（7.50），得

$$K = \frac{c_C c_D^*}{c_A c_B^*} \tag{7.52}$$

联立方程式（7.49）和式（7.52），解得

$$c_B^* = \frac{\left(c_D \dfrac{D_D}{\delta_D} + c_B \dfrac{D_B}{\delta_B}\right)\dfrac{c_C}{c_A K}}{\dfrac{D_D}{\delta_D} + \dfrac{D_D c_C}{\delta_D c_A K}} \tag{7.53}$$

将式（7.53）代入式（7.49），得过程的速率为

$$\dot{N} = S\frac{D_D D_B\left(c_B - \dfrac{c_C c_D}{c_A K}\right)}{\delta_D \delta_B\left(\dfrac{D_D}{\delta_D} + \dfrac{D_B c_C}{\delta_B c_A K}\right)} \tag{7.54}$$

7.3　分散相在连续相中的运动与传质

7.3.1　分散相在连续相中的运动

一液相以液滴的形式分散在另一液相之中，液滴在连续相中运动的情况与气泡在液体中的运动情况相似。当液滴在液体中所受的力达到平衡时，液滴的上升或下降的速度就不再变化，而以恒定的速度 v_t 运动。

将液滴的速度 v_t 对其水力学直径 d_e 作图，并与固体圆球在液体中的运动相比较，得图 7.1。图中的直线 *ABC* 表示固体圆球在液体中的运动情况。由图可见，当液滴的直径小时，液滴的曲线和固体圆球的直线在 *AB* 段重合。这表明此时液滴为圆球形。随着液滴直径变大，液滴的曲线偏离固体圆球的直径。这说明液滴不再呈球形。速度 v_t 随水利学直径 d_e 的变化经过一个峰值，然后平缓地下降。处于曲线峰值的液滴直径写做 d_p，相应的速度写做 v_p。

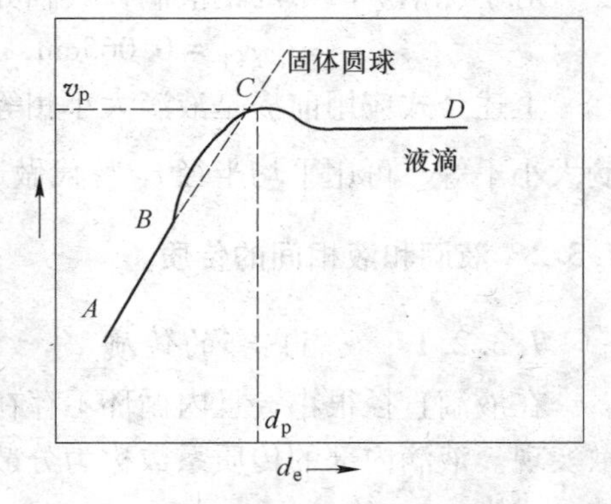

图 7.1　液滴的运动速度与其水力学直径的关系

偏离球形的液滴可以有两种类型：一种是凹坑形，另一种是局部延伸的形状。这主要是由于外部静压力与液滴内因循环产生的压力两者之间差异所引起的。

巴雷希内卡夫（Барыщников）等人研究得到，在金属液滴的直径很小时，其在熔渣中的沉降速度为

$$v_{t1} = \frac{2(\rho_1 - \rho_2)gr_K^2}{3\eta_2}\left(\frac{\eta_1 + \eta_2}{3\eta_1 + 2\eta_2}\right) \tag{7.55}$$

式中，v_{t1} 为金属液滴在熔渣中的沉降速度；ρ_1、ρ_2 分别为金属液滴和熔渣的密度；η_1 和 η_2 分别为金属和熔渣的黏度。

当液滴半径增大时，液滴在熔渣中的沉降速度为

$$v_{t2} = \left[\frac{8(\rho_1 - \rho_2)gr_K}{3\Omega_D\rho_2}\right]^{\frac{1}{2}} \tag{7.56}$$

式中，Ω_D 为阻力系数。

两种速度转变时的液滴半径称为临界半径。这可以令式（7.55）和式（7.56）相等，解得

$$r_{K1}^* = \left[\frac{6\eta_2^2}{(\rho_1 - \rho_2)\rho_g\Omega_D}\left(\frac{3\eta_1 + 2\eta_2}{\eta_1 + \eta_2}\right)^2\right]^{\frac{1}{3}} \tag{7.57}$$

当液滴直径继续变大时，液滴所受的阻力变大，液滴的运动速度与其半径无关。这时有

$$v_{t3} = \left[\frac{4\sigma_{L_1-L_2}(\rho_1 - \rho_2)g}{\rho_2^2\Omega_D}\right]^{\frac{1}{4}} \tag{7.58}$$

令式（7.57）和式（7.58）相等，解得此种临界半径为

$$r_{K2}^* = \left[\frac{9\sigma_{L_1-L_2}\Omega_D}{16(\rho_1 - \rho_2)g}\right]^{\frac{1}{2}} \tag{7.59}$$

继续增大液滴直径，液滴会破碎成小液滴。所能存在的最大液滴半径为

$$r_{Kmax} = 0.036\Omega_D^{\frac{1}{2}}\sigma_{L_1-L_2}^{\frac{1}{2}}\rho_1^{-\frac{1}{3}}\rho_2^{\frac{2}{3}}(\rho_1 - \rho_2)^{-\frac{5}{6}} \tag{7.60}$$

对于炼钢炉渣中的钢液滴，其临界半径分别为

$$r_{K1} = 0.065\text{cm},\ r_{K2} = 0.21\text{cm},\ r_{Kmax} = 0.33\text{cm}$$

上述公式应用前提是液滴大小相等，液滴在渣相中均匀分布且不产生聚合作用。若液滴大小不等，可用平均半径 $\bar{r}_K$ 替代做近似计算。

7.3.2 液滴和液相间的传质

7.3.2.1 液滴内部的传质

在液滴直径很小，且内循环不存在时，可将其看做刚性球。液滴内部的传质靠分子扩散实现。液滴内部的传质系数称为分散相系数。崔伯尔（Treybal）提出的计算分散相系数的公式为

$$k_d = \frac{2\pi^2 D_{分}}{3d} \tag{7.61}$$

式中，$D_{分}$ 为分散相的扩散系数；d 为液滴直径。其传质方程为

$$\frac{c_0 - \bar{c}_t}{c_0 - c_s} = 1 - \frac{6}{2}\sum_{n=1}^{\infty}\frac{1}{2}\exp(-D_{分}^2\dot{N}^2\pi^2 t/r^2) \tag{7.62}$$

式中，r 为液滴半径；t 为反应时间；c_0 为分散相中的起始浓度（假设液滴内浓度分布均匀）；$\bar{c}_t$ 为在时间 t 时液滴内的平均浓度；c_s 为在时间 t 时液滴的表面浓度，如果液滴内的传质是控制步骤，则 c_s 就等于界面上的平衡浓度。

当反应时间较短时，式（7.62）可近似为

$$\frac{c_0 - \bar{c}_t}{c_0} = \frac{\Delta \bar{c}_t}{c_0} = 3.38\left(\frac{D_{分}\,t}{r^2}\right)^{\frac{1}{2}} \tag{7.63}$$

物质流的速度可表示为

$$n = \frac{4}{3}\pi r^3\frac{\mathrm{d}\bar{c}_t}{\mathrm{d}t} = -7.09c_0 r^2\left(\frac{D_{分}}{t}\right)^{\frac{1}{2}} \tag{7.64}$$

当液滴直径增大，液滴内部产生循环，则液滴内部的传质必须考虑分子扩散和对流传质。其传质系数为

$$k_d = 17.9\frac{D_{分}}{d} \tag{7.65}$$

传质方程为

$$\frac{c_0 - \bar{c}_t}{c_0} = 1 - \frac{3}{8}\sum_{n=1}^{\infty}B_n^2\exp\left(-\lambda_n\frac{16Dt}{r^2}\right) \tag{7.66}$$

式中，B_n 和 λ_n 为线性方程的根。

若反应时间短，则式（7.66）可简化为

$$\frac{c_0 - \bar{c}_t}{c_0} = 4.65\left(\frac{D_{分}\,t}{r^2}\right)^{\frac{1}{2}} \tag{7.67}$$

质量流的速度可表示为

$$\dot{N} = -9.73c_0 r^2\left(\frac{D_{分}}{t}\right)^{\frac{1}{2}} \tag{7.68}$$

当液滴直径继续增大时，在液滴内部出现紊流，液滴发生摆动。这种情况传质系数用下式估计。

$$k_d = \frac{0.00375V_t}{1 + \left(\frac{\eta_{分}}{\eta_{连}}\right)} \tag{7.69}$$

式中，$\eta_{分}$ 和 $\eta_{连}$ 分别为分散相和连续相的黏度。

7.3.2.2 液滴在连续相内的传质

分散相与连续相之间的传质受液滴大小的影响。液滴与连续相之间的传质系数称为连续相系数。液滴直径小时，可看做刚性球，与流体和固体间的传质有相类似的公式。

$$Sh_{连} = 2 + \beta Re_{连}^{\frac{1}{2}}Se_{连}^{\frac{1}{3}} \tag{7.70}$$

式中，β 值的范围是 0.63~0.70。连续相内质量流速率为

$$J = 5.79\left(\frac{\eta_{连}}{\eta_{分} + \eta_{连}}\right)^{\frac{1}{2}}\left(\frac{D_{连}V_{t}}{r}\right)^{\frac{1}{2}} r^{2}\Delta c \tag{7.71}$$

式中，Δc 为连续相本体的浓度与分散相表面浓度的差值。

当液滴浓度增大时，液滴内部产生循环，液滴在连续相中摆动。

当液滴内部存在循环时，有

$$Sh_{连} = 1.13Pe_{连}^{\frac{1}{2}} = 1.13Re_{连}^{\frac{1}{2}}Sc_{连}^{\frac{1}{3}} \tag{7.72}$$

式中，$Pe_{连}$ 为连续相的皮克尔特（Peclt）数，有

$$Pe = ReSc \tag{7.73}$$

当 $Pe_{连}$ =3600~22500 时，须采用下式

$$Sh_{连} = 5.52\left(\frac{\eta_{连} + \eta_{分}}{2\eta_{连} + 3\eta_{分}}\right)^{3.47}\left(\frac{d\delta\rho_{连}V_{t}}{\eta_{连}^{2}}\right)^{0.056} Pe_{连}^{0.5} \tag{7.74}$$

当液滴发生摆动时，有

$$Sh_{连} = 2 + 0.084\left[Re_{连}^{0.484}Sc_{连}^{0.339}\left(\frac{dg^{\frac{1}{3}}}{D_{连}^{\frac{2}{3}}}\right)^{0.072}\right]^{1.50} \tag{7.75}$$

上面的讨论仅为单一液滴。在实际过程中，分散相和连续相间的传质比上面讨论的情况要复杂很多，会发生分散相的破碎与合并，表面活性物质的吸附以及大量液滴的运动。这些都会使分散相与连续相之间的传质过程复杂化。

7.4 熔渣与液态金属的反应

熔渣与液态金属的反应在火法冶金中普遍存在，具有重要的实际意义。熔渣与液态金属的反应可以表示为

$$[A] + (B^{n+}) \xlongequal{\quad} (A^{n+}) + [B]$$

例如炼钢过程中熔渣中的 FeO，氧化钢水中的锰、碳、硅、磷等。

7.4.1 熔渣与液态金属反应的步骤

熔渣与液态金属的反应有五个步骤：

（1）液态金属中的组元向渣-金界面传质；

（2）熔渣中的组元向渣-金界面传质；

（3）反应物在渣-金界面进行化学反应；

（4）离子产物从渣-金界面向渣中传质；

（5）金属产物从渣-金界面向液态金属中传质。

在上面的反应步骤中通常不考虑氧离子（O^{2-}）在渣中的传质，这是因为氧离子在渣中浓度大，扩散系数比其他正离子大，一般不会成为控制步骤，例如 FeO 在渣中的扩散由 Fe^{2+} 的扩散速度控制。

液态金属中的组元向渣-金界面的传质速率为

$$J_{A} = k_{A}(c_{[A]_{b}} - c_{[A]_{i}}) \tag{7.76}$$

熔渣中的组元向渣-金界面的传质速率为

$$J_{B^{n+}} = k_{B^{n+}}(c_{(B^{n+})_b} - c_{(B^{n+})_i}) \tag{7.77}$$

界面化学反应速率为

$$j_r = c_{[A]_i}c_{(B^{n+})_i} \tag{7.78}$$

离子产物从渣-金界面向渣中的传质速率为

$$J_{A^{n+}} = k_{A^{n+}}(c_{(A^{n+})_i} - c_{(A^{n+})_b}) \tag{7.79}$$

金属产物从渣-金界面向液态金属中传质速率为

$$J_B = k_B(c_{[B]_i} - c_{[B]_b}) \tag{7.80}$$

7.4.2　渣-金反应由液态金属中传质、熔渣中传质和从渣-金界面向渣中传质共同控制

在高温条件，很多渣-金界面化学反应速率快，达到局域平衡，金属产物从渣-金界面向液态金属中的传质速率也很快。所以，可以认为渣-金反应主要为步骤（7.76）、（7.77）和（7.79）共同控制。达到稳态时，三个步骤速率相等，有

$$J = J_A = J_{B^{n+}} = J_{A^{n+}} \tag{7.81}$$

将式（7.76）、式（7.77）、式（7.79）和式（7.81）联立，解得

$$c_{[A]_i} = c_{[A]_b} - k_{B^{n+}}(c_{(B^{n+})_b} - c_{(B^{n+})_i})/k_A \tag{7.82}$$

$$c_{(A^{n+})_i} = c_{(A^{n+})_b} + k_{B^{n+}}(c_{(B^{n+})_b} - c_{(B^{n+})_i})/k_A \tag{7.83}$$

界面化学反应达到局域平衡，且

$$c_{[B]_b} = c_{[B]_i} \tag{7.84}$$

则平衡常数

$$K = \frac{c_{(A^{n+})_i}c_{[B]_b}}{c_{(B^{n+})_i}c_{[A]_i}} \tag{7.85}$$

将式（7.82）和（7.83）代入（7.85），得

$$K = \frac{\left[c_{(A^{n+})_b} + \dfrac{k_{B^{n+}}(c_{(B^{n+})_b} - c_{(B^{n+})_i})}{k_A}\right]c_{[B]_b}}{\left[c_{[A]_b} - \dfrac{k_{B^{n+}}(c_{(B^{n+})_b} - c_{(B^{n+})_i})}{k_{A^{n+}}}\right]c_{(B^{n+})_i}} \tag{7.86}$$

整理式（7.86）得

$$\alpha c^2_{(B^{n+})_i} + \beta c_{(B^{n+})_i} + \gamma = 0 \tag{7.87}$$

式中

$$\alpha = \frac{Kk_{B^{n+}}}{k_{A^{n+}}} \tag{7.88}$$

$$\beta = Kc_{[A]_b} - \frac{Kk_{B^{n+}}c_{(B^{n+})_b}}{k_{A^{n+1}}} + \frac{k_{B^{n+}}c_{[B]_b}}{k_A} \tag{7.89}$$

$$\gamma = -\frac{k_A c_{(A^{n+})_b}c_{[B]_b} + k_{B^{n+}}c_{(B^{n+})_b}c_{[B]_b}}{k_A} \tag{7.90}$$

解 $c_{(B^{n+})_i}$ 的一元二次方程（7.87），得

$$c_{(B^{n+})_i} = \frac{-\beta + (\beta^2 - 4\alpha\gamma)^{\frac{1}{2}}}{2\alpha} \tag{7.91}$$

将式（7.91）代入式（7.77），得

$$J = J_{B^{n+}} = k_{B^{n+}}\left(c_{(B^{n+})_b} - \frac{-\beta + (\beta^2 - 4\alpha\gamma)^{\frac{1}{2}}}{2\alpha}\right) \tag{7.92}$$

式（7.92）是液态金属中的组元向渣-金界面传质、熔渣中的组元向渣-金界面传质和渣-金界面组元向渣中传质三者共同控制的速率方程。

7.4.3　熔渣与液态金属反应，过程由组元 A 在液态金属中的传质和组元 A^{n+} 从渣-金界面向熔渣中的传质共同控制

如果组元 B^{n+} 在渣中的扩散速度和组元 B 在液态金属中的扩散速度都快，则渣-金反应过程由组元 A 在液态金属中的传质和组元 A^{n+} 在熔渣中的传质共同控制，达到稳态时有

$$J_1 = J_A = J_{A^{n+}} \tag{7.93}$$

由式（7.76）和式（7.79）分别得

$$c_{[A]_i} = c_{[A]_b} - \frac{J_A}{k_A} \tag{7.94}$$

$$c_{(A^{n+})_i} = c_{(A^{n+})_b} + \frac{J_{A^{n+}}}{k_{A^{n+}}} \tag{7.95}$$

将式（7.94）、式（7.95）代入界面反应平衡常数式

$$K = \frac{c_{(A^{n+})_i}c_{[B]_i}}{c_{[A]_i}c_{(B^{n+})_i}} = L_A\frac{c_{[B]_i}}{c_{(B^{n+})_i}} \tag{7.96}$$

得

$$J_1 = \frac{Kc_{[A]_b}c_{(B^{n+})_i} - c_{(A^{n+})_b}c_{[B]_i}}{\dfrac{Kc_{(B^{n+})_i}}{k_A} + \dfrac{c_{[B]_i}}{k_{A^{n+}}}} \tag{7.97}$$

式中

$$L_A = \frac{c_{(A^{n+})_i}}{c_{[A]_i}} = \frac{c_{(A^{n+})_e}}{c_{[A]_e}} \tag{7.98}$$

为渣-金两相中 A 的分配系数。由于组元在金属中和组元 B^{n+} 在渣中扩散不是控制步骤，它们在渣-金界面的浓度近似等于本体浓度。将式（7.98）代入式（7.97），得

$$J_1 = J_A = \frac{k_A L_A}{k_A/k_{A^{n+}} + L_A}(c_A - c_A/L_A) \tag{7.99}$$

液态金属体积为 V_{me}，渣-金界面面积为 S，则式（7.99）成为

$$-\frac{dc_A}{dt} = \frac{k_A L_A}{k_A/k_{A^{n+}} + L_A}\left(\frac{S}{V_{me}}\right)\left(c_A - \frac{c_{A^{n+}}}{L_A}\right) \tag{7.100}$$

熔渣的体积为 V_{sl}，A 和 A^{n+} 的初始浓度分别为 $c_{A,0}$ 和 $c_{A^{n+},0}$，由质量平衡关系，有

$$V_{me}c_{A,0} + V_{sl}c_{A^{n+},0} = V_{me}c_A + V_{sl}c_{A^{n+}} \tag{7.101}$$

用 V_{sl} 除以式（7.101），得

$$c_{A^{n+}} = c_{A^{n+},0} + \frac{V_{me}}{V_{sl}}(c_{A,0} - c_A) \tag{7.102}$$

将式（7.102）代入式（7.100），得

$$-\frac{dc_A}{dt} = \frac{k_A}{k_A/k_{A^{n+}} + L_A}\left(L_A + \frac{V_{me}}{V_{sl}}\right)\left(\frac{S}{V_{me}}\right)\left(c_A - \frac{V_{sl}c_{A^{n+}} + V_{me}c_{A,0}}{L_A V_{sl} + V_{me}}\right)$$

$$= k(c_A - \alpha) \tag{7.103}$$

式中

$$k = \frac{k_A}{k_A/k_{A^{n+}} + L_A}\left(L_A + \frac{V_{me}}{V_{sl}}\right)\left(\frac{S}{V_{me}}\right) \tag{7.104}$$

$$\alpha = \frac{V_{sl}c_{A^{n+},0} + V_{me}c_{A,0}}{L_A V_{sl} + V_{me}} \tag{7.105}$$

积分式（7.103），得

$$\ln\frac{c_A - \alpha}{c_{A,0} - \alpha} = -kT \tag{7.106}$$

$$c_A = (c_{A,0} - \alpha)e^{-kT} + \alpha \tag{7.107}$$

当 $t \to \infty$ 时，$c_A \to c_{A,e}$（平衡值），由式（7.107），得

$$\alpha = c_{A,e} \tag{7.108}$$

式（7.106）和式（7.107）成为

$$\ln\frac{c_A - c_{A,e}}{c_{A,0} - c_{A,e}} = -kT \tag{7.109}$$

$$c_A = (c_{A,0} - c_{A,e})e^{-kT} + c_{A,e} \tag{7.110}$$

由此可见，渣-金反应受组元 A 在金属液中和组元 A^{n+} 在渣中的扩散混合控制，反应速率为一级反应。并有：

（1）若 $L_A \gg k_A/k_{A^{n+}}$，则组元 A 在金属液中的扩散为过程的控制步骤，速率方程简化为

$$-\frac{dc_A}{dt} = k_A\left(\frac{S}{V_{me}}\right)\left(c_A - \frac{c_{A^{n+}}}{L_A}\right) \tag{7.111}$$

若 L_A 足够大，式（7.111）进一步简化为

$$-\frac{dc_A}{dt} = k_A\left(\frac{S}{V_{me}}\right)c_A \tag{7.112}$$

积分式（7.112），得

$$\ln\frac{c_A}{c_{A,0}} = -k_A\left(\frac{S}{V_{me}}\right)t \tag{7.113}$$

（2）若 $L_A \ll k_A/k_{A^{n+}}$，则组元 A^{n+} 在熔渣中的扩散为控制步骤，速率方程简化为

$$-\frac{dc_A}{dt} = k_A L_A\left(\frac{S}{V_{me}}\right)\left(c_A - \frac{c_{A^{n+}}}{L_A}\right) \tag{7.114}$$

（3）若 $L_A \approx k_A/k_{A^{n+}}$，过程受 A 在金属液中的扩散和 A^{n+} 在渣中的扩散共同控制。速率方程即为式（7.100）。

实验表明，钢液中的锰、硫、磷等的氧化速率都符合方程（7.99）、方程（7.100）或方程（7.103）。

7.4.4 熔渣与液态金属反应，过程由组元 A^{n+} 从渣-金界面向熔渣中传质和组元 B^{n+} 在熔渣中的传质共同控制

如果组元 A 在金属液中的传质速度和组元 B^{n+} 从渣-金界面向金属液中的传质速度都快，则渣-金反应过程由组元 A^{n+} 从渣-金界面向熔渣中的传质和组元 B^{n+} 在熔渣中的传质共同控制。达到稳态有

$$J_2 = J_{A^{n+}} = J_{B^{n+}} \tag{7.115}$$

由式（7.77）和式（7.99）分别得

$$c_{(B^{n+})_i} = c_{(B^{n+})_b} - \frac{J_{B^{n+}}}{k_{B^{n+}}} \tag{7.116}$$

$$c_{(A^{n+})_i} = c_{(A^{n+})_b} - \frac{J_{A^{n+}}}{k_{A^{n+}}} \tag{7.117}$$

将式（7.116）、式（7.117）代入式（7.96），得

$$J_2 = \frac{Kc_{[A]_i}c_{(B^{n+})_b} - c_{(A^{n+})_b}c_{[B]_i}}{\dfrac{Kc_{[A]_i}}{k_{B^{n+}}} + \dfrac{c_{[B]_i}}{k_{A^{n+}}}} \tag{7.118}$$

式（7.118）为组元 A^{n+} 和 B^{n+} 在熔渣中的传质共同控制的渣-金反应速率方程。

式（7.97）和式（7.101）也可以写做

$$J_1 = \frac{Kc_{[A]_b}c_{(Bx)_i} - c_{(Ax)_b}c_{[B]_i}}{\dfrac{Kc_{(Bx)_i}}{k_A} + \dfrac{c_{[B]_i}}{k_{Ax}}} \tag{7.119}$$

及

$$J_2 = \frac{Kc_{[A]_i}c_{(Bx)_b} - c_{(Ax)_b}c_{[B]_i}}{\dfrac{Kc_{[A]_i}}{k_{Bx}} + \dfrac{c_{[B]_i}}{k_{Ax}}} \tag{7.120}$$

在炼钢过程中，铁水中的硅、锰、磷、硫等与熔渣中 FeO 的反应可以用上面的公式描述。

7.4.5 界面化学反应

氧化还原反应有两种方式。一种是反应物直接接触，交换电子后变成产物：

$$[A] + (B^{n+}) =\!=\!= (A^{n+}) + [B]$$

例如溶解于铁水中的碳和氧的反应。

一种是反应物的氧化或还原是以电极反应的形式进行，电子交换通过导体传送：

阳极反应 $[A] \longrightarrow (A^{n+}) + ne$

阴极反应 $(B^{n+}) + ne \longrightarrow [B]$

总反应 $[A] + (B^{n+}) =\!=\!= (A^{n+}) + [B]$

例如铁水中的碳与炉渣中的氧化硅的反应。

电极反应的电流密度为

$$i_a = \frac{I_a}{S} = nFc_A A_a \exp\left[-\frac{E_a - (1-\alpha)nF\varphi}{RT}\right] \tag{7.121}$$

$$i_c = \frac{I_c}{S} = nFc_{B^{n+}} A_c \exp\left(-\frac{E_c - \alpha nF\varphi}{RT}\right) \tag{7.122}$$

式中，i_a，i_c分别为阳极和阴极电流密度；I_a，I_c分别为阳极和阴极电流强度；S 为界面面积；F 为法拉第常数；c_A，$c_{B^{n+}}$分别为组元 A 和 B^{n+}的浓度；A_a，A_c分别为阳极和阴极反应速率常数的指前因子；α 为传递系数（是小于 1 的正数）；E_a，E_c分别为电势 $\varphi=0$ 时阳极和阴极反应的活化能。

令 k_a^0 和 k_c^0 分别为 $\varphi=0$ 时阳极和阴极反应的速率常数

$$k_a^0 = A_a \exp\left(-\frac{E_a}{RT}\right) \tag{7.123}$$

$$k_c^0 = A_c \exp\left(-\frac{E_c}{RT}\right) \tag{7.124}$$

则式（7.121）和式（7.122）成为

$$i_a = nFk_a^0 \exp\left[\frac{(1-\alpha)nF\varphi}{RT}\right] c_A \tag{7.125}$$

$$i_c = nFk_c^0 \exp\left(-\frac{\alpha nF\varphi}{RT}\right) c_{B^{n+}} \tag{7.126}$$

设 φ_e为平衡电势，c'_A 和 $c'_{B^{n+}}$分别为反应达到平衡时 A 和 B^{n+}在界面的浓度。当反应达到平衡时，有

$$i_a^0 = nFk_a^0 \exp\left[\frac{(1-\alpha)nF\varphi_e}{RT}\right] c'_A \tag{7.127}$$

$$i_c^0 = nFk_c^0 \exp\left(-\frac{\alpha nF\varphi_e}{RT}\right) c'_{B^{n+}} \tag{7.128}$$

在平衡条件下，阳极和阴极电流密度相等，有

$$i_a^0 = i_c^0 = i^0 \tag{7.129}$$

式中，i^0为交换电流密度。令电势与平衡电势之差

$$\eta = \varphi - \varphi_0 \tag{7.130}$$

为超电势，则由式（7.125）–式（7.128）得

$$i_a = i^0\left(\frac{c_A}{c'_A}\right) \exp\left[\frac{(1-\alpha)nF\eta}{RT}\right] \tag{7.131}$$

$$i_c = i^0\left(\frac{c_{B^{n+}}}{c'_B}\right) \exp\left(-\frac{\alpha nF\eta}{RT}\right) \tag{7.132}$$

以电流密度 i 表示的总反应速率为

$$i = i_a - i_c = i^0\left\{\left(\frac{c_A}{c'_A}\right) \exp\left[\frac{(1-\alpha)nF\eta}{RT}\right] - \left(\frac{c_B}{c'_B}\right) \exp\left(-\frac{\alpha nF\eta}{RT}\right)\right\} \tag{7.133}$$

如果传质速率也用电流密度表示，则

$$i_{\mathrm{A}} = nFk_{\mathrm{A}}(c_{\mathrm{A}} - c'_{\mathrm{A}}) \tag{7.134}$$

$$i_{\mathrm{B}^{n+}} = nFk_{\mathrm{B}^{n+}}(c_{\mathrm{B}^{n+}} - c'_{\mathrm{B}^{n+}}) \tag{7.135}$$

过程达到稳态，有

$$i = i_{\mathrm{A}} = i_{\mathrm{B}^{n+}} \tag{7.136}$$

联立方程（7.123）、方程（7.124）和方程（7.125），解得

$$i = \frac{i^0\left\{\exp\left[\frac{(1-\alpha)nF\eta}{RT}\right] - \exp\left(-\frac{\alpha nF\eta}{RT}\right)\right\}}{\left(\frac{i^0}{nFk_{\mathrm{A}}c_{\mathrm{A}}}\right)\exp\left[\frac{(1-\alpha)nF\eta}{RT}\right] + 1 + \left(\frac{i^0}{nFk_{\mathrm{B}^{n+}}c_{\mathrm{B}^{n+}}}\right)\exp\left(-\frac{\alpha nF\eta}{RT}\right)} \tag{7.137}$$

式（7.137）为扩散和界面电化学反应共同控制的速率方程。

如果传质速度很快，界面电化学反应为控制步骤，则

$$c_{\mathrm{A}} = c'_{\mathrm{A}},\ c_{\mathrm{B}^{n+}} = c'_{\mathrm{B}^{n+}}$$

速率方程为

$$i = i^0\left\{\exp\left[\frac{(1-\alpha)nF\eta}{RT}\right] - \exp\left(-\frac{\alpha nF\eta}{RT}\right)\right\} \tag{7.138}$$

熔渣与金属的反应很多都是界面电化学反应，有些界面电化学反应是控制步骤。例如，铁水中碳与炉渣中的二氧化硅的反应

$$(\mathrm{SiO_2}) + 2[\mathrm{C}] = [\mathrm{Si}] + 2\mathrm{CO(g)}$$

进行得十分缓慢，反应物在界面上的浓度远没达到平衡，可以认为界面电化学反应为控制步骤。因此，可以表示为

阳极反应 $2[\mathrm{C}] + 2(\mathrm{O^{2-}}) \longrightarrow 2\mathrm{CO(g)} + 4e$

阴极反应 $(\mathrm{SiO_2}) + 4e \longrightarrow [\mathrm{Si}] + 2(\mathrm{O^{2-}})$

总反应 $(\mathrm{SiO_2}) + 2[\mathrm{C}] \longrightarrow [\mathrm{Si}] + 2\mathrm{CO(g)}$

图 7.2 所示为实验测定的二氧化硅的还原速率与二氧化硅活度的关系，可以表示为

$$j_{\mathrm{Si}} = \frac{\mathrm{d}n_{\mathrm{Si}}}{\mathrm{d}t} = ka_{\mathrm{SiO_2}}$$

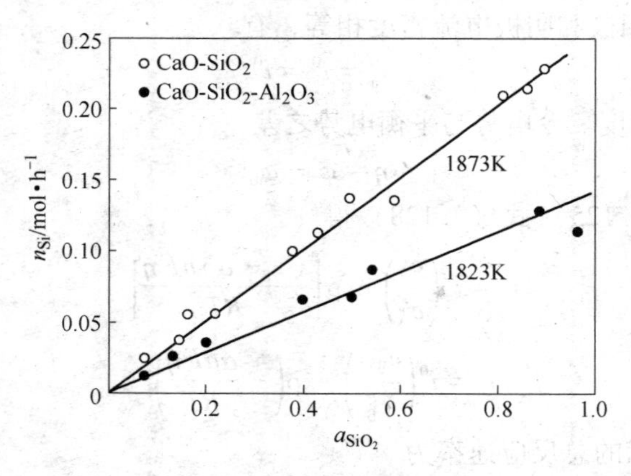

图 7.2 还原速率与二氧化硅活度的关系

$$\frac{dN_{Si}}{dt} = Ska_{SiO_2}$$

式中，S 为渣-金界面面积。

熔渣与液态金属界面反应大多数属于这种方式。

习　题

7-1　何谓马昂高里效应？

7-2　举例说明两个连续液相间的反应动力学。

7-3　举例说明并讨论化学反应为控制步骤的动力学方程。

7-4　举例说明并讨论传质过程为控制步骤的动力学方程。

7-5　说明液滴在连续液相中的运动。

7-6　举例说明单一液滴在连续液相中的传质。

8 液-固相反应动力学

本章学习要点：

溶解，浸出，硫化矿的浸出，氧化矿的浸出，金属的浸出，置换反应，从液体中析出晶体，金属的熔化，液体金属的凝固，区域熔炼。

在冶金、化工和材料制备过程中，经常涉及液-固相反应，研究液-固相反应动力学具有重要的实际意义。液-固相反应和气-固相反应有许多相似之处，可以统称为流体和固体的反应动力学。例如，前面介绍的气-固相反应动力学规律和模型有许多也适用于液-固相反应。当然，液-固相反应也有其自身的特点，本章加以讨论。

8.1 溶　　解

固体物质进入液体中，形成均一液相的过程称为溶解。溶解固体物质的液体称为溶剂；融入液体中的固体物质称为溶质；溶质与溶剂构成的均一液相称为溶液。在溶解过程中，溶质与溶剂发生物理化学作用，溶解是物理化学过程。

在溶解过程中，随着固体物质进入溶液，溶解从固体表面向固体内部发展。溶解过程有两种情况：一是在溶解过程中，固体物质完全溶解或者固体中不溶解的物质形成的剩余层疏松，对溶解的阻碍作用可以忽略不计；二是剩余层致密，则需考虑溶质穿过不溶解的物料层的阻力。

溶解过程包括以下步骤：

第一种情况，没有剩余层或剩余层疏松。

(1) 溶剂在固体表面形成液膜；

(2) 固体中可溶解的物质与溶剂相互作用，进入溶液成为溶质；

(3) 溶质在液膜中向溶液本体扩散。

第二种情况，形成致密的剩余层。

(1) 溶剂在固体表面形成液膜；

(2) 固体中可溶解的物质在剩余层中扩散到剩余层和液膜的界面；

(3) 可溶解的物质与溶剂相互作用，进入溶液液膜，成为溶质；

(4) 溶质在液膜中扩散进入溶液本体。

8.1.1 溶解过程不形成致密剩余层的情况

8.1.1.1　溶解过程由组元 B 在液膜中的扩散控制

溶质在液膜中的扩散速度慢，成为溶解过程的控制步骤。溶解速率为

$$-\frac{\mathrm{d}N_{\mathrm{B(s)}}}{\mathrm{d}t}=\frac{\mathrm{d}N_{(\mathrm{B})}}{\mathrm{d}t}=\Omega_{l'l}J_{\mathrm{B}l'} \tag{8.1}$$

式中，$N_{\mathrm{B(s)}}$ 为固相组元的摩尔数；$N_{(\mathrm{B})}$ 为溶液中组元 B 的摩尔数；$\Omega_{l'l}$ 为液膜与溶液本体的界面面积，即液膜外表面面积；$J_{\mathrm{B}l'}$ 为组元 B 在液膜中的扩散速率，扩散速度的绝对值。

在单位时间，通过单位液膜和溶液本体界面面积进入溶液本体的溶质组元 B 的摩尔数为

$$J_{\mathrm{B}l'}=|\boldsymbol{J}_{\mathrm{B}l'}|=|-D_{\mathrm{B}l'}\nabla c_{\mathrm{B}l'}|=D_{\mathrm{B}l'}\frac{\Delta c_{\mathrm{B}l'}}{\delta_{l'}}=D'_{\mathrm{B}l'}\Delta c_{\mathrm{B}l'} \tag{8.2}$$

式中，$D'_{\mathrm{B}l'}=\dfrac{D_{\mathrm{B}l'}}{\delta_{l'}}$；$\Delta c_{\mathrm{B}l'}=c_{\mathrm{B}l'\mathrm{s}}-c_{\mathrm{B}l'l}=c_{\mathrm{Bs}}-c_{\mathrm{B}l}$；$D_{\mathrm{B}l'}$ 为组元 B 在液膜中的扩散系数；$\nabla c_{\mathrm{B}l'}$ 为液膜中组元 B 的浓度梯度；$\delta_{l'}$ 为液膜厚度，在溶解过程中，液膜面积缩小，但厚度不变；$c_{\mathrm{B}l'\mathrm{s}}$ 为固体和液膜界面组元 B 的浓度，即固体中组元 B 的浓度，如果固体为纯物质，则 $c_{\mathrm{Bs}}=1$，如果固体为固溶体，则为固溶体中组元 B 的浓度，即 $c_{\mathrm{B}l'\mathrm{s}}=c_{(\mathrm{B})\mathrm{s}}$；$c_{\mathrm{B}l'l}$ 为液膜和溶液本体界面组元 B 的浓度，即溶液本体中组元 B 的浓度，$c_{\mathrm{B}l'l}=c_{\mathrm{B}l}$。

将式（7.2）代入式（7.1），得

$$-\frac{\mathrm{d}N_{\mathrm{B(s)}}}{\mathrm{d}t}=\Omega_{l'l}J_{\mathrm{B}l'}=\Omega_{l'l}D'_{\mathrm{B}l'}\Delta c_{\mathrm{B}l'} \tag{8.3}$$

对于半径为球形的颗粒，有

$$-\frac{\mathrm{d}N_{\mathrm{B(s)}}}{\mathrm{d}t}=4\pi r^2D'_{\mathrm{B}l'}\Delta c_{\mathrm{B}l'} \tag{8.4}$$

将

$$N_{\mathrm{B}}=\frac{4}{3}\pi r^3\frac{\rho_{\mathrm{B}}}{M_{\mathrm{B}}} \tag{8.5}$$

代入式（8.4），得

$$-\frac{\mathrm{d}r}{\mathrm{d}t}=\frac{M_{\mathrm{B}}D'_{\mathrm{B}l'}}{\rho_{\mathrm{B}}}\Delta c_{\mathrm{B}l'} \tag{8.6}$$

式中，ρ_{B} 为组元 B 的密度；M_{B} 为组元 B 的摩尔量。

分离变量积分式（8.6），得

$$1-\frac{r}{r_0}=\frac{M_{\mathrm{B}}D'_{\mathrm{B}l'}}{\rho_{\mathrm{B}}r_0}\int_0^t\Delta c_{\mathrm{B}l'}\mathrm{d}t \tag{8.7}$$

引入转化率 α，得

$$1-(1-\alpha_{\mathrm{B}})^{\frac{1}{3}}=\frac{M_{\mathrm{B}}D'_{\mathrm{B}l'}}{\rho_{\mathrm{B}}r_0}\int_0^t\Delta c_{\mathrm{B}l'}\mathrm{d}t \tag{8.8}$$

其中

$$\alpha_B = \frac{w_{B_0} - w_B}{w_{B_0}} = \frac{\frac{4}{3}\pi r_0^3 \rho_B - \frac{4}{3}\pi r^3 \rho_B}{\frac{4}{3}\pi r_0^3 \rho_B} = \frac{\frac{4}{3}\pi r_0^3 \rho_B / M_B - \frac{4}{3}\pi r^3 \rho_B / M_B}{\frac{4}{3}\pi r_0^3 \rho_B / M_B} = \frac{N_{B_0} - N_B}{N_{B_0}}$$

式中，w_{B_0} 和 w_B 分别为组元 B 的初始质量和 t 时刻质量；r_0 和 r 分别为球形颗粒的初始半径和 t 时刻半径；ρ_B 为球形颗粒的密度；M_B 为组元 B 的摩尔量；N_{B_0} 和 N_B 分别为组元 B 的初始摩尔数和 t 时刻摩尔数。

8.1.1.2 溶解过程由固体组元与溶剂的相互作用控制

固体组元与溶剂的相互作用速率慢，成为溶解过程的控制步骤。溶解速率为

$$-\frac{dN_{B(s)}}{dt} = \frac{dN_{(B)}}{dt} = \Omega_{l's} j_B \tag{8.9}$$

式中，$\Omega_{l's}$ 为固体与液膜的界面面积，即未溶解内核的固体表面积。单位面积的溶解速率为

$$j_B = k_B c_{Bl's}^{n_B} c_{Al's}^{n_A} = k_B c_{Bs}^{n_B} c_{Al}^{n_A} \tag{8.10}$$

式中，k_B 为溶解速率常数；$c_{Bls'}$ 为未溶解内核与液膜界面组元 B 的浓度，即未溶解内核中组元 B 的浓度；$c_{Al's}$ 为膜与未溶解内核界面组元 A 的浓度，即溶液本体中组元 A 的浓度。

将式（8.10）代入式（8.9），得

$$-\frac{dN_{B(s)}}{dt} = \Omega_{l's} k_B c_{Bs}^{n_B} c_{Al}^{n_A} \tag{8.11}$$

对于半径为 r 的球形颗粒，有

$$-\frac{dN_{B(s)}}{dt} = 4\pi r^2 k_B c_{Bs}^{n_B} c_{Al}^{n_A} \tag{8.12}$$

将式（8.5）代入式（8.12），得

$$-\frac{dr}{dt} = \frac{M_B k_B}{\rho_B} c_{Bs}^{n_B} c_{Al}^{n_A} \tag{8.13}$$

分离变量积分式（8.13），得

$$1 - \frac{r}{r_0} = \frac{M_B k_B}{\rho_B r_0} \int_0^t c_{Bs}^{n_B} c_{Al}^{n_A} dt \tag{8.14}$$

引入转化率 α_B，得

$$1 - (1 - \alpha_B)^{\frac{1}{3}} = \frac{M_B k_B}{\rho_B r_0} \int_0^t c_{Bs}^{n_B} c_{Al}^{n_A} dt \tag{8.15}$$

8.1.1.3 溶解过程由组元 B 在液膜中的扩散和组元 B 与溶剂的相互作用共同控制

溶质在液膜中的扩散慢，组元 B 与溶解的相互作用也慢，溶解过程由两者共同控制。过程速率为

$$-\frac{dN_{B(s)}}{dt} = \frac{dN_{(B)}}{dt} = \Omega_{l'l} J_{Bl'} = \Omega_{l's} j_B = \Omega J_B \tag{8.16}$$

式中

$$J_{Bl'} = | J_{Bl'} | = | -D_{Bl'} \nabla c_{Bl'} | = D_{Bl'} \frac{\Delta c_{Bl'}}{\delta_{l'}} = D'_{Bl'} \Delta c_{Bl'}$$

$$\Delta c_{Bl'} = c_{Bl's} - c_{Bl'l} = c_{Bl's} - c_{Bl} \tag{8.17}$$

$c_{Bl's}$ 为液膜靠近未溶解内核一侧组元 B 的浓度；$c_{Bl'l}$ 为液膜与溶液本体界面和组元 B 的浓度，即溶解本体组元 B 的浓度。

$$j_B = k_B c_{Bl's}^{n_B} c_{Al's}^{n_A} = k_B c_{Bs}^{n_B} c_{Al's}^{n_A} \tag{8.18}$$

式中，c_{Bs} 为未溶解内核和液膜界面组元 B 的浓度，即未溶解内核组元 B 的浓度；$c_{Al's}$ 为液膜靠近未溶解内核一侧组元 A 的浓度。

$$J_B = \frac{1}{2}(J_{Bl'} + j_B) \tag{8.19}$$

整个颗粒的溶解速率为

$$-\frac{dN_{B(s)}}{dt} = \Omega_{l'l} J_{Bl'} = \Omega_{l'l} D'_{Bl} \Delta c_{Bl'} \tag{8.20}$$

$$-\frac{dN_{B(s)}}{dt} = \Omega_{l's} j_B = \Omega_{l'l} k_B c_{Bs}^{n_B} c_{Al's}^{n_A} \tag{8.21}$$

对于半径为 r 的球形颗粒，有

$$-\frac{dN_{B(s)}}{dt} = 4\pi r^2 D'_{Bl} \Delta c_{Bl'} \tag{8.22}$$

$$-\frac{dN_{B(s)}}{dt} = 4\pi r^2 k_B c_{Bs}^{n_B} c_{Al's}^{n_A} \tag{8.23}$$

将式（8.5）分别代入式（8.22）和式（8.23），得

$$-\frac{dr}{dt} = \frac{M_B D'_{Bl}}{\rho_B} \Delta c_{Bl'} \tag{8.24}$$

和

$$-\frac{dr}{dt} = \frac{M_B k_B}{\rho_B} c_{Bs}^{n_B} c_{Al's}^{n_A} \tag{8.25}$$

将式（8.24）和式（8.25）分离变量积分，得

$$1 - \frac{r}{r_0} = \frac{M_B D'_{Bl}}{\rho_B r_0} \int_0^t \Delta c_{Bl'} dt \tag{8.26}$$

和

$$1 - \frac{r}{r_0} = \frac{M_B k_B}{\rho_B r_0} \int_0^t c_{Bs}^{n_B} c_{Al's}^{n_A} dt \tag{8.27}$$

引入转化率 α，有

$$1 - (1 - \alpha_B)^{\frac{1}{3}} = \frac{M_B D'_{Bl}}{\rho_B r_0} \int_0^t \Delta c_{Bl'} dt \tag{8.28}$$

$$1 - (1 - \alpha_B)^{\frac{1}{3}} = \frac{M_B k_B}{\rho_B r_0} \int_0^t c_{Bs}^{n_B} c_{Al's}^{n_A} dt \tag{8.29}$$

式（8.26）+式（8.27），得

$$2 - 2\left(\frac{r}{r_0}\right) = \frac{M_B D'_{Bl}}{\rho_B r_0} \int_0^t \Delta c_{Bl'} dt + \frac{M_B k_B}{\rho_B r_0} \int_0^t c_{Bs}^{n_B} c_{Al's}^{n_A} dt \tag{8.30}$$

式（8.28）+式（8.29），得

$$2 - 2(1 - \alpha_B)^{\frac{1}{3}} = \frac{M_B D'_{Bl}}{\rho_B r_0}\int_0^t \Delta c_{Bl'} dt + \frac{M_B k_B}{\rho_B r_0}\int_0^t c_{Bs}^{n_B} c_{Al's}^{n_A} dt \tag{8.31}$$

8.1.2 有致密固体剩余层，颗粒尺寸不变的情况

8.1.2.1 溶解过程由溶质在液膜中的扩散控制

溶质在液膜中的扩散速率慢，成为整个过程的控制步骤。溶解速率为

$$-\frac{dN_{B(s)}}{dt} = \frac{dN_{(B)}}{dt} = \Omega_{l'l} J_{Bl'} \tag{8.32}$$

在单位时间，单位液膜与溶液本体界面面积，溶质 B 的扩散速率为

$$J_{Bl'} = | J_{Bl'} | = | - D_{Bl'} \nabla c_{Bl'} | = D_{Bl'} \frac{\Delta c_{Bl'}}{\delta_{l'}} = D'_{Bl'} \Delta c_{Bl'}$$

$$D'_{Bl'} = \frac{D_{Bl'}}{\delta_{l'}} \tag{8.33}$$

$$\Delta c_{Bl'} = c_{Bl's'} - c_{Bl'l} = c_{Bs} - c_{Bl}$$

式中，$\delta_{l'}$ 为液膜厚度；$c_{Bl's'}$ 为液膜和固体剩余层界面组元 B 的浓度，即固体剩余层外表面组元 B 的浓度，也是未溶解内核组元 B 的浓度；$c_{Bl'l}$ 为液膜和溶液本体界面组元 B 的浓度，即溶液本体中组元 B 的浓度。

将式（8.33）代入式（8.32），得

$$-\frac{dN_{B(s)}}{dt} = \Omega_{l'l} J_{Bl'} = \Omega_{l'l} D'_{Bl} \Delta c_{Bl'} \tag{8.34}$$

对于半径为 r 的球形颗粒，有

$$-\frac{dN_{B(s)}}{dt} = 4\pi r_0^2 D'_{Bl} \Delta c_{Bl'} \tag{8.35}$$

将式（8.5）代入式（8.34），得

$$-\frac{dr}{dt} = \frac{r_0^2 M_B D'_{Bl}}{r^2 \rho_B} \Delta c_{Bl'} \tag{8.36}$$

分离变量积分式（8.36），得

$$1 - \left(\frac{r}{r_0}\right)^3 = \frac{M_B D'_{Bl}}{\rho_B r_0}\int_0^t \Delta c_{Bl'} dt \tag{8.37}$$

引入转化率 α，得

$$\alpha_B = \frac{3M_B D'_{Bl}}{\rho_B r_0}\int_0^t \Delta c_{Bl'} dt \tag{8.38}$$

8.1.2.2 溶解过程由溶质在固体剩余层中的扩散控制

溶质在固体剩余层中的扩散速度慢，成为整个过程的控制步骤。溶解速率为

$$-\frac{dN_{B(s)}}{dt} = \frac{dN_{(B)}}{dt} = \Omega_{l's'} J_{Bs'} \tag{8.39}$$

在单位时间，单位剩余层与液膜界面面积，溶质 B 的扩散速率为

$$J_{Bs'} = | J_{Bs'} | = | -D_{Bs'} \nabla c_{Bs'} | = D_{Bs'} \frac{\Delta c_{Bs'}}{\delta_{s'}} \tag{8.40}$$

式中，$D_{Bs'}$ 为组元 B 在固体剩余层中的扩散系数；$\delta_{s'}$ 为固体剩余层厚度；

$$\Delta c_{Bs'} = c_{Bs's} - c_{Bs'l'} = c_{Bs} - c_{Bl}$$

$c_{Bs's}$ 为组元 B 在固体剩余层和未溶解内核界面组元 B 的浓度，即未溶解内核中组元 B 的浓度，对于纯物质 $c_{Bs} = 1$，对于固溶体 $c_{Bs} = c_{(B)s}$；$c_{Bs'l'}$ 为固体剩余层和液膜界面组元 B 的浓度，即溶液本体组元 B 的浓度。

将式（8.40）代入式（8.39），得

$$-\frac{dN_{B(s)}}{dt} = \Omega_{s'l'} J_{Bs'} = \Omega_{s's} D_{Bs'} \frac{\Delta c_{Bs'}}{\delta_{s'}} \tag{8.41}$$

对于半径为 r 的球形颗粒，有

$$-\frac{dN_{B(s)}}{dt} = \frac{4\pi r_0^2 D_{Bs'}}{r_0 - r} \Delta c_{Bs'} \tag{8.42}$$

将式（8.5）代入式（8.42），得

$$-\frac{dr}{dt} = \frac{r_0^2 M_B D_{Bs'}}{r^2 (r_0 - r) \rho_B} \Delta c_{Bs'} \tag{8.43}$$

分离变量积分式（8.41），得

$$4\left(\frac{r}{r_0}\right)^3 - 3\left(\frac{r}{r_0}\right)^4 - 1 = \frac{12 M_B D_{Bs'}}{\rho_B r_0^2} \int_0^t \Delta c_{Bs'} dt \tag{8.44}$$

和

$$3 - \alpha_B - 3(1 - \alpha_B)^{\frac{4}{3}} = \frac{12 M_B D_{Bs'}}{\rho_B r_0^2} \int_0^t \Delta c_{Bs'} dt \tag{8.45}$$

8.1.2.3　溶解过程由溶质与溶剂的相互作用控制

溶质与溶剂的相互作用的速率慢，成为溶解过程的控制步骤。溶解速率为

$$-\frac{dN_{B(s)}}{dt} = \frac{dN_{(B)}}{dt} = \Omega_{s'l'} j_B \tag{8.46}$$

式中，$\Omega_{s'l'}$ 为剩余层与液膜的界面面积，即剩余层的外表面积。在单位时间，单位剩余层与液膜界面面积溶解速率为

$$j_B = k_B c_{Bs'l'}^{n_B} c_{Al's'} = k_B c_{Bs}^{n_B} c_{Al}^{n_A} \tag{8.47}$$

式中，k_B 为溶解速率常数；$c_{Bs'l'}$ 为剩余层和液膜界面组元 B 的浓度，即未溶解核组元 B 的浓度 c_{Bs}；$c_{Al's'}$ 为液膜和剩余层界面组元 A 的浓度，即溶液本体组元 A 的浓度 c_{Ab}。

对于半径为 r_0 的球形固体颗粒，有

$$-\frac{dN_B}{dt} = 4\pi r_0^2 k_B c_{Bs}^{n_B} c_{Ab}^{n_A} \tag{8.48}$$

将式（8.5）代入式（8.2）得

$$-\frac{dr}{dt} = \frac{r_0^2 M_B k_B}{r^2 \rho_B} c_{Bs}^{n_B} c_{Ab}^{n_A} \tag{8.49}$$

分离变量积分，得

$$1-\left(\frac{r}{r_0}\right)^3=\frac{3M_Bk_B}{\rho_Br_0}\int_0^t c_{Bs}^{n_B}c_{Ab}^{n_A}dt \tag{8.50}$$

和

$$\alpha_B=\frac{3M_Bk_B}{\rho_Br_0}\int_0^t c_{Bs}^{n_B}c_{Ab}^{n_A}dt \tag{8.51}$$

8.1.2.4　溶解过程由溶质的内扩散、外扩散共同控制

溶质在固体剩余层和液膜中的扩散速度都慢，是溶解过程的控制步骤，溶解过程由内扩散、外扩散共同控制，溶解速率为

$$-\frac{dN_{B(s)}}{dt}=\frac{dN_{(B)}}{dt}=\Omega_{s'l'}J_{Bs'}=\Omega_{l'l}J_{Bl'}=\Omega J \tag{8.52}$$

式中

$$\Omega_{s'l'}=\Omega_{l'l}=\Omega$$

$$J=\frac{1}{2}(J_{Bs'}+J_{Bl'}) \tag{8.53}$$

$$J_{Bs'}=|J_{Bs'}|=|-D_{Bs'}\nabla c_{Bs'}|=D_{Bs'}\frac{\Delta c_{Bs'}}{\delta_{s'}}=\frac{D_{Bs'}}{\delta_{s'}}(c_{Bs's}-c_{Bs'l'}) \tag{8.54}$$

其中

$$\Delta c_{Bs'}=c_{Bs's}-c_{Bs'l'}=c_{Bs}-c_{Bs'l'}$$

式中，$c_{Bs's}$ 为剩余层与未溶解的内核界面组元 B 的浓度，即未溶解的内核组元 B 的浓度；$c_{Bs'l'}$ 为剩余层与液膜界面组元 B 的浓度。

$$J_{Bl'}=|J_{Bl'}|=|-D_{Bl'}\nabla c_{Bl'}|=D_{Bl'}\frac{\Delta c_{Bl'}}{\delta_{l'}}=D'_{Bl'}(c_{Bl's'}-c_{Bl'l}) \tag{8.55}$$

其中

$$\Delta c_{Bl'}=c_{Bl's'}-c_{Bl'l}=c_{Bl's'}-c_{Bl}$$

式中，$c_{Bl's'}$ 为液膜靠近剩余层一侧组元 B 的浓度；$c_{Bl'l}$ 为液膜靠近液相本体一侧组元 B 的浓度，即溶液本体组元 B 的浓度。

$$D'_{Bl'}=\frac{D_{Bl'}}{\delta_{l'}}$$

对于半径为 r_0 的球形颗粒，由式（8.52）得

$$-\frac{dN_{B(s)}}{dt}=\frac{4\pi r_0^2D_{Bs'}}{r_0-r}\Delta c_{Bs'} \tag{8.56}$$

和

$$-\frac{dN_{B(s)}}{dt}=4\pi r_0^2D'_{Bl'}\Delta c_{Bl'} \tag{8.57}$$

将式（8.5）代入式（8.56），得

$$-\frac{dr}{dt}=\frac{r_0^2M_BD_{Bs'}}{r^2(r_0-r)\rho_B}\Delta c_{Bs'} \tag{8.58}$$

将式（8.58）分离变量积分，得

$$4\left(\frac{r}{r_0}\right)^3 - 3\left(\frac{r}{r_0}\right)^4 - 1 = \frac{12M_{\mathrm{B}}D_{\mathrm{Bs'}}}{\rho_{\mathrm{B}}r_0^2}\int_0^t \Delta c_{\mathrm{Bs'}}\mathrm{d}t \tag{8.59}$$

和

$$3 - 4\alpha_{\mathrm{B}} - 3(1-\alpha_{\mathrm{B}})^{\frac{4}{3}} = \frac{12M_{\mathrm{B}}D_{\mathrm{Bs'}}}{\rho_{\mathrm{B}}r_0^2}\int_0^t \Delta c_{\mathrm{Bs'}}\mathrm{d}t \tag{8.60}$$

将式（8.5）代入（8.57），得

$$-\frac{\mathrm{d}r}{\mathrm{d}t} = \frac{r_0^2 M_{\mathrm{B}} D'_{\mathrm{B}l'}}{r^2\rho_{\mathrm{B}}}\Delta c_{\mathrm{B}l'} \tag{8.61}$$

将式（8.61）分离变量积分，得

$$1 - \left(\frac{r}{r_0}\right)^3 = \frac{3M_{\mathrm{B}}D'_{\mathrm{B}l'}}{\rho_{\mathrm{B}}r_0}\int_0^t \Delta c_{\mathrm{B}l'}\mathrm{d}t \tag{8.62}$$

和

$$\alpha_{\mathrm{B}} = \frac{3M_{\mathrm{B}}D'_{\mathrm{B}l'}}{\rho_{\mathrm{B}}r_0}\int_0^t \Delta c_{\mathrm{B}l'}\mathrm{d}t \tag{8.63}$$

式（8.59）+式（8.62），得

$$\left(\frac{r}{r_0}\right)^3 - \left(\frac{r}{r_0}\right)^4 = \frac{4M_{\mathrm{B}}D_{\mathrm{Bs'}}}{\rho_{\mathrm{B}}r_0^2}\int_0^t \Delta c_{\mathrm{Bs'}}\mathrm{d}t + \frac{M_{\mathrm{B}}D'_{\mathrm{B}l'}}{\rho_{\mathrm{B}}r_0}\int_0^t \Delta c_{\mathrm{B}l'}\mathrm{d}t \tag{8.64}$$

式（8.60）+式（8.63），得

$$1 - \alpha_{\mathrm{B}} - (1-\alpha_{\mathrm{B}})^{\frac{4}{3}} = \frac{4M_{\mathrm{B}}D_{\mathrm{Bs'}}}{\rho_{\mathrm{B}}r_0^2}\int_0^t \Delta c_{\mathrm{Bs'}}\mathrm{d}t + \frac{M_{\mathrm{B}}D'_{\mathrm{B}l'}}{\rho_{\mathrm{B}}r_0}\int_0^t \Delta c_{\mathrm{B}l'}\mathrm{d}t \tag{8.65}$$

8.1.2.5　溶解过程由溶质与溶剂相互作用和溶质在液膜中的扩散共同控制

溶质在液膜中的扩散，溶质与溶剂的相互作用都慢，溶解过程由溶质在液膜中的扩散和溶质与溶剂的相互作用共同控制。溶解速率为

$$-\frac{\mathrm{d}N_{\mathrm{B(s)}}}{\mathrm{d}t} = \frac{\mathrm{d}N_{\mathrm{(B)}}}{\mathrm{d}t} = \Omega_{l'l}J_{\mathrm{B}l'} = \Omega_{\mathrm{s'}l'}j_{\mathrm{B}} = \Omega J_{\mathrm{B}} \tag{8.66}$$

式中

$$\Omega_{l'l} = \Omega_{\mathrm{s'}l'} = \Omega$$

由式（8.66）得

$$J_{\mathrm{B}} = \frac{1}{2}(J_{\mathrm{B}l'} + j_{\mathrm{B}}) \tag{8.67}$$

式中

$$J_{\mathrm{B}l'} = |\boldsymbol{J}_{\mathrm{B}l'}| = |-D_{\mathrm{B}l'}\nabla c_{\mathrm{B}l'}| = D_{\mathrm{B}l'}\frac{\Delta c_{\mathrm{B}l'}}{\delta_{l'}} = D'_{\mathrm{B}l'}(c_{\mathrm{B}l'\mathrm{s'}} - c_{\mathrm{B}l'l}) \tag{8.68}$$

其中

$$\Delta c_{\mathrm{B}l'} = c_{\mathrm{B}l'\mathrm{s'}} - c_{\mathrm{B}l'l} = c_{\mathrm{B}l'\mathrm{s'}} - c_{\mathrm{B}l}$$

式中，$c_{\mathrm{B}l'\mathrm{s'}}$ 为液膜靠近剩余层一侧组元 B 的浓度；$c_{\mathrm{B}l'l}$ 为液膜靠近液相本体一侧组元 B 的浓度，即溶液本体中组元 B 的浓度 $c_{\mathrm{B}l}$。

$$D'_{Bl'} = \frac{D_{Bl'}}{\delta_{l'}}$$

$$j_B = k_B c_{Bs'l'}^{n_B} c_{Al's'}^{n_A} = k_B c_{Bs}^{n_B} c_{Al's'}^{n_A} \tag{8.69}$$

式中，$c_{Bs'l'}$ 为剩余层与液膜界面处组元 B 的浓度，即未溶解内核中组元 B 的浓度；$c_{Al's'}$ 为液膜与剩余层界面处组元 A 的浓度；k_B 为化学反应速率常数。

对于半径为 r 的球形颗粒，溶解速率为

$$-\frac{dN_{B(s)}}{dt} = 4\pi r_0^2 j_B = 4\pi r_0^2 k_B c_{Bs}^{n_B} c_{Al's'}^{n_A} \tag{8.70}$$

和

$$-\frac{dN_{B(s)}}{dt} = 4\pi r_0^2 J_{Bl'} = 4\pi r_0^2 D'_{Bl'} \Delta c_{Bl'} \tag{8.71}$$

将式（8.5）分别代入式（8.70）和式（8.71），得

$$-\frac{dr}{dt} = \frac{r_0^2 M_B k_B}{r^2 \rho_B} c_{Bs}^{n_B} c_{Al's'}^{n_A} \tag{8.72}$$

和

$$-\frac{dr}{dt} = \frac{r_0^2 M_B D'_{Bl'}}{r^2 \rho_B} \Delta c_{Bl'} \tag{8.73}$$

分离变量积分式（8.72）和式（8.73），得

$$1 - \left(\frac{r}{r_0}\right)^3 = \frac{3M_B k_B}{\rho_B r_0} \int_0^t c_{Bs'l'}^{n_B} c_{Al's'}^{n_A} dt \tag{8.74}$$

和

$$1 - \left(\frac{r}{r_0}\right)^3 = \frac{3M_B D'_{Bl'}}{\rho_B r_0} \int_0^t \Delta c_{Bl'} dt \tag{8.75}$$

引入转化率，得

$$\alpha_B = \frac{3M_B k_B}{\rho_B r_0} \int_0^t c_{Bs'l'}^{n_B} c_{Al's'}^{n_A} dt \tag{8.76}$$

和

$$\alpha_B = \frac{3M_B D'_{Bl'}}{\rho_B r_0} \int_0^t \Delta c_{Bl'} dt \tag{8.77}$$

式（8.74）+式（8.75），得

$$2 - 2\left(\frac{r}{r_0}\right)^3 = \frac{3M_B k_B}{\rho_B r_0} \int_0^t c_{Bs'l'}^{n_B} c_{Al's'}^{n_A} dt + \frac{3M_B D'_{Bl'}}{\rho_B r_0} \int_0^t \Delta c_{Bl'} dt \tag{8.78}$$

式（8.76）+式（8.77），得

$$2\alpha_B = \frac{3M_B k_B}{\rho_B r_0} \int_0^t c_{Bs'l'}^{n_B} c_{Al's'}^{n_A} dt + \frac{3M_B D'_{Bl'}}{\rho_B r_0} \int_0^t \Delta c_{Bl'} dt \tag{8.79}$$

8.1.2.6 溶解过程由溶质在固体剩余层中的扩散和溶质与溶剂的相互作用共同控制

溶质在固体剩余层中的扩散和溶质与溶剂的相互作用都慢，溶解由溶质在固体产物层中的扩散和溶质与溶剂的相互作用共同控制。溶解速率为

$$-\frac{dN_{B(s)}}{dt} = \frac{dN_{(B)}}{dt} = \Omega_{s'l'} J_{Bs'} = \Omega_{s'l'} j_B = \Omega J_B \tag{8.80}$$

其中

$$\Omega_{s'l'} = \Omega$$

由式（8.80），得

$$J_B = \frac{1}{2}(J_{Bs'} + j_B) \tag{8.81}$$

$$J_{Bs'} = | J_{Bs'} | = | -D_{Bs'} \nabla c_{Bs'} | = D_{Bs'} \frac{\Delta c_{Bs'}}{\delta_{s'}} = \frac{D_{Bs'}}{\delta_{s'}}(c_{Bs's} - c_{Bs'l'}) \tag{8.82}$$

其中

$$\Delta c_{Bs'} = c_{Bs's} - c_{Bs'l'} = c_{Bs} - c_{Bs'l'}$$

式中，$c_{Bs's}$ 为未溶解内核与固体剩余层界面组元 B 的浓度，即未溶解内核组元 B 的浓度；$c_{Bs'l'}$ 为固体剩余层与液膜界面组元 B 的浓度。

$$j_B = k_B c_{Bs'l'}^{n_B} c_{Al's'}^{n_A} = k_B c_{Bs'l'}^{n_B} c_{Al}^{n_A} \tag{8.83}$$

式中，$c_{Bs'l'}$ 为固体剩余层与液膜界面组元 B 的浓度；$c_{Al's'}$ 为液膜与固体剩余层界面组元 A 的浓度，等于溶液本体组元 A 的浓度 c_{Al} 。

对于半径为 r 的球形颗粒，有

$$-\frac{dN_{B(s)}}{dt} = 4\pi r_0^2 J_{Bs'} = \frac{4\pi r_0^2 D'_{Bs'}}{r_0 - r}\Delta c_{Bs'} \tag{8.84}$$

和

$$-\frac{dN_{B(s)}}{dt} = 4\pi r_0^2 j_B = 4\pi r_0^2 k_B c_{Bs'l'}^{n_B} c_{Al}^{n_A} \tag{8.85}$$

将式（8.5）代入式（8.84）和式（8.85），得

$$-\frac{dr}{dt} = \frac{r_0^2 M_B D'_{Bs'}}{r^2(r_0 - r)\rho_B}\Delta c_{Bs'} \tag{8.86}$$

和

$$-\frac{dr}{dt} = \frac{r_0^2 M_B k_B}{r^2 \rho_B} c_{Bs'l'}^{n_B} c_{Al}^{n_A} \tag{8.87}$$

分离变量积分式（8.86）和式（8.87），得

$$4\left(\frac{r}{r_0}\right)^3 - 3\left(\frac{r}{r_0}\right)^4 - 1 = \frac{12 M_B D_{Bs'}}{\rho_B r_0^2}\int_0^t \Delta c_{Bs'} dt \tag{8.88}$$

和

$$1 - \left(\frac{r}{r_0}\right)^3 = \frac{3 M_B k_B}{\rho_B r_0}\int_0^t c_{Bs'l'}^{n_B} c_{Al}^{n_A} dt \tag{8.89}$$

引入转化率，得

$$3 - 4\alpha_B - 3(1 - \alpha_B)^{\frac{4}{3}} = \frac{12 M_B D_{Bs'}}{\rho_B r_0^2}\int_0^t \Delta c_{Bs'} dt \tag{8.90}$$

$$\alpha_B = \frac{3 M_B k_B}{\rho_B r_0}\int_0^t c_{Bs'l'}^{n_B} c_{Al}^{n_A} dt \tag{8.91}$$

式（8.88）+式（8.89），得

$$\left(\frac{r}{r_0}\right)^3-\left(\frac{r}{r_0}\right)^4=\frac{4M_B D_{Bs'}}{\rho_B r_0^2}\int_0^t \Delta c_{Bs'}dt+\frac{M_B k_B}{\rho_B r_0}\int_0^t c_{Bs'l'}^{n_B}c_{Al}^{n_A}dt \tag{8.92}$$

式（8.90）+式（8.91），得

$$1-\alpha_B-(1-\alpha_B)^{\frac{4}{3}}=\frac{4M_B D_{Bs'}}{\rho_B r_0^2}\int_0^t \Delta c_{Bs'}dt+\frac{M_B k_B}{\rho_B r_0}\int_0^t c_{Bs'l'}^{n_B}c_{Al}^{n_A}dt \tag{8.93}$$

8.1.2.7 溶解过程由溶质在固体剩余层中的扩散、溶质与溶剂的相互作用、溶质在液膜中的扩散共同控制

溶质在固体剩余层中的扩散，溶质与溶剂的相互作用，溶质在液膜中的扩散都慢。溶解由溶质在固体剩余层中的扩散、溶质与溶剂的相互作用和溶质在液膜中的扩散共同控制。溶解速率为

$$-\frac{dN_{B(s)}}{dt}=\frac{dN_{(B)}}{dt}=\Omega_{s'l'}J_{Bs'}=\Omega_{s'l'}j_B=\Omega_{l'l}J_{Bl'}=\Omega J_B \tag{8.94}$$

式中

$$\Omega_{s'l'}=\Omega_{l'l}=\Omega$$

由式（8.94），得

$$J_B=\frac{1}{3}(J_{Bs'}+J_{Bl'}+j_B) \tag{8.95}$$

其中

$$J_{Bs'}=|J_{Bs'}|=|-D_{Bs'}\nabla c_{Bs'}|=D_{Bs'}\frac{\Delta c_{Bs'}}{\delta_{s'}}=\frac{D_{Bs'}}{\delta_{s'}}(c_{Bs's}-c_{Bs'l'}) \tag{8.96}$$

$$\Delta c_{Bs'}=c_{Bs's}-c_{Bs'l'}=c_{Bs}-c_{Bs'l'}$$

式中，$c_{Bs's}$ 为固体剩余层与未溶解内核界面组元 B 的浓度，即未溶解内核中组元 B 的浓度；$c_{Bs'l'}$ 为固体剩余层与液膜界面处组元 B 的浓度。

$$j_B=k_B c_{Bs'l}^{n_B}c_{As'l}^{n_A} \tag{8.97}$$

式中，$c_{Bs'l}$ 和 $c_{Asl'}$ 分别为固体剩余层与液膜界面组元 B 和 A 的浓度。

$$J_{Bl'}=|J_{Bl'}|=|-D_{Bl'}\nabla c_{Bl'}|=D_{Bl'}\frac{\Delta c_{Bl'}}{\delta_{l'}}=D'_{Bl'}\Delta c_{Bl'} \tag{8.98}$$

其中

$$D'_{Bl'}=\frac{D_{Bl'}}{\delta_{l'}}$$

$$\Delta c_{Bl'}=c_{Bl's}-c_{Bl'l}=c_{Bl's'}-c_{Bl}$$

式中，$D'_{Bl'}$ 为组元 B 在液膜中的扩散系数；$\delta_{l'}$ 为液膜厚度；$c_{Bl's'}$ 为液膜靠近固体剩余层一侧组元 B 的浓度；$c_{Bl'l}$ 为液膜与溶液界面组元 B 的浓度，即溶液本体中组元 B 的浓度 c_{Bl} 。

对于半径为 r 的球形颗粒，组元 B 的溶解速率为

$$-\frac{dN_{B(s)}}{dt}=4\pi r_0^2 J_{Bs'}=\frac{4\pi r_0^2 D'_{Bs'}}{r_0-r}\Delta c_{Bs'} \tag{8.99}$$

$$-\frac{dN_{B(s)}}{dt}=4\pi r_0^2 j_B=4\pi r_0^2 k_B c_{Bs'l'}^{n_B}c_{As'l'}^{n_A} \tag{8.100}$$

$$-\frac{\mathrm{d}N_{\mathrm{B(s)}}}{\mathrm{d}t}=4\pi r_0^2 J_{\mathrm{B}l'}=4\pi r_0^2 D'_{\mathrm{s}l'}\Delta c_{\mathrm{B}l'} \tag{8.101}$$

将式（8.4）分别代入式（8.53）、式（8.54）和式（8.55），得

$$-\frac{\mathrm{d}r}{\mathrm{d}t}=\frac{r_0^2 M_{\mathrm{B}} D'_{\mathrm{Bs'}}}{r^2(r_0-r)\rho_{\mathrm{B}}}\Delta c_{\mathrm{Bs'}} \tag{8.102}$$

$$-\frac{\mathrm{d}r}{\mathrm{d}t}=\frac{r_0^2 M_{\mathrm{B}} k_{\mathrm{B}}}{r^2\rho_{\mathrm{B}}}c_{\mathrm{Bs'}l'}^{n_{\mathrm{B}}}c_{\mathrm{A}l'\mathrm{s'}}^{n_{\mathrm{A}}} \tag{8.103}$$

$$-\frac{\mathrm{d}r}{\mathrm{d}t}=\frac{r_0^2 M_{\mathrm{B}} D'_{\mathrm{B}l'}}{r^2\rho_{\mathrm{B}}}\Delta c_{\mathrm{B}l'} \tag{8.104}$$

将式（8.102）、式（8.103）和式（8.104）分离变量积分，得

$$4\left(\frac{r}{r_0}\right)^3-3\left(\frac{r}{r_0}\right)^4-1=\frac{12M_{\mathrm{B}}D_{\mathrm{Bs'}}}{\rho_{\mathrm{B}}r_0^2}\int_0^t\Delta c_{\mathrm{Bs'}}\mathrm{d}t \tag{8.105}$$

$$1-\left(\frac{r}{r_0}\right)^3=\frac{3M_{\mathrm{B}}k_{\mathrm{B}}}{\rho_{\mathrm{B}}r_0}\int_0^t c_{\mathrm{Bs'}l'}^{n_{\mathrm{B}}}c_{\mathrm{A}l'\mathrm{s'}}^{n_{\mathrm{A}}}\mathrm{d}t \tag{8.106}$$

$$1-\left(\frac{r}{r_0}\right)^3=\frac{3M_{\mathrm{B}}D'_{\mathrm{B}l'}}{\rho_{\mathrm{B}}r_0}\int_0^t\Delta c_{\mathrm{B}l'}\mathrm{d}t \tag{8.107}$$

引入转化率，得

$$3-4\alpha_{\mathrm{B}}-3(1-\alpha_{\mathrm{B}})^{\frac{4}{3}}=\frac{12M_{\mathrm{B}}D_{\mathrm{Bs'}}}{\rho_{\mathrm{B}}r_0^2}\int_0^t\Delta c_{\mathrm{Bs'}}\mathrm{d}t \tag{8.108}$$

$$\alpha_{\mathrm{B}}=\frac{3M_{\mathrm{B}}k_{\mathrm{B}}}{\rho_{\mathrm{B}}r_0}\int_0^t c_{\mathrm{Bs'}l'}^{n_{\mathrm{B}}}c_{\mathrm{A}l'\mathrm{s'}}^{n_{\mathrm{A}}}\mathrm{d}t \tag{8.109}$$

$$\alpha_{\mathrm{B}}=\frac{3M_{\mathrm{B}}D_{\mathrm{B}l'}}{\rho_{\mathrm{B}}r_0}\int_0^t\Delta c_{\mathrm{B}l'}\mathrm{d}t \tag{8.110}$$

式（8.105）+式（8.106）+式（8.107），得

$$2\left(\frac{r}{r_0}\right)^3-3\left(\frac{r}{r_0}\right)^4+1=\frac{12M_{\mathrm{B}}D_{\mathrm{Bs'}}}{\rho_{\mathrm{B}}r_0^2}\int_0^t\Delta c_{\mathrm{Bs'}}\mathrm{d}t+\frac{3M_{\mathrm{B}}k_{\mathrm{B}}}{\rho_{\mathrm{B}}r_0}\int_0^t c_{\mathrm{Bs'}l'}^{n_{\mathrm{B}}}c_{\mathrm{A}l'\mathrm{s'}}^{n_{\mathrm{A}}}\mathrm{d}t+\frac{3M_{\mathrm{B}}D'_{\mathrm{B}l'}}{\rho_{\mathrm{B}}r_0}\int_0^t\Delta c_{\mathrm{B}l'}\mathrm{d}t \tag{8.111}$$

式（8.108）+式（8.109）+式（8.110），得

$$3-2\alpha_{\mathrm{B}}-3(1-\alpha_{\mathrm{B}})^{\frac{4}{3}}=\frac{12M_{\mathrm{B}}D_{\mathrm{Bs'}}}{\rho_{\mathrm{B}}r_0^2}\int_0^t\Delta c_{\mathrm{Bs'}}\mathrm{d}t+\frac{3M_{\mathrm{B}}k_{\mathrm{B}}}{\rho_{\mathrm{B}}r_0}\int_0^t c_{\mathrm{Bs'}l'}^{n_{\mathrm{B}}}c_{\mathrm{A}l'\mathrm{s'}}^{n_{\mathrm{A}}}\mathrm{d}t+\frac{3M_{\mathrm{B}}D'_{\mathrm{B}l'}}{\rho_{\mathrm{B}}r_0}\int_0^t\Delta c_{\mathrm{B}l'}\mathrm{d}t \tag{8.112}$$

8.2 浸　出

利用液体浸出剂，把物质从固体转入液体，形成溶液的过程称为浸出或浸取。浸出是浸出剂与固体物料间复杂的多相反应过程。浸出过程包括如下步骤：

（1）液体中的反应物经过固体表面的液膜向固体表面扩散；

（2）浸出剂经过固体产物层或不能被浸出的物料层向未被浸出的内核表面扩散；

(3) 在未被浸出的内核表面进行化学反应;

(4) 被浸出物经过固体产物层和(或)剩余物料层向液膜扩散;

(5) 被浸出物经过固体表面的液膜向溶液本体扩散。

如果在浸出过程中没有固体产物生成,也没有剩余物料层,则步骤(2)和步骤(4)就不存在。

8.2.1 浸出过程不形成固体产物层和致密剩余层的情况

浸出过程不形成固体产物层,也没有致密的剩余层。浸出反应可以表示为

$$a(\mathrm{A}) + b\mathrm{B(s)} = c(\mathrm{C})$$

8.2.1.1 浸出过程由浸出剂在液膜中的扩散控制

浸出剂在液膜中的扩散速度慢,是浸出过程的控制步骤。浸出速率为

$$-\frac{1}{a}\frac{\mathrm{d}N_{(\mathrm{A})}}{\mathrm{d}t} = -\frac{1}{b}\frac{\mathrm{d}N_{\mathrm{B(s)}}}{\mathrm{d}t} = \frac{1}{c}\frac{\mathrm{d}N_{(\mathrm{C})}}{\mathrm{d}t} = \frac{1}{a}\Omega_{l's}J_{\mathrm{A}l'} \tag{8.113}$$

式中,$N_{(\mathrm{A})}$ 为浸出剂 A 的摩尔数;$N_{\mathrm{B(s)}}$ 为固体组元 B 的摩尔数;$N_{(\mathrm{C})}$ 为产物 C 的摩尔数;$\Omega_{l's}$ 为液膜与未被浸出的内核的界面面积;$J_{\mathrm{A}l'}$ 为浸出剂 A 在液膜中的扩散速率,即到达单位面积液膜与未被浸出的内核界面的组元 A 的扩散量。

$$J_{\mathrm{A}l'} = |J_{\mathrm{A}l'}| = |-D_{\mathrm{A}l'}\nabla c_{\mathrm{A}l'}| = D_{\mathrm{A}l'}\frac{\Delta c_{\mathrm{A}l'}}{\delta_{l'}} = D'_{\mathrm{A}l'}\Delta c_{\mathrm{A}l'} \tag{8.114}$$

其中

$$D'_{\mathrm{A}l'} = \frac{D_{\mathrm{A}l'}}{\delta_{l'}}$$

$$\Delta c_{\mathrm{A}l'} = c_{\mathrm{A}l'l} - c_{\mathrm{A}l's} = c_{\mathrm{A}l}$$

式中,$D_{\mathrm{A}l'}$ 为组元 A 在液膜中的扩散系数;$\delta_{l'}$ 为液膜厚度,浸出过程中,固体尺寸不断减少,但液膜厚度不变;$c_{\mathrm{A}l'l}$ 为液膜与溶液本体界面组元 A 的浓度,即溶液本体组元 A 的浓度 $c_{\mathrm{A}l}$;$c_{\mathrm{A}l's}$ 为液膜与未被浸出的内核界面组元 A 的浓度。由于化学反应速率快,$c_{\mathrm{A}l's}$ 为零。

将式(8.114)代入式(8.113),得

$$-\frac{\mathrm{d}N_{(\mathrm{A})}}{\mathrm{d}t} = \Omega_{l's}J_{\mathrm{A}l'} = \Omega_{l's}D'_{\mathrm{A}l'}\Delta c_{\mathrm{A}l'} \tag{8.115}$$

对于半径为 r 的球形颗粒,有

$$-\frac{\mathrm{d}N_{(\mathrm{A})}}{\mathrm{d}t} = -\frac{a}{b}\frac{\mathrm{d}N_{\mathrm{B(s)}}}{\mathrm{d}t} = 4\pi r^2 D'_{\mathrm{A}l'}\Delta c_{\mathrm{A}l'} \tag{8.116}$$

将式(8.5)代入式(8.116),得

$$-\frac{\mathrm{d}r}{\mathrm{d}t} = \frac{bM_{\mathrm{B}}D'_{\mathrm{A}l'}}{a\rho_{\mathrm{B}}}\Delta c_{\mathrm{A}l'} \tag{8.117}$$

分离变量积分式(8.117),得

$$1 - \frac{r}{r_0} = \frac{bM_{\mathrm{B}}D'_{\mathrm{A}l'}}{a\rho_{\mathrm{B}}r_0}\int_0^t \Delta c_{\mathrm{A}l'}\mathrm{d}t \tag{8.118}$$

和

$$1-(1-\alpha)^{\frac{1}{3}}=\frac{bM_{B}D'_{Al'}}{a\rho_{B}r_{0}}\int_{0}^{t}\Delta c_{Al'}\mathrm{d}t \tag{8.119}$$

8.2.1.2 浸出过程由浸出剂和被浸出物的相互作用控制

浸出剂和被浸出物的相互作用速率慢，是浸出过程的控制步骤。浸出速率为

$$-\frac{1}{a}\frac{\mathrm{d}N_{(A)}}{\mathrm{d}t}=-\frac{1}{b}\frac{\mathrm{d}N_{B(s)}}{\mathrm{d}t}=\frac{1}{c}\frac{\mathrm{d}N_{C}}{\mathrm{d}t}=\Omega_{sl'}j \tag{8.120}$$

式中，$\Omega_{sl'}$ 为液膜与未被浸出的内核的界面面积；j 为在单位界面面积浸出剂和被浸出物相互作用速率。

$$j=kc_{Al's}^{n_{A}}c_{Bl's}^{n_{B}}=kc_{Al}^{n_{A}}c_{Bs}^{n_{B}} \tag{8.121}$$

式中，$c_{Al's}$ 为在液膜与未被浸出内核界面浸出剂 A 的浓度，即溶液本体浸出剂 A 的浓度；c_{Bs} 为在液膜与未被浸出内核界面被浸出物 B 的浓度，即未被浸出内核组元 B 的浓度。

将式（8.121）代入式（8.120），得

$$-\frac{\mathrm{d}N_{B(s)}}{\mathrm{d}t}=\Omega_{sl'}bj_{B}=\Omega_{sl'}bkc_{Al}^{n_{A}}c_{Bs}^{n_{B}} \tag{8.122}$$

对于半径为 r 的球形颗粒，有

$$-\frac{\mathrm{d}N_{B(s)}}{\mathrm{d}t}=4\pi r^{2}bkc_{Al}^{n_{A}}c_{Bs}^{n_{B}} \tag{8.123}$$

将式（8.5）代入式（8.123），得

$$-\frac{\mathrm{d}r}{\mathrm{d}t}=\frac{bM_{B}k}{\rho_{B}}c_{Al}^{n_{A}}c_{Bs}^{n_{B}} \tag{8.124}$$

分离变量积分式（8.124），得

$$1-\frac{r}{r_{0}}=\frac{bM_{B}k}{\rho_{B}}\int_{0}^{t}c_{Al}^{n_{A}}c_{Bs}^{n_{B}}\mathrm{d}t \tag{8.125}$$

和

$$1-(1-\alpha_{B})^{\frac{1}{3}}=\frac{bM_{B}k}{\rho_{B}}\int_{0}^{t}c_{Al}^{n_{A}}c_{Bs}^{n_{B}}\mathrm{d}t \tag{8.126}$$

8.2.1.3 浸出过程由浸出剂在液膜中的扩散及其与被浸出物的相互作用共同控制

浸出剂在液膜中的扩散及其和被浸出物的相互作用都慢，共同为浸出过程的控制步骤。浸出速率为

$$-\frac{1}{a}\frac{\mathrm{d}N_{(A)}}{\mathrm{d}t}=-\frac{1}{b}\frac{\mathrm{d}N_{B(s)}}{\mathrm{d}t}=\frac{1}{c}\frac{\mathrm{d}N_{C}}{\mathrm{d}t}=\frac{1}{a}\Omega_{l's}J_{Al'}=\Omega_{sl'}j=\frac{1}{a}\Omega J \tag{8.127}$$

式中

$$\Omega_{l's}=\Omega_{sl'}=\Omega$$

$$J=\frac{1}{2}(J_{Al'}+aj) \tag{8.128}$$

$$J_{Al'}=|J_{Al'}|=|-D_{Al'}\nabla c_{Al'}|=D_{Al'}\frac{\Delta c_{Al'}}{\delta_{l'}}=D'_{Al'}\Delta c_{Al'} \tag{8.129}$$

其中

$$D'_{Al'}=\frac{D_{Al'}}{\delta_{l'}}$$

$$\Delta c_{Al'}=c_{Al'l}-c_{Al's}=c_{Al}-c_{Al's}$$

$$j=kc_{Al's}^{n_A}c_{Bl's}^{n_B}=kc_{Al's}^{n_A}c_{Bs}^{n_B} \tag{8.130}$$

对于半径为 r 的球形颗粒，有

$$-\frac{dN_{(A)}}{dt}=-\frac{a}{b}\frac{dN_{B(s)}}{dt}=4\pi r^2J_{Al'}=4\pi r^2D'_{Al'}\Delta c_{Al'} \tag{8.131}$$

和

$$-\frac{dN_{(A)}}{dt}=-\frac{a}{b}\frac{dN_{B(s)}}{dt}=4\pi r^2akc_{Al's}^{n_A}c_{Bs}^{n_B} \tag{8.132}$$

将式（8.5）分别代入式（8.131）和式（8.132），得

$$-\frac{dr}{dt}=\frac{bM_BD'_{Al'}}{a\rho_B}\Delta c_{Al'} \tag{8.133}$$

和

$$-\frac{dr}{dt}=\frac{bM_Bk}{\rho_B}c_{Al}^{n_A}c_{Bs}^{n_B} \tag{8.134}$$

将式（8.133）和式（8.134）分离变量积分

$$1-\frac{r}{r_0}=\frac{bM_BD'_{Bl'}}{a\rho_Br_0}\int_0^t\Delta c_{Al'}dt \tag{8.135}$$

$$1-\frac{r}{r_0}=\frac{bM_Bk}{\rho_Br_0}\int_0^t c_{Al's}^{n_A}c_{Bs}^{n_B}dt \tag{8.136}$$

引入转化率，得

$$1-(1-\alpha_B)^{\frac{1}{3}}=\frac{bM_BD'_{Al'}}{a\rho_Br_0}\int_0^t\Delta c_{Al'}dt \tag{8.137}$$

$$1-(1-\alpha_B)^{\frac{1}{3}}=\frac{bM_Bk}{\rho_Br_0}\int_0^t c_{Al's}^{n_A}c_{Bs}^{n_B}dt \tag{8.138}$$

式（8.135）+式（8.136），得

$$2-2\left(\frac{r}{r_0}\right)=\frac{bM_BD'_{Al'}}{a\rho_Br_0}\int_0^t\Delta c_{Al'}dt+\frac{bM_Bk}{\rho_Br_0}\int_0^t c_{Al's}^{n_A}c_{Bs}^{n_B}dt \tag{8.139}$$

式（8.137）+式（8.138），得

$$2-2(1-\alpha_B)^{\frac{1}{3}}=\frac{bM_BD'_{Al'}}{a\rho_Br_0}\int_0^t\Delta c_{Al'}dt+\frac{bM_Bk}{\rho_Br_0}\int_0^t c_{Al's}^{n_A}c_{Bs}^{n_B}dt \tag{8.140}$$

8.2.2　浸出过程形成固体产物层或致密剩余层，颗粒尺寸不变的情况

浸出过程形成致密的固体产物层，可以表示为

$$a(A)+bB(s)=\!=\!=c(C)+dD(s)$$

8.2.2.1　浸出过程由浸出剂在液膜中的扩散控制

浸出剂在液膜中的扩散速度慢，是浸出过程的控制步骤。浸出速率为

$$-\frac{1}{a}\frac{dN_{(A)}}{dt}=-\frac{1}{b}\frac{dN_{B(s)}}{dt}=\frac{1}{c}\frac{dN_{(C)}}{dt}=\frac{1}{d}\frac{dN_{D(s)}}{dt}=\Omega_{l's'}J_{Al'} \tag{8.141}$$

式中，$\Omega_{l's'}$ 为液膜与固体产物层的界面面积，浸出过程中液膜与固体产物层的界面面积不变。

$$J_{Al'}=|J_{Al'}|=|-D_{Al'}\nabla c_{Al'}|=D_{Al'}\frac{\Delta c_{Al'}}{\delta_{l'}}=D'_{Al'}\Delta c_{Al'} \tag{8.142}$$

式中

$$D'_{Al'}=\frac{D_{Al'}}{\delta_{l'}}$$

$$\Delta c_{Al'}=c_{Al'l}-c_{Al's'}=c_{Al}$$

$\delta_{l'}$ 为液膜厚度，浸出过程液膜厚度不变；$c_{Al's'}$ 是在液膜与固体产物层界面组元 A 的浓度，浸出剂与被浸出物相互作用速率快，$c_{Al's'}=0$。

$$-\frac{1}{a}\frac{dN_{(A)}}{dt}=-\frac{1}{b}\frac{dN_{B(s)}}{dt}=\Omega_{l's'}J_{Al'}=\Omega_{l's'}D'_{Al'}\Delta c_{Al'} \tag{8.143}$$

对于半径为 r 的球形颗粒，有

$$-\frac{dN_{(A)}}{dt}=-\frac{a}{b}\frac{dN_{B(s)}}{dt}=4\pi r_0^2J_{Al'}=4\pi r_0^2D'_{Al'}\Delta c_{Al'} \tag{8.144}$$

将式（8.5）代入式（8.144），得

$$-\frac{dr}{dt}=\frac{r_0^2bM_BD'_{Al'}}{r^2a\rho_B}\Delta c_{Al'} \tag{8.145}$$

分离变量积分式（8.145），得

$$1-\left(\frac{r}{r_0}\right)^3=\frac{3bM_BD'_{Al'}}{a\rho_Br_0}\int_0^t\Delta c_{Al'}dt \tag{8.146}$$

和

$$\alpha_B=\frac{3bM_BD'_{Al'}}{a\rho_Br_0}\int_0^t\Delta c_{Al'}dt \tag{8.147}$$

8.2.2.2　浸出过程由浸出剂在固体产物层中的扩散控制

浸出剂在固体产物层中的扩散速度慢，是浸出过程的控制步骤。浸出速率为

$$-\frac{1}{a}\frac{dN_{(A)}}{dt}=-\frac{1}{b}\frac{dN_{B(s)}}{dt}=\frac{1}{c}\frac{dN_{(C)}}{dt}=\frac{1}{d}\frac{dN_{D(s)}}{dt}=\frac{1}{a}\Omega_{s's}J_{As'} \tag{8.148}$$

式中，$\Omega_{s's}$ 是产物层与未被浸出内核的界面面积。

浸出剂 A 在固体产物层中的扩散速率为

$$J_{As'}=|J_{As'}|=|-D_{As'}\nabla c_{As'}|=D_{As'}\frac{dc_{As'}}{dr} \tag{8.149}$$

式中，$D_{As'}$ 为组元 A 在固体产物层中的扩散系数。

对于半径为 r 的球形颗粒，将式（8.149）代入式（8.148）得

$$-\frac{dN_{(A)}}{dt}=4\pi r^2J_{As'}=4\pi r^2D_{As'}\frac{dc_{As'}}{dr} \tag{8.150}$$

过程达到稳态，$-\dfrac{dN_{(A)}}{dt}$ = 常数，将式（8.150）对 r 分离变量积分，得

$$-\frac{dN_{(A)}}{dt}=\frac{4\pi r_0 r D_{As'}}{r_0-r}\Delta c_{As'} \tag{8.151}$$

式中

$$\Delta c_{As'}=c_{As'l'}-c_{As's}=c_{Al}-c_{As's}$$

$c_{As'l'}$ 为固体产物层与液膜界面组元 A 的浓度，等于溶液本体的浓度 c_{Al}；$c_{As's}$ 为固体产物层与未被浸取的内核界面组元 A 的浓度。

将式（8.5）和式（8.151）代入式（8.148），得

$$-\frac{dr}{dt}=\frac{r_0 bM_B D_{As'}}{r(r_0-r)a\rho_B}\Delta c_{As'} \tag{8.152}$$

分离变量积分式（8.152），得

$$1-3\left(\frac{r}{r_0}\right)^2+2\left(\frac{r}{r_0}\right)^3=\frac{6bM_B D_{As'}}{a\rho_B r_0^2}\int_0^t \Delta c_{As'}dt \tag{8.153}$$

和

$$3-3(1-\alpha_B)^{\frac{2}{3}}-2\alpha_B=\frac{6bM_B D_{As'}}{a\rho_B r_0^2}\int_0^t \Delta c_{As'}dt \tag{8.154}$$

8.2.2.3 浸出过程由浸出剂和被浸出物的相互作用控制

浸出剂和被浸出物的相互作用速率慢，是浸出过程的控制步骤。浸出速率为

$$-\frac{1}{a}\frac{dN_{(A)}}{dt}=-\frac{1}{b}\frac{dN_{B(s)}}{dt}=\frac{1}{c}\frac{dN_{(C)}}{dt}=\frac{1}{d}\frac{dN_{D(s)}}{dt}=\Omega_{s's}\,j \tag{8.155}$$

式中，$\Omega_{s's}$ 为固体产物层与未被浸出的内核的界面面积。

$$j=kc_{As's}^{n_A}c_{Bs's}^{n_B}=kc_{As's}^{n_A}c_{Bs}^{n_B} \tag{8.156}$$

将式（8.156）代入式（8.155），得

$$-\frac{dN_{B(s)}}{dt}=\Omega_{ss'}bj=\Omega_{ss'}bkc_{As's}^{n_A}c_{Bs}^{n_B} \tag{8.157}$$

对于半径为 r 的球形颗粒，有

$$-\frac{dN_{B(s)}}{dt}=4\pi r^2 bkc_{As's}^{n_A}c_{Bs}^{n_B} \tag{8.158}$$

将式（8.5）代入式（8.158），得

$$-\frac{dr}{dt}=\frac{bM_B k}{\rho_B}c_{As's}^{n_A}c_{Bs}^{n_B} \tag{8.159}$$

分离变量积分式（8.159），得

$$1-\frac{r}{r_0}=\frac{bM_B k}{\rho_B r_0}\int_0^t c_{As's}^{n_A}c_{Bs}^{n_B}dt \tag{8.160}$$

和

$$1-(1-\alpha_B)^{\frac{1}{3}}=\frac{bM_B k}{\rho_B r_0}\int_0^t c_{As's}^{n_A}c_{Bs}^{n_B}dt \tag{8.161}$$

8.2.2.4 浸出过程由浸出剂在液膜中的扩散和固体产物层中的扩散共同控制

浸出剂在液膜中的扩散速度和在固体产物层中的扩散速度都慢，共同为浸出过程的控制步骤。浸出速率为

$$-\frac{1}{a}\frac{\mathrm{d}N_{(A)}}{\mathrm{d}t}=-\frac{1}{b}\frac{\mathrm{d}N_{B(s)}}{\mathrm{d}t}=\frac{1}{c}\frac{\mathrm{d}N_{(C)}}{\mathrm{d}t}=\frac{1}{d}\frac{\mathrm{d}N_{D(s)}}{\mathrm{d}t}=\frac{1}{a}\Omega_{l's'}J_{Al'}=\frac{1}{a}\Omega_{s's}J_{As'}=\frac{1}{a}\Omega J_{l's'}\tag{8.162}$$

式中，$\Omega_{l's}=\Omega$；

$$J_{l's'}=\frac{1}{2}\left(J_{Al'}+\frac{\Omega_{s's}}{\Omega}J_{As'}\right)\tag{8.163}$$

$$J_{Al'}=|J_{Al'}|=|-D_{Al'}\nabla c_{Al'}|=D_{Al'}\frac{\Delta c_{Al'}}{\delta_{l'}}=D'_{Al'}\Delta c_{Al'}\tag{8.164}$$

式中，$D'_{Al'}=\frac{D_{Al'}}{\delta_{l'}}$；

$\Delta c_{Al'}=c_{Al'l}-c_{Al's}=c_{Al}-c_{Al's}$。

$$J_{As'}=|J_{As'}|=|-D_{As'}\nabla c_{As'}|=D_{As'}\frac{\mathrm{d}c_{As'}}{\mathrm{d}r}\tag{8.165}$$

对于半径为 r 的球形颗粒，有

$$-\frac{\mathrm{d}N_{(A)}}{\mathrm{d}t}=-\frac{a}{b}\frac{\mathrm{d}N_{B(s)}}{\mathrm{d}t}=4\pi r_0^2J_{Al'}=4\pi r_0^2D'_{Al'}\Delta c_{Al'}\tag{8.166}$$

和

$$-\frac{\mathrm{d}N_{(A)}}{\mathrm{d}t}=-\frac{a}{b}\frac{\mathrm{d}N_{B(s)}}{\mathrm{d}t}=4\pi r^2J_{As'}=4\pi r^2D_{As'}\frac{\mathrm{d}c_{As'}}{\mathrm{d}r}\tag{8.167}$$

过程达到稳态，$-\frac{\mathrm{d}N_{(A)}}{\mathrm{d}t}=$常数。将式（8.167）对 r 分离变量积分，得

$$-\frac{\mathrm{d}N_{(A)}}{\mathrm{d}t}=\frac{4\pi r_0rD_{As'}}{r_0-r}\Delta c_{As'}\tag{8.168}$$

式中，$\Delta c_{As'}=c_{As'l}-c_{As's}$。

将式（8.5）、式（8.166）和式（8.168）代入式（8.162），得

$$-\frac{\mathrm{d}r}{\mathrm{d}t}=\frac{r_0^2bM_BD'_{Al'}}{r^2a\rho_B}\Delta c_{Al'}\tag{8.169}$$

和

$$-\frac{\mathrm{d}r}{\mathrm{d}t}=\frac{r_0bM_BD_{As'}}{r(r_0-r)a\rho_B}\Delta c_{As'}\tag{8.170}$$

分离变量积分式（8.169）和式（8.170），得

$$1-\left(\frac{r}{r_0}\right)^3=\frac{3bM_BD'_{Al'}}{a\rho_Br_0}\int_0^t\Delta c_{Al'}\mathrm{d}t\tag{8.171}$$

和

$$1-3\left(\frac{r}{r_0}\right)^2+2\left(\frac{r}{r_0}\right)^3=\frac{6bM_BD_{As'}}{a\rho_Br_0^2}\int_0^t\Delta c_{As'}\mathrm{d}t \tag{8.172}$$

引入转化率，得

$$\alpha_B=\frac{3bM_BD'_{Al'}}{a\rho_Br_0}\int_0^t\Delta c_{Al'}\mathrm{d}t \tag{8.173}$$

$$3-3(1-\alpha_B)^{\frac{2}{3}}-2\alpha_B=\frac{6bM_BD_{As'}}{a\rho_Br_0^2}\int_0^t\Delta c_{As'}\mathrm{d}t \tag{8.174}$$

式（8.171）+式（8.172），得

$$2-3\left(\frac{r}{r_0}\right)^2+\left(\frac{r}{r_0}\right)^3=\frac{3bM_BD'_{Al'}}{a\rho_Br_0}\int_0^t\Delta c_{Al'}\mathrm{d}t+\frac{6bM_BD_{As'}}{a\rho_Br_0^2}\int_0^t\Delta c_{As'}\mathrm{d}t \tag{8.175}$$

式（8.173）+式（8.174），得

$$3-3(1-\alpha_B)^{\frac{2}{3}}-\alpha_B=\frac{3bM_BD'_{Al'}}{a\rho_Br_0}\int_0^t\Delta c_{Al'}\mathrm{d}t+\frac{6bM_BD_{As'}}{a\rho_Br_0^2}\int_0^t\Delta c_{As'}\mathrm{d}t \tag{8.176}$$

8.2.2.5 浸出过程由浸出剂在液膜中的扩散和化学反应共同控制

浸出剂在液膜中的扩散速度慢，化学反应速率也慢，浸出过程由这两者共同控制。浸出速率为

$$-\frac{1}{a}\frac{\mathrm{d}N_{(A)}}{\mathrm{d}t}=-\frac{1}{b}\frac{\mathrm{d}N_{B(s)}}{\mathrm{d}t}=\frac{1}{c}\frac{\mathrm{d}N_{(C)}}{\mathrm{d}t}=\frac{1}{d}\frac{\mathrm{d}N_{D(s)}}{\mathrm{d}t}=\frac{1}{a}\Omega_{l's'}J_{Al'}=\Omega_{s's}j=\frac{1}{a}\Omega J_{l'j} \tag{8.177}$$

式中，$\Omega_{l's'}=\Omega$。

$$J_{l'j}=\frac{1}{2}\left(J_{Al'}+\frac{\Omega_{s's}}{\Omega}aj\right) \tag{8.178}$$

$$J_{Al'}=|J_{Al'}|=|-D_{Al'}\nabla c_{Al'}|=D_{Al'}\frac{\Delta c_{Al'}}{\delta_{l'}}=D'_{Al'}\Delta c_{Al'} \tag{8.179}$$

$$\Delta c_{Al'}=c_{Al'l}-c_{Al's}=c_{Al}-c_{Al's'}$$

$$j=kc_{As's}^{n_A}c_{Bs's}^{n_B}=kc_{As's}^{n_A}c_{Bs}^{n_B} \tag{8.180}$$

对于半径为 r 的球形颗粒，有

$$-\frac{\mathrm{d}N_{(A)}}{\mathrm{d}t}=-\frac{a}{b}\frac{\mathrm{d}N_{B(s)}}{\mathrm{d}t}=4\pi r_0^2J_{Al'}=4\pi r_0^2D'_{Al'}\Delta c_{Al'} \tag{8.181}$$

和

$$-\frac{\mathrm{d}N_{(A)}}{\mathrm{d}t}=-\frac{a}{b}\frac{\mathrm{d}N_{B(s)}}{\mathrm{d}t}=4\pi r^2aj=4\pi r^2akc_{As's}^{n_A}c_{Bs}^{n_B} \tag{8.182}$$

将式（8.5）分别代入式（8.181）和式（8.182），得

$$-\frac{\mathrm{d}r}{\mathrm{d}t}=\frac{r_0^2bM_BD'_{Al'}}{r^2a\rho_B}\Delta c_{Al'} \tag{8.183}$$

和

$$-\frac{\mathrm{d}r}{\mathrm{d}t}=\frac{bM_{\mathrm{B}}k}{\rho_{\mathrm{B}}}c_{\mathrm{As's}}^{n_{\mathrm{A}}}c_{\mathrm{Bs}}^{n_{\mathrm{B}}} \tag{8.184}$$

分离变量积分式（8.183）和式（8.184），得

$$1-\left(\frac{r}{r_0}\right)^3=\frac{3bM_{\mathrm{B}}D'_{\mathrm{Al'}}}{a\rho_{\mathrm{B}}r_0}\int_0^t\Delta c_{\mathrm{Al'}}\mathrm{d}t \tag{8.185}$$

和

$$1-\frac{r}{r_0}=\frac{bM_{\mathrm{B}}k}{\rho_{\mathrm{B}}r_0}\int_0^t c_{\mathrm{As's}}^{n_{\mathrm{A}}}c_{\mathrm{Bs}}^{n_{\mathrm{B}}}\mathrm{d}t \tag{8.186}$$

引入转化率，得

$$\alpha_{\mathrm{B}}=\frac{3bM_{\mathrm{B}}D'_{\mathrm{Al'}}}{a\rho_{\mathrm{B}}r_0}\int_0^t\Delta c_{\mathrm{Al'}}\mathrm{d}t \tag{8.187}$$

$$1-(1-\alpha)^{\frac{1}{3}}=\frac{bM_{\mathrm{B}}k}{\rho_{\mathrm{B}}r_0}\int_0^t c_{\mathrm{As's}}^{n_{\mathrm{A}}}c_{\mathrm{Bs}}^{n_{\mathrm{B}}}\mathrm{d}t \tag{8.188}$$

式（8.185）+式（8.186），得

$$2-\frac{r}{r_0}-\left(\frac{r}{r_0}\right)^3=\frac{3bM_{\mathrm{B}}D'_{\mathrm{Al'}}}{a\rho_{\mathrm{B}}r_0}\int_0^t\Delta c_{\mathrm{Al'}}\mathrm{d}t+\frac{bM_{\mathrm{B}}k}{\rho_{\mathrm{B}}r_0}\int_0^t c_{\mathrm{As's}}^{n_{\mathrm{A}}}c_{\mathrm{Bs}}^{n_{\mathrm{B}}}\mathrm{d}t \tag{8.189}$$

和

$$1-(1-\alpha)^{\frac{1}{3}}+\alpha_{\mathrm{B}}=\frac{3bM_{\mathrm{B}}D'_{\mathrm{Al'}}}{a\rho_{\mathrm{B}}r_0}\int_0^t\Delta c_{\mathrm{Al'}}\mathrm{d}t+\frac{bM_{\mathrm{B}}k}{\rho_{\mathrm{B}}r_0}\int_0^t c_{\mathrm{As's}}^{n_{\mathrm{A}}}c_{\mathrm{Bs}}^{n_{\mathrm{B}}}\mathrm{d}t \tag{8.190}$$

8.2.2.6 浸出过程由浸出剂在固体产物层中的扩散和化学反应共同控制

浸出剂在固体产物层中的扩散速度慢，化学反应速率也慢，浸出过程由这两者共同控制。浸出速率为

$$-\frac{1}{a}\frac{\mathrm{d}N_{(\mathrm{A})}}{\mathrm{d}t}=-\frac{1}{b}\frac{\mathrm{d}N_{\mathrm{B(s)}}}{\mathrm{d}t}=\frac{1}{c}\frac{\mathrm{d}N_{(\mathrm{C})}}{\mathrm{d}t}=\frac{1}{d}\frac{\mathrm{d}N_{\mathrm{D(s)}}}{\mathrm{d}t}=\frac{1}{a}\Omega_{\mathrm{s's}}J_{\mathrm{As'}}=\Omega_{\mathrm{s's}}j=\frac{1}{a}\Omega J_{\mathrm{s'j}} \tag{8.191}$$

式中，$\Omega_{\mathrm{s's}}=\Omega$。

$$J_{\mathrm{s'j}}=\frac{1}{2}(J_{\mathrm{As'}}+aj) \tag{8.192}$$

$$J_{\mathrm{As'}}=|\,J_{\mathrm{As'}}\,|=|-D_{\mathrm{As'}}\nabla c_{\mathrm{As'}}\,|=D_{\mathrm{As'}}\frac{\mathrm{d}c_{\mathrm{As'}}}{\mathrm{d}r} \tag{8.193}$$

$$j=kc_{\mathrm{As's}}^{n_{\mathrm{A}}}c_{\mathrm{Bs's}}^{n_{\mathrm{B}}}=kc_{\mathrm{As's}}^{n_{\mathrm{A}}}c_{\mathrm{Bs}}^{n_{\mathrm{B}}} \tag{8.194}$$

对于半径为 r 的球形颗粒，有

$$-\frac{\mathrm{d}N_{(\mathrm{A})}}{\mathrm{d}t}=-\frac{a}{b}\frac{\mathrm{d}N_{\mathrm{B(s)}}}{\mathrm{d}t}=4\pi r^2J_{\mathrm{As'}}=4\pi r^2D_{\mathrm{As'}}\frac{\mathrm{d}c_{\mathrm{As'}}}{\mathrm{d}r} \tag{8.195}$$

和

$$-\frac{\mathrm{d}N_{\mathrm{A}}}{\mathrm{d}t}=-\frac{a}{b}\frac{\mathrm{d}N_{\mathrm{B(s)}}}{\mathrm{d}t}=4\pi r^2aj=4\pi r^2akc_{\mathrm{As's}}^{n_{\mathrm{A}}}c_{\mathrm{Bs}}^{n_{\mathrm{B}}} \tag{8.196}$$

过程达到稳态，$-\frac{dN_{(A)}}{dt}$=常数。将式（8.195）对 r 分离变量积分，得

$$-\frac{dN_{(A)}}{dt}=\frac{4\pi r_0 r D_{As'}}{r_0-r}\Delta c_{As'} \tag{8.197}$$

其中

$$\Delta c_{As'}=c_{As'l'}-c_{As's}=c_{Al}-c_{As's}$$

将式（8.5）、式（8.196）和式（8.197）代入式（8.191），得

$$-\frac{dr}{dt}=\frac{bM_B k}{\rho_B}c_{As's}^{n_A}c_{Bs}^{n_B} \tag{8.198}$$

和

$$-\frac{dr}{dt}=\frac{r_0 bM_B D_{As'}}{r(r_0-r)a\rho_B}\Delta c_{As'} \tag{8.199}$$

分离变量积分式（8.198）和式（8.199），得

$$1-\frac{r}{r_0}=\frac{bM_B k}{\rho_B r_0}\int_0^t c_{As's}^{n_A}c_{Bs}^{n_B}dt \tag{8.200}$$

和

$$1-3\left(\frac{r}{r_0}\right)^2+2\left(\frac{r}{r_0}\right)^3=\frac{6bM_B D_{As'}}{a\rho_B r_0^2}\int_0^t \Delta c_{As'}dt \tag{8.201}$$

引入转化率，得

$$1-(1-\alpha_B)^{\frac{1}{3}}=\frac{bM_B k}{\rho_B r_0}\int_0^t c_{As's}^{n_A}c_{Bs}^{n_B}dt \tag{8.202}$$

和

$$3-3(1-\alpha_B)^{\frac{2}{3}}-\alpha_B=\frac{6bM_B D_{As'}}{a\rho_B r_0^2}\int_0^t \Delta c_{As'}dt \tag{8.203}$$

式（8.200）+式（8.201），得

$$2-\frac{r}{r_0}-3\left(\frac{r}{r_0}\right)^2+2\left(\frac{r}{r_0}\right)^3=\frac{6bM_B D_{As'}}{a\rho_B r_0^2}\int_0^t \Delta c_{As'}dt+\frac{bM_B k}{\rho_B r_0}\int_0^t c_{As's}^{n_A}c_{Bs}^{n_B}dt \tag{8.204}$$

式（8.202）+式（8.203），得

$$4-(1-\alpha_B)^{\frac{1}{3}}-3(1-\alpha_B)^{\frac{2}{3}}-2\alpha_B=\frac{6bM_B D_{As'}}{a\rho_B r_0^2}\int_0^t \Delta c_{As'}dt+\frac{bM_B k}{\rho_B r_0}\int_0^t c_{As's}^{n_A}c_{Bs}^{n_B}dt \tag{8.205}$$

8.2.2.7 浸出过程由浸出剂 A 在液膜中的扩散、在固体产物层中的扩散和化学反应共同控制

浸出剂在液膜中的扩散和在固体产物层中的扩散速度慢，化学反应速度也慢，浸出过程由这三者共同控制。浸出速率为

$$\begin{aligned}-\frac{1}{a}\frac{dN_{(A)}}{dt}&=-\frac{1}{b}\frac{dN_{B(s)}}{dt}=\frac{1}{c}\frac{dN_{(C)}}{dt}=\frac{1}{d}\frac{dN_{D(s)}}{dt}=\frac{1}{a}\Omega_{l's}J_{Al'}=\frac{1}{a}\Omega_{s's}J_{As'}=\Omega_{s's}j\\&=\frac{1}{a}\Omega J_{l's'j}\end{aligned} \tag{8.206}$$

式中，$\Omega_{l's}=\Omega$。

$$J_{l's'j}=\frac{1}{3}\left(J_{Al'}+\frac{\Omega_{s's}}{\Omega}J_{As'}+\frac{\Omega_{s's}}{\Omega}aj\right) \tag{8.207}$$

$$J_{Al'}=\left|J_{Al'}\right|=\left|-D_{Al'}\nabla c_{Al'}\right|=D_{Al'}\frac{\Delta c_{Al'}}{\delta_{l'}}=D'_{Al'}\Delta c_{Al'} \tag{8.208}$$

$$J_{As'}=\left|J_{As'}\right|=\left|-D_{As'}\nabla c_{As'}\right|=D_{As'}\frac{\mathrm{d}c_{As'}}{\mathrm{d}r} \tag{8.209}$$

$$j=kc_{As's}^{n_A}c_{Bs's}^{n_B}=kc_{As's}^{n_A}c_{Bs}^{n_B} \tag{8.210}$$

对于半径为 r 的球形颗粒，有

$$-\frac{\mathrm{d}N_{(A)}}{\mathrm{d}t}=-\frac{a}{b}\frac{\mathrm{d}N_{B(s)}}{\mathrm{d}t}=4\pi r_0^2J_{Al'}=4\pi r_0^2D'_{Al'}\Delta c_{Al'} \tag{8.211}$$

$$-\frac{\mathrm{d}N_{(A)}}{\mathrm{d}t}=-\frac{a}{b}\frac{\mathrm{d}N_{B(s)}}{\mathrm{d}t}=4\pi r^2J_{As'}=4\pi r^2D_{As'}\frac{\mathrm{d}c_{As'}}{\mathrm{d}r} \tag{8.212}$$

$$-\frac{\mathrm{d}N_{(A)}}{\mathrm{d}t}=-\frac{a}{b}\frac{\mathrm{d}N_{B(s)}}{\mathrm{d}t}=4\pi r^2aj=4\pi r^2akc_{As's}^{n_A}c_{Bs}^{n_B} \tag{8.213}$$

过程达到稳态，$-\frac{\mathrm{d}N_{(A)}}{\mathrm{d}t}=$常数。将式（8.212）对 r 分离变量积分，得

$$-\frac{\mathrm{d}N_{(A)}}{\mathrm{d}t}=\frac{4\pi r_0rD_{As'}}{r_0-r}\Delta c_{As'} \tag{8.214}$$

式中，$\Delta c_{As'}=c_{As'l'}-c_{As's'}$。

将式（8.5）、式（8.211）、式（8.213）和式（8.214）代入式（8.206），得

$$-\frac{\mathrm{d}r}{\mathrm{d}t}=\frac{r_0^2bM_BD'_{Al'}}{r^2a\rho_B}\Delta c_{Al'} \tag{8.215}$$

$$-\frac{\mathrm{d}r}{\mathrm{d}t}=\frac{bM_Bk}{\rho_B}c_{As's}^{n_A}c_{Bs}^{n_B} \tag{8.216}$$

$$-\frac{\mathrm{d}r}{\mathrm{d}t}=\frac{r_0bM_BD_{As'}}{r(r_0-r)a\rho_B}\Delta c_{As'} \tag{8.217}$$

将式（8.215）、式（8.216）和式（8.217）分离变量积分，得

$$1-\left(\frac{r}{r_0}\right)^3=\frac{3bM_BD'_{Al'}}{a\rho_Br_0}\int_0^t\Delta c_{Al'}\mathrm{d}t \tag{8.218}$$

$$1-\frac{r}{r_0}=\frac{bM_Bk}{\rho_Br_0}\int_0^t c_{As's}^{n_A}c_{Bs}^{n_B}\mathrm{d}t \tag{8.219}$$

$$1-3\left(\frac{r}{r_0}\right)^2+2\left(\frac{r}{r_0}\right)^3=\frac{6bM_BD_{As'}}{a\rho_Br_0^2}\int_0^t\Delta c_{As'}\mathrm{d}t \tag{8.220}$$

引入转化率，得

$$\alpha_B=\frac{3bM_BD'_{Al'}}{a\rho_Br_0}\int_0^t\Delta c_{Al'}\mathrm{d}t \tag{8.221}$$

$$1-(1-\alpha_B)^{\frac{1}{3}}=\frac{bM_Bk}{\rho_Br_0}\int_0^t c_{As's}^{n_A}c_{Bs}^{n_B}dt \tag{8.222}$$

$$3-3(1-\alpha_B)^{\frac{2}{3}}-2\alpha_B=\frac{6bM_BD_{As'}}{a\rho_Br_0^2}\int_0^t\Delta c_{As'}dt \tag{8.223}$$

式（8.218）+式（8.219）+式（8.220），得

$$3-\left(\frac{r}{r_0}\right)-3\left(\frac{r}{r_0}\right)^2+\left(\frac{r}{r_0}\right)^3=\frac{3bM_BD'_{Al'}}{a\rho_Br_0}\int_0^t\Delta c_{Al'}dt+\frac{6bM_BD_{As'}}{a\rho_Br_0^2}\int_0^t\Delta c_{As'}dt+\frac{bM_Bk}{\rho_Br_0}\int_0^t c_{As's}^{n_A}c_{Bs}^{n_B}dt \tag{8.224}$$

式（8.221）+式（8.222）+式（8.223），得

$$4-(1-\alpha_B)^{\frac{1}{3}}-3(1-\alpha_B)^{\frac{2}{3}}-\alpha_B=\frac{3bM_BD'_{Al'}}{a\rho_Br_0}\int_0^t\Delta c_{Al'}dt+\frac{6bM_BD_{As'}}{a\rho_Br_0^2}\int_0^t\Delta c_{As'}dt+\frac{bM_Bk}{\rho_Br_0}\int_0^t c_{As's}^{n_A}c_{Bs}^{n_B}dt \tag{8.225}$$

8.2.2.8　浸出过程由固体反应物 B 在液膜中的扩散控制

固体反应物 B 在液膜中的扩散速度慢，成为过程的控制步骤。浸出速率为

$$-\frac{1}{a}\frac{dN_{(A)}}{dt}=-\frac{1}{b}\frac{dN_{B(s)}}{dt}=\frac{1}{c}\frac{dN_{(C)}}{dt}=\frac{1}{d}\frac{dN_{D(s)}}{dt}=\frac{1}{b}\Omega_{l'l}J_{Bl'} \tag{8.226}$$

$$J_{Bl'}=|J_{Bl'}|=|-D_{Bl'}\nabla c_{Bl'}|=D_{Bl'}\frac{\Delta c_{Bl'}}{\delta_{l'}}=D'_{Bl'}\Delta c_{Bl'} \tag{8.227}$$

式中，$D'_{Bl'}=\frac{D_{Bl'}}{\delta_{l'}}$；

$\Delta c_{Bl'}=c_{Bl's'}-c_{Bl'l}=c_{Bs}-c_{Bl}$；

$c_{Bl's'}$ 为固体产物层与液膜界面组元 B 的浓度，即组元 B 在未被浸出的内核的浓度 c_{Bs}；$c_{Bl'l}$ 为组元 B 在液膜与溶液本体界面的浓度，即组元 B 在溶液本体的浓度 c_{Bl}。

$$-\frac{dN_{B(s)}}{dt}=\Omega_{l'l}J_{Bl'}=\Omega_{l'l}D'_{Bl'}\Delta c_{Bl'} \tag{8.228}$$

对于半径为 r 的球形颗粒，有

$$-\frac{dN_{B(s)}}{dt}=4\pi r_0^2D'_{Bl'}\Delta c_{Bl'} \tag{8.229}$$

将式（8.5）代入式（8.229），得

$$-\frac{dr}{dt}=\frac{r_0^2M_BD'_{Bl'}}{r^2\rho_B}\Delta c_{Bl'} \tag{8.230}$$

将式（8.230）分离变量积分，得

$$1-\left(\frac{r}{r_0}\right)^3=\frac{3bM_BD'_{Al'}}{\rho_Br_0}\int_0^t\Delta c_{Al'}dt \tag{8.231}$$

引入转化率，得

$$\alpha_{\mathrm{B}} = \frac{3bM_{\mathrm{B}}D'_{\mathrm{A}l'}}{\rho_{\mathrm{B}}r_0}\int_0^t \Delta c_{\mathrm{A}l'}\mathrm{d}t \tag{8.232}$$

8.2.2.9 浸出过程由固体反应物B在固体产物层中的扩散控制

固体反应物B在固体产物层中的扩散速度慢，成为过程的控制步骤。浸出速率为

$$-\frac{1}{a}\frac{\mathrm{d}N_{(\mathrm{A})}}{\mathrm{d}t} = -\frac{1}{b}\frac{\mathrm{d}N_{\mathrm{B(s)}}}{\mathrm{d}t} = \frac{1}{c}\frac{\mathrm{d}N_{(\mathrm{C})}}{\mathrm{d}t} = \frac{1}{d}\frac{\mathrm{d}N_{\mathrm{D(s)}}}{\mathrm{d}t} = \frac{1}{b}\Omega_{\mathrm{s}'l'}J_{\mathrm{Bs}'} \tag{8.233}$$

$$J_{\mathrm{Bs}'} = |J_{\mathrm{Bs}'}| = |-D_{\mathrm{Bs}'}\nabla c_{\mathrm{Bs}'}| = D_{\mathrm{Bs}'}\frac{\Delta c_{\mathrm{Bs}'}}{\delta_{\mathrm{s}'}} \tag{8.234}$$

式中，$\Delta c_{\mathrm{Bs}'} = c_{\mathrm{Bs}'\mathrm{s}'} - c_{\mathrm{Bs}'l'} = c_{\mathrm{Bs}} - c_{\mathrm{B}l}$。

由式（8.233）得

$$-\frac{\mathrm{d}N_{(\mathrm{B})}}{\mathrm{d}t} = \Omega_{\mathrm{s}'l'}J_{\mathrm{Bs}'} = \Omega_{\mathrm{s}'l'}D_{\mathrm{Bs}'}\frac{\Delta c_{\mathrm{Bs}'}}{\delta_{\mathrm{s}'}} \tag{8.235}$$

对于半径为r的球形颗粒，有

$$-\frac{\mathrm{d}N_{\mathrm{B(s)}}}{\mathrm{d}t} = \frac{4\pi r_0^2 D_{\mathrm{Bs}'}}{r_0 - r}\Delta c_{\mathrm{Bs}'} \tag{8.236}$$

将式（8.5）代入式（8.236），得

$$-\frac{\mathrm{d}r}{\mathrm{d}t} = \frac{r_0^2 M_{\mathrm{B}}D_{\mathrm{Bs}'}}{r^2(r_0 - r)\rho_{\mathrm{B}}}\Delta c_{\mathrm{Bs}'} \tag{8.237}$$

分离变量积分式（8.237），得

$$4\left(\frac{r}{r_0}\right)^3 - 3\left(\frac{r}{r_0}\right)^4 - 1 = \frac{12M_{\mathrm{B}}D_{\mathrm{Bs}'}}{\rho_{\mathrm{B}}r_0^2}\int_0^t \Delta c_{\mathrm{Bs}'}\mathrm{d}t \tag{8.238}$$

引入转化率，得

$$3 - \alpha_{\mathrm{B}} - 3(1-\alpha_{\mathrm{B}})^{\frac{4}{3}} = \frac{12M_{\mathrm{B}}D_{\mathrm{Bs}'}}{\rho_{\mathrm{B}}r_0^2}\int_0^t \Delta c_{\mathrm{Bs}'}\mathrm{d}t \tag{8.239}$$

8.2.2.10 浸出过程由固体反应物B在液膜中的扩散和在产物层中的扩散共同控制

固体反应物B在液膜中的扩散和在产物层中的扩散速度慢，共同为过程的控制步骤。浸出速率为

$$-\frac{1}{a}\frac{\mathrm{d}N_{(\mathrm{A})}}{\mathrm{d}t} = -\frac{1}{b}\frac{\mathrm{d}N_{\mathrm{B(s)}}}{\mathrm{d}t} = \frac{1}{c}\frac{\mathrm{d}N_{(\mathrm{C})}}{\mathrm{d}t} = \frac{1}{d}\frac{\mathrm{d}N_{\mathrm{D(s)}}}{\mathrm{d}t} = \frac{1}{b}\Omega_{l'l}J_{\mathrm{B}l'} = \frac{1}{b}\Omega_{\mathrm{s}'l}J_{\mathrm{Bs}'} = \frac{1}{b}\Omega J_{l'\mathrm{s}'} \tag{8.240}$$

式中，$\Omega_{l'l} = \Omega_{\mathrm{s}'l} = \Omega$。

$$J_{l'\mathrm{s}'} = \frac{1}{2}(J_{\mathrm{B}l'} + J_{\mathrm{Bs}'}) \tag{8.241}$$

$$J_{\mathrm{B}l'} = |J_{\mathrm{B}l'}| = |-D_{\mathrm{B}l'}\nabla c_{\mathrm{B}l'}| = D_{\mathrm{B}l'}\frac{\Delta c_{\mathrm{B}l'}}{\delta_{l'}} = D'_{\mathrm{B}l'}\Delta c_{\mathrm{B}l'} \tag{8.242}$$

式中，$D'_{\mathrm{B}l'} = \dfrac{D_{\mathrm{B}l'}}{\delta_{l'}}$；

$\Delta c_{Bl'} = c_{Bl's'} - c_{Bl'l} = c_{Bl's'} - c_{Bl}$;

$J_{Bs'} = | J_{Bs'} | = | - D_{Bs'} \nabla c_{Bs'} | = D_{Bs'} \dfrac{\Delta c_{Bs'}}{\delta_{s'}}$;

$\Delta c_{Bs'} = c_{Bs's'} - c_{Bs'l'} = c_{Bs} - c_{Bs'l'}$ 。

由式（8.240）得

$$-\frac{dN_{B(s)}}{dt} = \Omega_{l'l} J_{Bl'} = \Omega_{l'l} D'_{Bl'} \Delta c_{Bl'} \tag{8.243}$$

和

$$-\frac{dN_{B(s)}}{dt} = \Omega_{s'l'} J_{Bs'} = \Omega_{s'l'} D_{Bs'} \frac{\Delta c_{Bs'}}{\delta_{s'}} \tag{8.244}$$

对于半径为 r 的球形颗粒，有

$$-\frac{dN_{B(s)}}{dt} = 4\pi r_0^2 D'_{Bl'} \Delta c_{Bl'} \tag{8.245}$$

和

$$-\frac{dN_{B(s)}}{dt} = \frac{4\pi r_0^2 D_{Bs'}}{r_0 - r} \Delta c_{Bs'} \tag{8.246}$$

将式（8.5）代入式（8.245）和式（8.246）得

$$-\frac{dr}{dt} = \frac{r_0^2 M_B D'_{Bl'}}{r^2 \rho_B} \Delta c_{Bl'} \tag{8.247}$$

和

$$-\frac{dr}{dt} = \frac{r_0^2 M_B D_{Bs'}}{r^2 (r_0 - r) \rho_B} \Delta c_{Bs'} \tag{8.248}$$

分离变量积分式（8.247）和式（8.248），得

$$1 - \left(\frac{r}{r_0}\right)^3 = \frac{3bM_B D'_{Al'}}{\rho_B r_0} \int_0^t \Delta c_{Al'} dt \tag{8.249}$$

和

$$4\left(\frac{r}{r_0}\right)^3 - 3\left(\frac{r}{r_0}\right)^4 - 1 = \frac{12M_B D_{Bs'}}{\rho_B r_0^2} \int_0^t \Delta c_{Bs'} dt \tag{8.250}$$

引入转化率，得

$$\alpha_B = \frac{3bM_B D'_{Al'}}{\rho_B r_0} \int_0^t \Delta c_{Al'} dt \tag{8.251}$$

和

$$3 - 4\alpha_B - 3(1 - \alpha_B)^{\frac{4}{3}} = \frac{12M_B D_{Bs'}}{\rho_B r_0^2} \int_0^t \Delta c_{Bs'} dt \tag{8.252}$$

式（8.249）+式（8.250），得

$$\left(\frac{r}{r_0}\right)^3 - \left(\frac{r}{r_0}\right)^4 = \frac{bM_B D'_{Al'}}{\rho_B r_0} \int_0^t \Delta c_{Al'} dt + \frac{4M_B D_{Bs'}}{\rho_B r_0^2} \int_0^t \Delta c_{Bs'} dt \tag{8.253}$$

式（8.251）+式（8.252），得

$$1-\alpha_B-(1-\alpha_B)^{\frac{4}{3}}=\frac{bM_B D'_{Al'}}{\rho_B r_0}\int_0^t \Delta c_{Al'}\mathrm{d}t+\frac{4M_B D_{Bs'}}{\rho_B r_0^2}\int_0^t \Delta c_{Bs'}\mathrm{d}t \tag{8.254}$$

8.3　几种矿物的浸出

自然界中的金属矿物组成复杂、种类繁多，以氧化物、硫化物、碳酸盐、硫酸盐、硅酸盐、卤盐、硝酸盐、硼酸盐、复合化合物及金属的形式存在，例如赤铁矿（Fe_2O_3）、磁铁矿（Fe_3O_4）、菱铁矿（FeS）、闪锌矿（ZnS）、方铅矿（PbS）、赤铜矿（CuO）、菱铜矿（$CuFeS_2$）、菱镁矿（$MgCO_3$）、菱锌矿（$ZnCO_3$）、异极矿（$ZnSiO_3$）、芒硝(Na_2SO_4)、硝石（$NaNO_3$）、氯化钠（NaCl）、萤石（CuF_2）、硼铁矿（$FeBO_3$）、硼镁矿（MgB_2O_4）、长石（$KAlSi_3O_8$）、自然金（Au）、自然银（Ag）、自然铜（Cu）等。

根据矿物的性质、经济和环境等因素，有些矿采用湿法冶金的方法处理。湿法冶金的有一个主要工序是浸出。本节讨论几种矿物的浸出动力学。

8.3.1　混合电位

用一种金属的盐浸出另一种金属的氧化物，化学反应为

$$AO_2+2B^{3+}=\!=\!=AO_2^{2+}+2B^{2+}$$

阳极反应为

$$AO_2\longrightarrow AO_2^{2+}+2e$$

阴极反应为

$$2B^{3+}+2e\longrightarrow 2B^{2+}$$

相应的阳极和阴极极化曲线为图 8.1 中的曲线 a 和 b 所示。阳极和阴极的平衡电势分别为 $\varphi_{a,e}$ 和 $\varphi_{c,e}$ 。

$$\varphi_{a,e}\neq\varphi_{c,e}$$

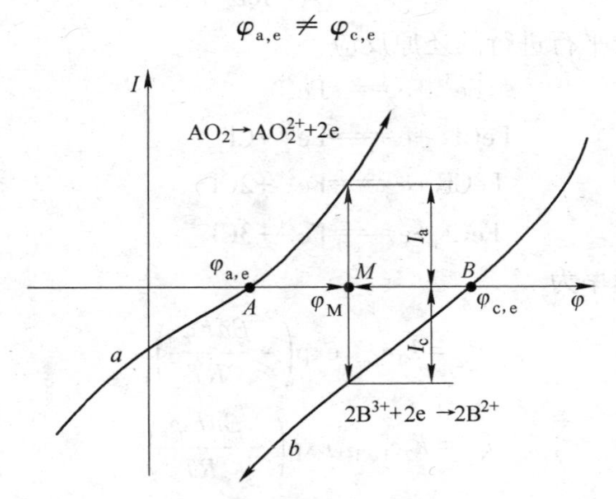

图 8.1　混合电位的极化曲线

如果 AO_2 导电，在阳极和阴极之间会有电流，则 φ_a 和 φ_c 会偏离平衡电势，沿着图中 AM 和 BM 的方向变化。变成

$$\varphi_a = \varphi_c = \varphi_M \tag{8.255}$$

有

$$I_c = I_a \tag{8.256}$$

体系达到稳态，相应的电势 φ_M 称做混合电势。

混合电势不是平衡电势，其值介于阴极和阳极平衡电势之间，是电极过程达到稳态的结果。由于 φ_M 不是平衡电势，阴极和阳极两个电极反应仍继续进行，浸出过程也继续进行。

8.3.2 硫化矿的浸出

硫化矿浸出的反应机理比较复杂，既与矿物有关，还与浸出剂有关。研究得出的硫化矿浸出反应机理有电化学机理、吸附配合物机理、硫化氢为中间产物的机理，以及氧化物和 SO_2 为中间产物的机理等。下面介绍其中的两种。

8.3.2.1 电化学机理

许多金属硫化矿的浸出符合电化学机理。下面以菱铜矿用三氯化铁浸出为例，分析硫化矿的浸出反应动力学。用三氯化铁浸出菱铜矿的化学反应方程可以表示为

$$CuFeS_2 + 4FeCl_3 \Longrightarrow CuCl_2 + 5FeCl_2 + 2S$$

在浸出过程中，菱铜矿表面形成阳极区和阴极区，分别进行阳极反应和阴极反应。

在阳极区进行的阳极反应为

$$CuFeS_2 \Longrightarrow Cu^{2+} + Fe^{2+} + 2S + 4e$$

生成的单质硫形成多孔产物层覆盖在矿物表面，浸出液可以通过多孔产物层到达反应界面，产物也可以从反应界面通过多孔产物层进入浸出液本体。阳极反应速率用阳极电流密度表示为

$$i_a = k_a \exp\left(\frac{\alpha nF\varphi_a}{RT}\right) \tag{8.257}$$

在阴极区，有四个平行进行的还原反应

$$Fe^{3+} + e \Longrightarrow Fe^{2+}$$

$$FeCl^{2+} + e \Longrightarrow Fe^{2+} + Cl^-$$

$$FeCl_2^+ + e \Longrightarrow Fe^{2+} + 2Cl^-$$

$$FeCl_3 + e \Longrightarrow Fe^{2+} + 3Cl^-$$

四个阴极反应的速率为

$$i_{c_1} = k_1 c_{Fe^{3+}} \exp\left(-\frac{\beta nF\varphi_c}{RT}\right) \tag{8.258}$$

$$i_{c_2} = k_2 c_{FeCl^{2+}} \exp\left(-\frac{\beta nF\varphi_c}{RT}\right) \tag{8.259}$$

$$i_{c_3} = k_3 c_{FeCl_3^+} \exp\left(-\frac{\beta nF\varphi_c}{RT}\right) \tag{8.260}$$

$$i_{c_4} = k_4 c_{FeCl_3} \exp\left(-\frac{\beta nF\varphi_c}{RT}\right) \tag{8.261}$$

总阴极电流密度为

$$i_c = i_{c_1} + i_{c_2} + i_{c_3} + i_{c_4} \tag{8.262}$$

将式（8.258）~式（8.261）代入式（8.262），得

$$i_c = (k_1 c_{Fe^{3+}} + k_2 c_{FeCl^{2+}} + k_3 c_{FeCl_2^+} + k_4 c_{FeCl_3}) \exp\left(-\frac{\beta nF\varphi_c}{RT}\right) \tag{8.263}$$

Fe^{3+}和Cl^-形成配合离子反应的平衡常数为

$$Fe^{3+} + Cl^- \rightleftharpoons FeCl^{2+} \qquad K_1 = \frac{c_{FeCl^{2+}}}{c_{Fe^{3+}} c_{Cl^-}} \tag{8.264}$$

$$Fe^{3+} + 2Cl^- \rightleftharpoons FeCl_2^+ \qquad K_2 = \frac{c_{FeCl_2^+}}{c_{Fe^{3+}} c_{Cl^-}^2} \tag{8.265}$$

$$Fe^{3+} + 3Cl^- \rightleftharpoons FeCl_3(aq) \qquad K_3 = \frac{c_{FeCl_3}}{c_{Fe^{3+}} c_{Cl^-}^3} \tag{8.266}$$

将式（8.264）、式（8.265）和式（8.266）代入式（8.263），得

$$i_c = c_{Fe^{3+}}(k_1 + k_2 K_1 c_{Cl^-} + k_3 K_2 c_{Cl^-}^2 + k_4 K_3 c_{Cl^-}^3) \exp\left(-\frac{\beta nF\varphi_c}{RT}\right) \tag{8.267}$$

阳极区和阴极区占有的硫化矿表面的面积分数分别为S_a和S_c，总面积为

$$S = (S_a + S_c)S \tag{8.268}$$

过程达到稳态，有

$$\varphi_a = \varphi_c = \varphi_M$$

以及

$$i_a = i_c$$

所以

$$i_a S_a S = i_c S_c S \tag{8.269}$$

将式（8.258）和式（8.267）代入式（8.269），得混合电势为

$$\varphi_M = \frac{RT}{nF} \ln \frac{A_c c_{Fe^{3+}}(k_1 + k_2 K_1 c_{Cl^-} + k_3 K_2 c_{Cl^-}^2 + k_4 K_3 c_{Cl^-}^3)}{S_a k_a} \tag{8.270}$$

过程达到稳态菱铜矿浸出反应速率为

$$j = \frac{k_a S_a S}{nF} \exp\left(\frac{\alpha nF\varphi_M}{RT}\right) \tag{8.271}$$

如果$\alpha = \frac{1}{2}$，将式（8.270）代入式（8.262），得

$$j = \frac{k_a^{\frac{1}{2}}(S_a S_c)^{\frac{1}{2}} S c_{Fe^{3+}}^{\frac{1}{2}}}{nF} (k_1 + k_2 K_1 c_{Cl^-} + k_3 K_2 c_{Cl^-}^2 + k_4 K_3 c_{Cl^-}^3)^{\frac{1}{2}} \tag{8.272}$$

溶液中三价铁的总浓度为

$$c_{Fe(Ⅲ)} = c_{Fe^{3+}} + c_{FeCl^{2+}} + c_{FeCl_2^+} + c_{FeCl_3} \tag{8.273}$$

由式（8.264）~式（8.266）和式（8.273）得

$$c_{Fe^{3+}} = c_{Fe(Ⅲ)}(1 + K_1 c_{Cl^-} + K_2 c_{Cl^-}^2 + K_2 c_{Cl^-}^2)^{-1} \tag{8.274}$$

将式（8.274）代入式（8.272），得

$$j = \frac{k_a^{\frac{1}{2}}(S_a S_c)^{\frac{1}{2}} S c_{Fe(III)}^{\frac{1}{2}}}{nF}\left(\frac{k_1 + k_2K_1c_{Cl^-} + k_3K_2c_{Cl^-}^2 + k_4K_3c_{Cl^-}^2}{1 + K_1c_{Cl^-} + K_2c_{Cl^-}^2 + K_3c_{Cl^-}^3}\right)^{\frac{1}{2}} = k_s S \tag{8.275}$$

式中

$$k_s = \frac{k_a^{\frac{1}{2}}(S_a S_c)^{\frac{1}{2}} c_{Fe(III)}^{\frac{1}{2}}}{nF}\left(\frac{k_1 + k_2K_1c_{Cl^-} + k_3K_2c_{Cl^-}^2 + k_4K_3c_{Cl^-}^2}{1 + K_1c_{Cl^-} + K_2c_{Cl^-}^2 + K_3c_{Cl^-}^3}\right)^{\frac{1}{2}} \tag{8.276}$$

为硫化矿单位表面积的反应速率。

如果硫化矿为球形颗粒，初始半径为 r_0，密度为 ρ，则浸出率 α_l 与浸出时间 t 的关系为

$$1 - (1 - \alpha_l)^{\frac{1}{3}} = \frac{k_s}{r_0\rho}t \tag{8.277}$$

以 $1 - (1 - \alpha_l)^{\frac{1}{3}}$ 为纵坐标，t 为横坐标，作图得一直线。直线斜率为 $\frac{k_s}{r_0\rho}$，结果与实验值相符。

如果硫化矿酸性浸出有氧气参与，其反应动力学仍然符合电化学机理，浸出速率还与氧分压有关。

8.3.2.2　吸附配合物机理

在有氧气的情况下，硫化铅的碱浸出反应为

$$PbS + 2O_2 + 3OH^- = HPbO_2^- + SO_4^{2-} + H_2O$$

该反应由三个步骤组成：

（1）氧气在硫化铅固体表面的吸附，硫化铅溶解进入溶液。有

$$PbS + \frac{1}{2}O_2 \longrightarrow \begin{array}{c} O \\ / \quad \backslash \\ P - S \end{array}$$

（2）吸附的氧原子发生水化作用

$$\begin{array}{c} O \\ / \quad \backslash \\ P - S \end{array} \longrightarrow 活性配合物 \longrightarrow \begin{array}{cc} OH & OH \\ | & | \\ Pb & - \; S \end{array}$$

（3）反应完成

$$\begin{array}{cc} OH & OH \\ | & | \\ Pb & - \; S \end{array} + \frac{3}{2}O_2 + 3OH^- = HPbO_2^- + SO_3^{2-} + 2H_2O$$

8.3.2.3　生成中间产物硫化氢的机理

用硫酸浸出硫化亚铁，反应的中间产物为硫化氢。反应过程可以表示为

$$FeS + H_2SO_4 = FeSO_4 + H_2S$$

$$H_2S + O_2 = 2H_2O + 2S\downarrow$$

在氧化气氛下生成的 $FeSO_4$ 不稳定，被氧化成三价铁

$$4FeSO_4 + O_2 + 2H_2SO_4 = 2Fe_2(SO_4)_3 + 2H_2O$$

在较高的温度和合适的 pH 值时，硫酸铁水解成赤铁矿，有

$$Fe_2(SO_4)_3 + 3H_2O = Fe_2O_3\downarrow + 3H_2SO_4$$

8.3.2.4　中间产物为氧化物和单质硫

在浸出硫化铜的过程中，先生成氧化铜和单质硫

$$2CuS+O_2 \xlongequal{} 2CuO+2S$$

在酸性浸出液中，氧化铜溶解浸出液，单质硫不反应，有

$$CuO+2H^+ \xlongequal{} Cu^{2+}+H_2O$$

在中性浸出液中，单质硫被氧化成硫酸

$$2S+3O_2+2H_2O \xlongequal{} 2H_2SO_4$$

硫酸与氧化铜反应，生成硫酸铜

$$CuO+H_2SO_4 \xlongequal{} CuSO_4+H_2O$$

在氨浸出液中，单质硫氧化成硫酸，氧化铜与氨形成配合离子，有

$$2S+3O_2+2H_2O \xlongequal{} 2H_2SO_4$$

$$CuO+8NH_3 \cdot H_2O+H_2SO_4 \xlongequal{} Cu(NH_3)_6^{2+}+(NH_4)_2SO_4^{2-}+8H_2O$$

8.3.2.5 中间产物为氧化物和二氧化硫

浸出硫化锌，先生成氧化锌和二氧化硫，有

$$2ZnS+3O_2 \xlongequal{} 2ZnO+2SO_2$$

在酸性浸出液中，反应为

$$ZnO+2H^+ \xlongequal{} Zn^{2+}+H_2O$$

$$2SO_2+O_2+2H_2O \xlongequal{} 2H_2SO_4$$

在中性浸出液中，反应为

$$ZnO+SO_2 \xlongequal{} ZnSO_3$$

$$2ZnSO_3+O_2 \xlongequal{} 2ZnSO_4$$

在氨浸出液中，反应为

$$SO_2+2NH_3 \cdot H_2O \xlongequal{} (NH_4)_2SO_3+H_2O$$

$$2(NH_4)_2SO_3+O_2 \xlongequal{} 2(NH_4)_2SO_4$$

$$ZnO+(NH_4)_2SO_4+2NH_3 \cdot H_2O \xlongequal{} Zn(NH_3)_4SO_4+3H_2O$$

8.3.3 氧化矿的浸出

氧化矿浸出过程大多数不涉及电化学反应，可以用前面的液-固反应动力学公式处理。但也有少数氧化矿浸出过程涉及电化学机理，例如在氧气存在的情况下，用硫酸浸出UO_2，就是电化学反应，有

$$2UO_2+O_2+2H_2SO_4 \xlongequal{} 2UO_2SO_4+2H_2O$$

铀由二价被氧化成四价。反应速率类似于金属的电化学溶解，与硫酸浓度和氧分压有关。

8.3.4 金属的浸出

在自然界中，有以单质形式存在的金、银、铜等金属。它们的浸出是金属与浸出液的反应。例如，金与氰化物的浸出反应为

$$2Au+4CN^-+O_2+2H_2O \xlongequal{} 2[Au(CN)_2]^-+2OH^-+2H_2O$$

在金矿的表面，有一部分为阳极、一部分为阴极。电极反应为

阳极反应 $$Au+4CN^- \xlongequal{} Au(CN)_2^-+e$$

阴极反应 $O_2+2H_2O+2e = 2OH^-+H_2O_2$

金在氰化物溶液中的浸出过程受扩散控制。溶解的氧浓度高时，反应的控制步骤为溶解的氧通过液体边界层向阳极区的扩散控制。反应速率与氧气分压和氰化物的浓度有关，而且相应于确定的氧分压，氰化物浓度有一临界值。氰化物浓度低于此临界值，金的浸出速率与氰化物浓度成正比，主要由阳极反应决定。

氰化物浓度高于临界值，金的浸出速率与氰化物的浓度有关，而与氧分压成正比，主要由阴极反应决定。

用氰化物浸出金的阳极反应速率为

$$-\frac{dc_{CN^-}}{dt}=\frac{D_{CN^-}}{\delta_{CN^-}}S_a(c_{CN^-,b}-c_{CN^-,i}) \tag{8.278}$$

阴极反应速率为

$$-\frac{dc_{O_2}}{dt}=\frac{D_{O_2}}{\delta_{O_2}}S_c(c_{O_2,b}-c_{O_2,i}) \tag{8.279}$$

式中，D_{CN^-} 和 D_{O_2} 分别为 CN^- 和 O_2 的扩散系数；δ_{CN^-} 和 δ_{O_2} 分别为 CN^- 和 O_2 的扩散边界层厚度；$c_{CN^-,b}$ 和 $c_{O_2,b}$ 分别为 CN^- 和 O_2 在浸出液本体中的浓度；$c_{CN^-,i}$ 和 $c_{O_2,i}$ 分别为金与浸出液界面 CN^- 和 O_2 的浓度。

由于金的溶解速率很快，可以认为 CN^- 在界面的浓度为零，式（8.278）简化为

$$-\frac{dc_{CN^-}}{dt}=\frac{D_{CN^-}}{\delta_{CN^-}}S_a c_{CN^-,b} \tag{8.280}$$

根据化学计算关系，有

$$\frac{dc_{CN^-}}{4dt}=\frac{dc_{O_2}}{dt} \tag{8.281}$$

浸出过程达到稳态，有

$$\frac{D_{CN^-}}{4\delta_{CN^-}}S_a c_{CN^-}=\frac{D_{O_2}}{\delta_{O_2}}S_c(c_{O_2,b}-c_{O_2,i}) \tag{8.282}$$

解得阴极表面氧的浓度为

$$c_{O_2,i}=\frac{\delta_{O_2}}{4D_{O_2}S_c}\left(\frac{4D_{O_2}S_c}{\delta_{O_2}}c_{O_2,b}-\frac{D_{CN^-}S_a}{\delta_{CN^-}}c_{CN^-}\right) \tag{8.283}$$

从式（8.280）和式（8.283）可见，如果浸出液中氧的浓度一定，金的浸出速率随着氰化物浓度的增加而增加，氧在阴极表面的浓度则随着氰化物浓度的增加而减少。如果溶液中 CN^- 和 O_2 的浓度满足下式

$$\frac{4D_{O_2}S_c}{\delta_{O_2}}c_{O_2}=\frac{D_{CN^-}S_a}{\delta_{CN^-}}c_{CN^-} \tag{8.284}$$

即 CN^- 和 O_2 在界面的浓度 $c_{CN^-,i}$ 和 $c_{O_2,i}$ 都为零，金的浸出速率达到最大值。这时保持氧的浓度 c_{O_2} 不变，增加氰化物的浓度 c_{CN^-}，或保持氰化物的浓度 c_{CN^-} 不变，增加氧的浓度 c_{O_2}，都不能进一步提高金的浸出速率。因此，要得到金的最大浸出速率，必须按式（8.284）控制氰化物和氧的浓度关系。

单质银、铜等金属氧化浸出，其浸出过程和浸出机理与金相似。

8.4 置换反应动力学

用电势序高的金属还原电势序低的金属的离子成为金属，称做置换反应。电势序高的金属为还原剂，电势低的金属的离子为氧化剂。这种方法常用于从溶液中提取金属和溶液的净化。例如，用铁置换硫酸铜溶液中的铜离子制备金属铜；用锌置换硫酸锌溶液中的杂质铁离子，净化硫酸锌溶液。

8.4.1 置换反应的机理

置换反应是氧化还原反应。用 M_1 表示电势序高的金属，用 M_2 表示电势序低的金属。有

阳极反应 $$M_1 = M_1^{n+} + ne$$

阴极反应 $$M_2^{n+} + ne = M_2$$

总反应为 $$M_1 + M_2^{n+} = M_1^{n+} + M_2$$

把电势序高的金属 M_1 加入含有电势序低的金属的离子 M_2^{n+} 的溶液中，发生化学反应。M_1 被氧化，失去电子成为 M_1^{n+}，进入溶液成为溶质；M_2^{n+} 被还原，得到电子成为金属 M_2，沉积在 M_1 的表面，成为电化学反应的阴极。在阴极表面进行 M_2^{n+} 的还原反应，得到金属 M_2，沉积在阴极表面。未被覆盖的 M_1 的表面成为电化学反应的阳极，在阳极表面进行 M_1 的氧化反应，得到离子 M_1^{n+}，溶入溶液。

8.4.2 置换反应步骤

置换过程由两个步骤组成：

（1）金属离子的扩散。这里包括两种金属离子 M_1^{n+} 和 M_2^{n+}：M_1^{n+} 从阳极表面经过双电层和边界层的扩散，M_2^{n+} 从溶液本体穿过边界层和双电层到达阴极表面的扩散。

（2）电化学反应。M_1 在阳极失去电子成为离子 M_1^{n+} 进入溶液；M_2^{n+} 在阴极得到电子成为金属原子 M_2 沉积在阴极表面。

置换过程的控制步骤可以是步骤（1），也可以是步骤（2），或者是由步骤（1）和（2）共同控制。

8.4.3 置换反应速率

置换过程的速率方程有些是一级反应，即

$$-\frac{dc_{M_2^{n+}}}{dt} = k\frac{S}{V}c_{M_2^{n+}} \tag{8.285}$$

要进一步确定过程控制步骤是电化学反应还是传质可以比较反应活化能。

置换过程的速率方程也有二级反应，即

$$-\frac{dc_{M_2^{n+}}}{dt} = k\frac{S}{V}c_{M_2^{n+}}^2 \tag{8.286}$$

8.5 从溶液中析出晶体

在材料制备和使用过程中，有很多涉及从液相中析出固相的变化，例如水溶液的沉淀和结晶，合金的凝固等。

8.5.1 过饱和溶液的稳定性

过饱和溶液是一种热力学的介稳状态。体系处于这种介稳状态的时间长短，取决于溶液的组成、结构和性质。过饱和溶液的稳定性采用极限过饱和度或极限浓度的概念描述。溶液达到极限过饱和时，就自然结晶。图 8.2 是溶液的浓度-温度关系状态图。*a*、*c* 两条曲线将平面划分为三个区域。其中 *L* 区为未饱和溶液稳定区，该区的溶液是稳定的。*S* 区为溶液的不稳定区，处于该区状态的溶液立刻析出溶质晶体，曲线 *a* 为溶解度曲线，曲线 *b* 和 *c* 分别为第一和第二介稳界限，曲线 *c* 是极限浓度曲线。曲线 *a* 和曲线 *c* 之间是介稳区。该区又可分为曲线 *a* 和 *b* 之间的 M_1 区以及曲线 *b* 和曲线 *c* 之间的 M_2 区。M_1 区的过饱和溶液不能自发均匀成核。M_2 区的过饱和溶液可以自发均匀成核，但要经过一段时间才能发生。

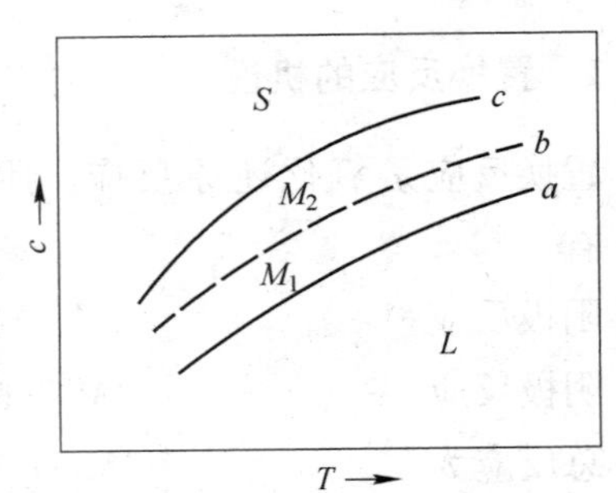

L 稳定区　*S* 不稳定区
a—溶解度曲线；*b*, *c*—第一和第二介稳度界限

图 8.2　溶液的浓度性与温度的关系

溶液的极限浓度的大小与溶质和溶剂的化学组成、结构、温度、溶液的数量以及杂质、搅拌强度、反应器和搅拌器的材料等因素有关，目前对这些影响因素还不能做定量的理论计算。

8.5.2 晶核形成

溶液中溶质晶核的形成有两种机理：均匀形核与非均匀形核。均匀形核是均相体系中自发产生晶核。非均匀形核是在体系中的异相成为结晶中心，结晶物质在结晶中心表面成核。结晶中心可以是固态杂质、容器壁等，也可以是先期形成的晶核，许多情况是均匀和非均匀形核同时进行。

在溶液中，随着过饱和度的增加，出现具有一定结构和尺寸的微粒，即晶核。晶核是由缔合物合并逐渐形成的。缔合物由数量不同的离子、原子或分子组。随着溶液浓度的增大，溶质的缔合物逐渐长大；溶液达到过饱和及过饱和度增大，缔合物进一步长大到临界尺寸，形成新相微粒——晶核，从溶液中析出。

形核过程可以表示为

$$(\mathrm{B})_{过饱'} =\!=\!= \mathrm{B}(晶核)$$

随着晶核的形成，溶液中组元 B 的过饱和度变小，直到晶核 B 与溶液达成平衡，有

$$(\mathrm{B})_{过饱'} \rightleftharpoons \mathrm{B}(晶核)$$

由于晶核的粒径小，比表面积大，晶核的溶解度比同种物质晶体的溶解度大。因此，与晶核平衡的溶液中组元 B 仍然是过饱和的，但比形成晶核的过饱和浓度小。此浓度的过

饱和溶液中的组元 B 不再析出晶核，但晶核可以长大成晶体。

$$(B)_{过饱'} = B(晶体)$$

以晶体为标准状态，浓度以摩尔分数表示，形成晶核过程的摩尔吉布斯自由能变化为

$$\Delta G_{m,B(晶核)} = \mu_{B(晶核)} - \mu_{(B)_{过饱}} = RT\ln\frac{a_{(B)_{过饱'}}}{a_{(B)_{过饱}}} = RT\ln\frac{\gamma'_B c_{(B)_{过饱'}}}{\gamma_B c_{(B)_{过饱}}} \tag{8.287}$$

式中

$$\mu_{B(晶核)} = \mu_{(B)_{过饱'}} = \mu^*_{B(晶体)} + RT\ln a_{(B)_{过饱'}} = \mu^*_{B(晶体)} + RT\ln(\gamma_B c_{(B)_{过饱'}}) \tag{8.288}$$

$$\mu_{(B)_{过饱}} = \mu^*_{B(晶体)} + RT\ln a_{(B)_{过饱}} = \mu^*_{B(晶体)} + RT\ln(\gamma_B c_{(B)_{过饱}}) \tag{8.289}$$

若 $c_{(B)_{过饱'}}$ 和 $c_{(B)_{过饱}}$ 相差不大，则可认为活度系数 γ'_B 和 γ_B 相等，所以

$$\Delta G_{m,B(晶核)} = RT\ln\frac{c_{(B)_{过饱'}}}{c_{(B)_{过饱}}} \tag{8.290}$$

均匀形核的速率与晶核出现的概率成正比，而概率的大小与产生晶核所消耗的功有关。其关系式为

$$\frac{dN}{dt} = k_N\exp\left(-\frac{\Delta G_{max}}{k_B T}\right) \tag{8.291}$$

式中，ΔG_{max} 为最大形核功。

8.5.3 晶体的长大

在形核的同时，晶核也在长大成为晶体。晶体长大所需要的溶液最小过饱和度比形核最小过饱和度小。形成晶体的过程可以表示为

$$(B)_{过饱} = B(晶体)$$

摩尔吉布斯自由能变化为

$$\Delta G_{m,B(晶体)} = \mu_{B(晶体)} - \mu_{(B)_{过饱}} = RT\ln\frac{a_{B(晶体)}}{a_{(B)_{过饱}}} \tag{8.292}$$

式中

$$\mu_{B(晶体)} = \mu^*_{B(晶体)} + RT\ln a_{B(晶体)} \tag{8.293}$$

$$\mu_{(B)_{过饱}} = \mu^*_{B(晶体)} + RT\ln a_{(B)_{过饱}} \tag{8.294}$$

达到平衡时，溶液与晶体达成平衡，有

$$(B)_{饱和} \rightleftharpoons B(晶体)$$

摩尔吉布斯自由能变化为

$$\Delta G_{m,B(晶体)} = \mu_{B(晶体)} - \mu_{(B)_{饱和}} \tag{8.295}$$

溶液和晶体都以纯晶体 B 为标准状态，浓度以摩尔分数表示，有

$$\mu_{B(晶体)} = \mu^*_{B(晶体)} \tag{8.296}$$

$$\mu_{(B)_{饱和}} = \mu^*_{B(晶体)} + RT\ln a^R_{(B)_{饱和}} \tag{8.297}$$

把式（8.296）和式（8.297）代入式（8.295），得

$$\Delta G_{m,B(晶体)} = 0 \tag{8.298}$$

对于有大量晶体析出的溶液，溶液浓度变化与时间的关系如图 8.3 所示。其中曲线 1 可分为 ab、bc 和 cd 三段：ab 段为晶核形成到长成临界尺寸的阶段，称为结晶感应期；bc

段是临界尺寸的晶核继续长大并伴有新晶核继续产生的阶段，称为晶体生长期；ab 段的长短与过饱和溶液的稳定性和晶核形成的速率有关。一般说来，过饱和度越小，ab 段就越长；过饱和度越大，ab 段就越短。过饱和度达到极限浓度浓度，可以没有感应期。cd 段是结晶过程的最后阶段。在此阶段有小晶粒溶解，大晶体的长大，晶粒的合并，晶体结构的调整、完善。因此，晶体粒度的构成发生变化，杂质在溶液和晶体中的分配也趋于平衡。

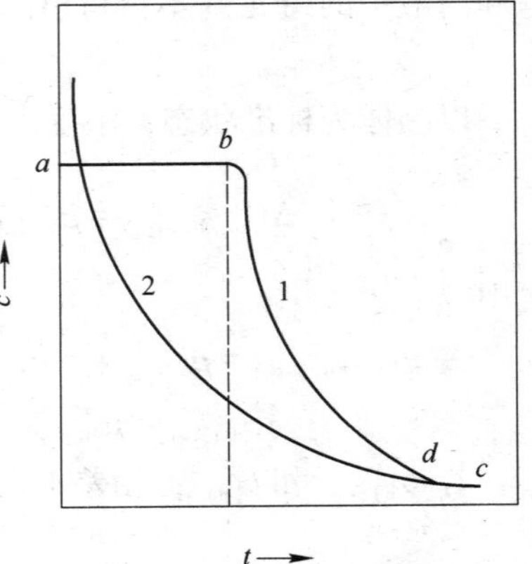

图 8.3 大量晶体析出的速度曲线

结晶速率方程为

$$-\frac{\mathrm{d}c_B}{\mathrm{d}t}=\frac{k\alpha^n S}{V} \tag{8.299}$$

式中，c_B为溶液中结晶组元 B 的浓度；$\alpha = c_{(B)过饱} - c_{(B)饱和}$ 为绝对过饱和度；n 为结晶级数，通常取 1 或 2；S 为晶体的表面积；V 为溶液的体积；k 为比例常数。

8.6 金属的熔化

8.6.1 纯物质的熔化速率

物质从固态变为液态的过程叫熔（融）化。在一定压力下，对于纯固体物质，将其加热到其熔点，并不断向其提供热量，固体物质就不断熔化，转变为液态。固体在熔点熔化不断吸热，但温度保持不变。纯固体物质的熔化速率由向其传热的速率决定。设纯物质浸没在该物质的液体里，熔化速率为

$$-\frac{\mathrm{d}N}{\mathrm{d}t}=\frac{\lambda(T_L-T_m)}{\tilde{L}+(T_L-T_m)\tilde{c}_p} \tag{8.300}$$

式中，N 为纯物质的摩尔数；λ 为该液态物质的传热系数；T_L为液体的温度；T_m为物质的熔点；$\tilde{L}$ 为纯物质的摩尔熔化潜热；$\tilde{c}_p$ 为该液态物质摩尔热容。

以质量表示熔化速率为

$$-\frac{\mathrm{d}W}{\mathrm{d}t}=\frac{\lambda(T_L-T_m)}{L+(T_L-T_m)c_p} \tag{8.301}$$

式中，W 为纯物质的质量；λ 为导热系数；L 为纯物质的质量熔化潜热；c_p 为该液态物质的质量热容。

$$T_L > T_m$$

如果液体的温度恒定，式（8.300）、式（8.301）可以写做

$$-\frac{\mathrm{d}N}{\mathrm{d}t}=\Lambda_N\Delta T \tag{8.302}$$

和

$$-\frac{\mathrm{d}W}{\mathrm{d}t}=\Lambda_W\Delta T \tag{8.303}$$

式中

$$\Lambda_{\mathrm{N}} = \frac{\lambda}{\tilde{L} + (T_{\mathrm{L}} - T_{\mathrm{m}})\tilde{c}_p}$$

$$\Lambda_{\mathrm{W}} = \frac{\lambda}{L + (T_{\mathrm{L}} - T_{\mathrm{m}})c_p}$$

$$\Delta T = T_{\mathrm{L}} - T_{\mathrm{m}}$$

8.6.2 合金的熔化

图 8.4 为 A-B 二元合金相图。如图所示，二元合金 A-B 的液相线温度与其组成有关。其熔化情况与其组成有关，即与其液相线温度有关，而且还与其浸入的熔体温度和组成有关。

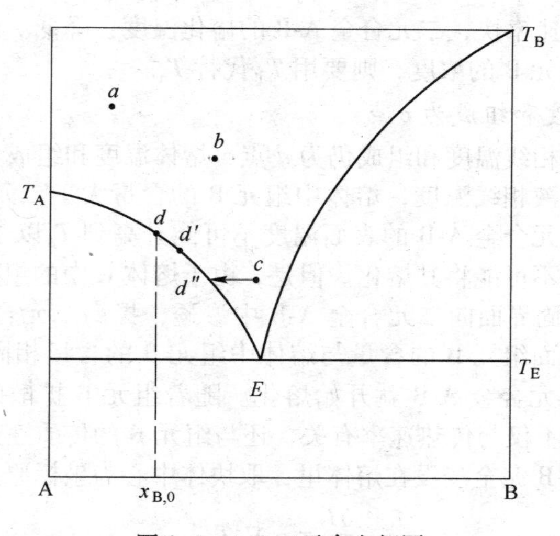

图 8.4 A-B 二元合金相图

8.6.2.1 熔体温度和组成为 a 点

二元合金 A-B 的组成为 $x_{\mathrm{B,0}}$，其液相线温度和组成为 d 点。熔体温度和组成为 a 点。浸在熔体 a 中的二元合金 A-B，其表面温度升高到 T_{d}以上，开始熔化，溶化后固液界面的组元 B 经过液体边界层向熔体本体扩散。其熔化速率可以用式（8.300）和式（8.301）表示，但式中的 T_{m}应是液相线温度 T_{d}，即二元合金 A-B 块体的表面温度，有

$$-\frac{\mathrm{d}N_{\text{A-B}}}{\mathrm{d}t} = \frac{\lambda(T_{\mathrm{L}} - T_{\mathrm{d}})}{\tilde{L}_{\text{A-B}} + (T_{\mathrm{L}} - T_{\mathrm{d}})\tilde{c}_p} \tag{8.304}$$

及

$$-\frac{\mathrm{d}W_{\text{A-B}}}{\mathrm{d}t} = \frac{\lambda_{\mathrm{w}}(T_{\mathrm{L}} - T_{\mathrm{d}})}{L_{\text{A-B}} + (T_{\mathrm{L}} - T_{\mathrm{d}})c_p} \tag{8.305}$$

精确计算时，由于组元 B 浓度大于熔体的浓度，式中分母还应当包括溶解热或冲淡热。

8.6.2.2 熔体温度和组成为 b 点

二元合金 A-B 的组成为 $x_{B,O}$，其液相线温度和组成为 d 点。熔体温度和组成为 b 点。可见，溶体温度高于二元合金 A-B 的液相线温度，熔体的组元 B 的含量大于二元合金 A-B 的组元 B 含量。浸在熔体 b 中的二元合金 A-B 在其表面温度升高到 T_d以上，开始熔化，熔体中的组元 B 会经过液相边界层向二元合金 A-B 表面扩散，提高其 B 含量，造成二元合金 A-B 的熔化温度降低。其熔化速率为

$$-\frac{dN_{A\text{-}B}}{dt}=\frac{\lambda_l(T_L-T_d)}{\tilde{L}_{A\text{-}B}+(T_L-T_d)\tilde{c}_p} \tag{8.306}$$

及

$$-\frac{dW_{A\text{-}B}}{dt}=\frac{\lambda_l(T_L-T_d)}{L_{A\text{-}B}+(T_L-T_d)c_p} \tag{8.307}$$

如果组元 B 的扩散速率快，二元合金 A-B 的熔化温度会降低。比如，二元合金表面组元 B 的浓度成为 d'点组元 B 的浓度，则要用 $T_{d'}$代替 T_d。

8.6.2.3 熔体温度和组成为 c 点

二元合金 A-B 的液相线温度和组成仍为 d 点，熔体温度和组成为 c 点。可见，熔体温度低于二元合金 A-B 的液相线温度，熔体中组元 B 的含量大于二元合金 A-B 的组元 B 含量。浸在熔体 C 中的二元合金 A-B 的表面温度不可能升高到 T_d以上。单靠熔体 C 向二元合金 A-B 表面传热已经不可能将其熔化。但是，由于熔体 C 中的组元 B 会向二元合金 A-B 的表面扩散，并通过液固界面向二元合金 A-B 中渗透，提高二元合金 A-B 中组元 B 的浓度。当二元合金 A-B 表面组元 B 的含量与熔体中组元 B 的含量相同时，二元合金 A-B 的液相线温度降至 T_d，二元合金 A-B 就开始熔化。随着组元 B 扩散的进行，二元合金 A-B 不断熔化。其熔化速率不仅与传热速率有关，还与组元 B 的传质速率有关。

设块状二元合金 A-B 完全浸没在熔体里，取块体中心为坐标原点，热传导方程为

$$\frac{\partial T}{\partial t}=\alpha\nabla^2T \tag{8.308}$$

式中，T 为温度；$\alpha=\frac{\lambda}{\rho c_p}$ 为导温系数或热扩散系数；ρ 为二元合金的密度。边界条件为

$$\lambda_s(T_L-T_s)=\lambda_l\left(\frac{\partial T}{\partial x}\right)_s+\tilde{\rho}_{A\text{-}B}\tilde{L}_{A\text{-}B}\tilde{J}_{A\text{-}B,x} \tag{8.309}$$

$$\lambda_s(T_L-T_s)=\lambda_l\left(\frac{\partial T}{\partial y}\right)_s+\tilde{\rho}_{A\text{-}B}\tilde{L}_{A\text{-}B}\tilde{J}_{A\text{-}B,y} \tag{8.310}$$

$$\lambda_s(T_L-T_s)=\lambda_l\left(\frac{\partial T}{\partial z}\right)_s+\tilde{\rho}_{A\text{-}B}\tilde{L}_{A\text{-}B}\tilde{J}_{A\text{-}B,z} \tag{8.311}$$

式中，λ_s为二元合金 A-B 的导热系数；λ_l为熔体的导热系数；$\tilde{\rho}_{A\text{-}B}$ 为二元合金 A-B 的体积摩尔密度；$\tilde{L}_{A\text{-}B}$ 为二元合金 A-B 的摩尔熔化潜热；$\tilde{J}_{A\text{-}B,x}$，$\tilde{J}_{A\text{-}B,y}$，$\tilde{J}_{A\text{-}B,z}$ 分别为二元合金 A-B 在 x、y、z 方向的熔化速率，单位为 mol/s；二元合金 A-B 的摩尔数为按成分计算的平均值；T_L为熔体温度；T_s为二元合金 A-B 的液相线温度，即表面熔化温度；下角标 s 表示二元合金 A-B 的固体表面。

如果用质量表示，则有

$$\lambda_s(T_L - T_s) = \lambda_l\left(\frac{\partial T}{\partial x}\right)_s + \rho_{A\text{-}B}L_{A\text{-}B}J_{A\text{-}B,z} \tag{8.312}$$

$$\lambda_s(T_L - T_s) = \lambda_l\left(\frac{\partial T}{\partial y}\right)_s + \rho_{A\text{-}B}L_{A\text{-}B}J_{A\text{-}B,z} \tag{8.313}$$

$$\lambda_s(T_L - T_s) = \lambda_l\left(\frac{\partial T}{\partial z}\right)_s + \rho_{A\text{-}B}L_{A\text{-}B}J_{A\text{-}B,z} \tag{8.314}$$

式中，$\rho_{A\text{-}B}$、$L_{A\text{-}B}$、$J_{A\text{-}B,x}$、$J_{A\text{-}B,y}$、$J_{A\text{-}B,z}$ 为单位质量的量。

由熔体本体向二元合金 A-B 表面迁移的组元 B 的量等于二元合金 A-B 熔化进入熔体的量，有

$$k_{l,B}(c_{L,B} - c_{s,B}) = J_{A\text{-}B}(c_{s,B} - c_{B,0}) \tag{8.315}$$

式中，$k_{l,B}$ 为组元 B 在熔体中的传质系数。这里认为在 x、y、z 三个方向迁移的量相等。

求解上面方程得解析解很困难，通常给出数值解。

选择固液界面为坐标原点，x 轴固相一侧的扩散方程为

$$\frac{\partial c}{\partial t} = D_S\frac{\partial^2 c}{\partial x^2} + J\frac{\partial c}{\partial x} \quad (x > 0) \tag{8.316}$$

x 轴液相一侧的扩散方程为

$$\frac{\partial c}{\partial t} = D_L\frac{\partial^2 c}{\partial x^2} + J\frac{\partial c}{\partial y} \quad (x < 0) \tag{8.317}$$

式中，D_S为组元 B 在固相的扩散系数；D_L为组元 B 在液相的扩散系数。在熔化过程达到稳定时，即

$$\frac{\partial c}{\partial t} = 0 \tag{8.318}$$

方程（8.316）和方程（8.317）的解分别为

$$c = c_i + (c_S - c_i)\exp\left(-\frac{J_x}{D_S}\right) \quad (x > 0) \tag{8.319}$$

$$c = c_L + (c_0 - c_L)\frac{1 - \exp\left(-\frac{J_x}{D_L}\right)}{1 - \exp\left(-\frac{J_\delta}{D_L}\right)} \quad (x < 0) \tag{8.320}$$

利用物质流的连续性方程，求得熔化速率为

$$J = -\frac{D_L}{\delta}\ln\left(1 + \frac{c_L - c_0}{c_i - c_S}\right) = k\ln\left(1 + \frac{c_L - c_0}{c_i - c_S}\right) \tag{8.321}$$

其中

$$k = -\frac{D_L}{\delta} \tag{8.322}$$

式中，δ 为液相边界层厚度，这里取温度边界层和浓度边界层厚度相等。图 8.5 中 x_1 为二元合金 A-B 单位时间熔化的厚度。

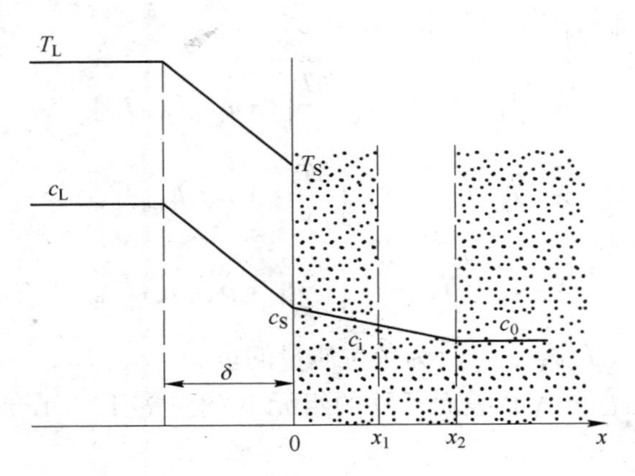

图 8.5 合金熔化的温度和浓度分布

8.7 液态金属的凝固

8.7.1 液态纯金属的凝固

物质从液态变成固态的过程叫凝固。在一定条件下，纯物质有固定的熔点。凝固是放热过程，放出的热量与物质凝固的数量成正比。因此，可以用放出热量的速率来确定凝固的速率。

在下面的讨论中，忽略对流传热和辐射传热，只考虑传导传热。凝固过程的放热可用热传导方程描述，即

$$\rho c_p \frac{\partial T}{\partial t} = k \nabla^2 T \tag{8.323}$$

式中，ρ 为锭模的密度；c_p为锭模的比热容；k 为锭模的导热系数；T 为锭模的温度。

在给定的边界条件下，解微分方程（8.323）可得到任意时刻锭模的温度分布，从而得到进入锭模的热量和液体的凝固量。

直接解微分方程（8.323）很麻烦。下面仅就一些特定条件解热传导方程（8.323）。

设锭模为平板状，液体的温度为其熔点 T_m，从液体向锭模传递的热量等于液体的凝固热。凝固后的固体导热性良好，没有温度梯度。温度梯度只存在于锭模。为简化处理，只解一维微分方程。如图 8.6 所示，T_0是锭模外表面的温度，看做常数；T_s为锭模和金属间界面温度，等于金属的熔点。在这些条件下，锭模传热相当于半无限体的一维热传导，微分方程简化为

$$\frac{\partial T}{\partial t} = \alpha \frac{\partial^2 T}{\partial x^2} \tag{8.324}$$

其中

$$\alpha = \frac{k}{\rho c_p}$$

为热扩散系数。

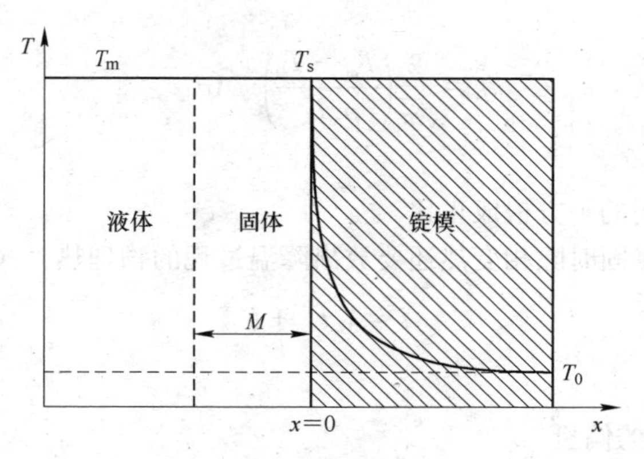

图 8.6 凝固模型示意图

方程（8.324）的初始条件为

$$t = 0,\ x = 0;\ T(0,\ 0) = T_0$$

边界条件为

$$x = 0,\ T(0,\ t) = T_m$$
$$x = \infty,\ T(\infty,\ t) = T_0$$

方程（8.324）的解为

$$\frac{T - T_m}{T_0 - T_m} = (\alpha\pi t)^{\frac{1}{2}} \int_0^\eta e^{-u^2} du = \operatorname{erf}\left(\frac{x}{2\sqrt{\alpha\pi}}\right) = \operatorname{erf}\eta \tag{8.325}$$

其中

$$\eta = \frac{x}{2\sqrt{\alpha\pi}}$$

流入锭模的热量为

$$q\big|_{x=0} = -\lambda \left.\frac{\partial T}{\partial x}\right|_{x=0} = \sqrt{\frac{\lambda\rho c_p}{\pi t}}(T_m - T_0) \tag{8.326}$$

式中，乘积 $\lambda\rho c_p$ 为热扩散系数，表示在对一定传热速率的吸热能力。

单位面积液体凝固放出的热量为

$$q' = \rho_m L_m \frac{dl}{dt} \tag{8.327}$$

式中，ρ_m为正在凝固的物质的密度；L_m为熔化潜热；l 为凝固层厚度。

凝固时放出的热量等于流入锭模的热量，有

$$q\big|_{x=0} = q'$$

即

$$\frac{dl}{dt} = \frac{(T_m - T_0)\sqrt{\lambda\rho_m c_p}}{\rho_m L_m \sqrt{\pi t}} \tag{8.328}$$

从 0 到 t 积分式（8.328），得

$$l = \frac{2}{\sqrt{\pi}}\left(\frac{T_m - T_0}{\rho_m L_m}\right)\sqrt{\lambda\rho_m c_p} = k_{ls} t^{\frac{1}{2}} \tag{8.329}$$

式中

$$k_{l_s} = \frac{2}{\sqrt{\pi}}\left(\frac{T_m - T_0}{\rho_m L_m}\right)\sqrt{\lambda\rho_m c_p} \tag{8.330}$$

称为凝固系数。

凝固层厚度和时间的平方根成正比。

如果液体过热，凝固时除相变热还要放出降温过程的物理热，式（8.329）可改写为

$$l = k_{l_s} t^{\frac{1}{2}} + b \tag{8.331}$$

式中，b 为校正常数。

8.7.2 液态合金凝固的偏析

固溶体合金凝固过程在一个温度范围内完成。在凝固过程中，形成固溶体和液体的成分不同，固体或液体的成分随着温度的降低不断地变化。由于固态物质扩散慢，溶质在凝固过程重新分配。这种现象叫做偏析。偏析的大小与溶质在液固相中的分配有关，而溶质的分配系数与凝固速率有关。

8.7.2.1 溶质的分配系数

质量分数为 w_0 的二元液态合金在温度 T_1 开始凝固，在温度 T_3 凝固结束。在温度 T_0 ~ T_2 范围内液固两相平衡共存。在此期间，对于确定的温度，溶质在两相中的成分之比为常数。该常数即为平衡分配系数，可以表示为

$$K = \frac{w_{B,S}}{w_{B,L}}$$

式中，$w_{B,S}$ 和 $w_{B,L}$ 分别为溶质在固相和液相中的质量分数。

K 的取值可以大于 1 也可以小于 1。

图 8.7 中的（a）和（b）分别表示 $K<1$ 和 $K>1$ 的二元相图。对于 $K<1$ 的合金，K 值越小，固相线和液相线之间的展开程度越大，溶质偏析程度越大；对于 $K>1$ 的合金，K 值越大，固相线和液相线展开的程度越大，溶质偏析程度也越大。

如果合金的固相线和液相线都为直线，则 K 值与温度无关。如果不是直线，K 值随温度变化。如果 K 值变化不大，也可将其当做常数。

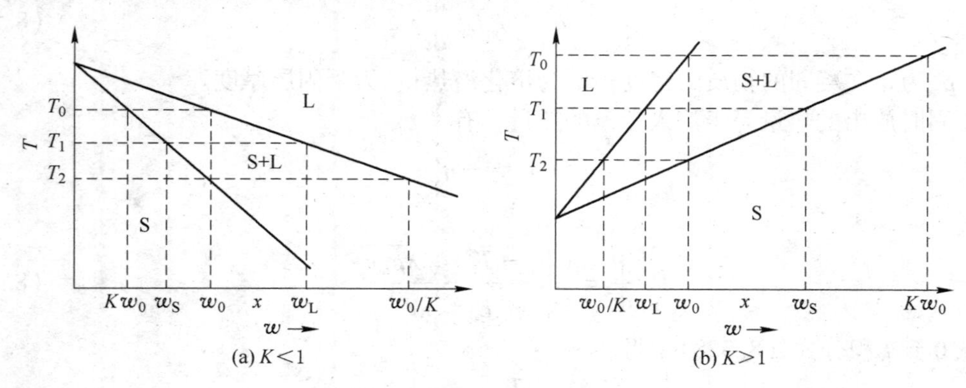

图 8.7 两类二元合金相图

合金在平衡状态凝固，由于有充足的扩散时间，液固两相都是均匀的平衡成分，两相的数量符合杠杆规则。实际的凝固过程没有充足的扩散时间，液固两线并没有达到平衡，存在成分偏析，杠杆定则不再适用。

8.7.2.2　非平衡凝固的固相中溶质的分布

如图 8.7 所示，一棒状合金向左向右逐渐凝固。在凝固过程中，通过搅拌液相成分保持均匀。固相中的溶质成分不均匀，浓度分布曲线如图 8.7 所示。$w_{B,0}$表示凝固前液态合金的成分，$Kw_{B,0}$表示液态合金开始凝固时对应的固态合金成分。随着凝固的进行，液相中溶质的凝固越来越多，析出的固相中溶质的浓度从 $Kw_{B,0}$逐渐增加。凝固过程结束，固相中溶质浓度分布如图 8.8 所示。由图 8.8 可见，先后凝固的合金中溶质成分不均匀，先凝固的合金中溶质浓度小，后凝固的合金中溶质浓度大。这种偏析是长距离的，与棒长相同，称为宏观偏析。这种凝固叫做标准凝固。

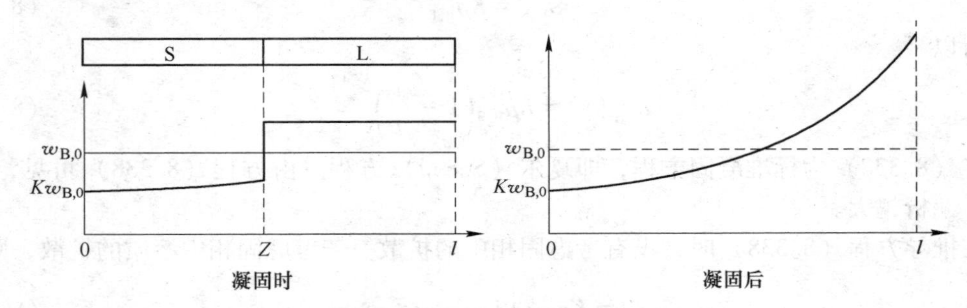

图 8.8　棒状合金凝固时和凝固后的浓度分布曲线

为推导固态合金中溶质浓度的分布规律，作如下假设：

（1）凝固过程中液态合金中溶质的成分始终保持均匀；

（2）液固相界面为平面；

（3）固体中的扩散忽略不计；

（4）分配系数 K 为常数；

（5）液固态合金密度近似相等，$\rho_S=\rho_L$。

棒长为 l，截面积为 S 的二元合金，在某一时刻已凝固的长度为 x。液态合金中溶质的体积质量浓度为 $\rho_{B,L}$（$\rho_{B,L}=w_{B,L}\rho_L$），此时刻有 dx 段液态合金凝固。凝固前，这段液态合金中溶质的量为

$$\mathrm{d}W_{B,L}=\rho_{B,L}S\mathrm{d}x \tag{8.332}$$

凝固后，这段合金中的部分溶质进入固相，其余部分留在液相，有

$$\mathrm{d}W_{B,L}=\rho_{B,S}S\mathrm{d}x+\mathrm{d}\rho_{B,L}S(l-x-\mathrm{d}x) \tag{8.333}$$

式中

$$\mathrm{d}\rho_{B,L}=\frac{(\rho_{B,L}-\rho_{B,S})\mathrm{d}x}{l-x-\mathrm{d}x}$$

为凝固 dx 后的液相中溶质组元 B 浓度增加的量；

$$S(\rho_{B,L}-\rho_{B,S})\mathrm{d}x=\mathrm{d}\rho_{B,L}S(l-x-\mathrm{d}x)$$

为凝固 dx 后，液相中剩下溶质 B 的量；$\rho_{B,L}$和 $\rho_{B,S}$分别为液相和固相中溶质组元的密度即

质量浓度。

$$K = \frac{w_{B,S}}{w_{B,L}} = \frac{\rho_{B,S}/\rho_S}{\rho_{B,L}/\rho_L} \approx \frac{\rho_{B,S}}{\rho_{B,L}} \tag{8.334}$$

式（8.332）、式（8.333）相等，联立积分，并利用式（8.334），有

$$\int_0^x \frac{1-K}{l-x}\mathrm{d}x = \int_{\rho_{B,0}}^{\rho_{B,L}} \frac{\mathrm{d}\rho_{B,L}}{\rho_{B,L}} \tag{8.335}$$

式中，$\rho_{B,0}$为溶质组元 B 的初始浓度，即没开始凝固时的浓度。积分得

$$\rho_{B,L}(x) = \rho_{B,0}\left(1 - \frac{x}{l}\right)^{K-1} \tag{8.336}$$

在棒的任何位置都有

$$\rho_{B,S} = K\rho_{B,L} \tag{8.337}$$

所以

$$\rho_{B,S}(x) = K\rho_{B,0}\left(1 - \frac{x}{l}\right)^{K-1} \tag{8.338}$$

式（8.338）为标准凝固方程，即夏尔（Scheil）方程。由方程（8.338）可见，K 值越小，偏析越大。

在推导方程（8.338）时，没有考虑固相中的扩散。若考虑固相中溶质的扩散，则有

$$\rho_{B,S}(x) = K\rho_{B,0}\left[1 - \frac{x}{(1+\omega K)l}\right]^{K-1} \tag{8.339}$$

式中，$\omega = \frac{D_{B,S}}{lJ}$；$J = \frac{\mathrm{d}x}{\mathrm{d}t}$；$D_{B,S}$为溶质 B 在固相中的扩散系数；$J$ 为凝固速率。

当 $\omega K \ll 1$ 时，即固相中组元 B 的扩散速率足够慢，式（8.339）成为式（8.338）。

多元合金凝固同样存在偏析，可以用类似上面的方法处理，只是更为复杂。

8.7.3 区域熔炼

从前面的讨论可知，一个成分均匀的棒状合金经熔化、凝固后，成分就不均匀了，两端的成分不同。在 20 世纪 50 年代，普凡（Pfann）根据合金成分偏析的原理，发明了区域熔炼的物质提纯工艺：采用局部加热狭长料锭形成一个狭窄的熔融区。移动加热装置，使狭窄的熔融区按一定方向沿料锭缓慢移动，利用溶质在液固相间的分配不同，在熔化和凝固过程中调控溶质的分布。加热装置从棒的一端到另一端每移动一次，溶质就重新分布，被驱赶到棒的端点。从而使基体物质—溶剂除两端外的部分纯度提高，含溶质量减少。如果溶质是杂质，基体物质就被提纯。图 8.9 给出了区域熔炼次数对杂质浓度分布的影响。图 8.10 为区域熔炼示意图。

固体物质的成分为 $w_{B,0}$，熔化区域的长度为 l，熔化区移动到 x 点，在 x—$x+l$ 段物质为液态。在向前移动 dx 长度，则 x—x+dx 段的物质成为固体，x+dx—$x+l$ 段仍为液体，$x+l$—$z+l$+dx 段固体变为液体。设 $\rho_L = \rho_S = \rho$，在移动过程中三段溶质量的变化分别为

x—x+dx 段　　$w_{B,L}\rho_L S\mathrm{d}x - w_{B,S}\rho_S S\mathrm{d}x = (w_{B,L} - w_{B,S})\rho S\mathrm{d}x$

x+dx—$x+l$+dx 段　　$S(l - \mathrm{d}x)\rho_L \mathrm{d}w_{B,L} = S(l - \mathrm{d}x)\rho \mathrm{d}w_{B,L}$

$x+l—x+l+\mathrm{d}x$ 段 $\qquad w_{\mathrm{B,0}}\rho_{\mathrm{S}}S\mathrm{d}x - w_{\mathrm{B,L}}\rho_{\mathrm{L}}S\mathrm{d}x = (w_{\mathrm{B,0}} - w_{\mathrm{B,L}})\rho S\mathrm{d}x$

根据质量守恒原理，得

$$-(w_{\mathrm{B,L}} - w_{\mathrm{B,S}})\mathrm{d}x - (l - \mathrm{d}x)\mathrm{d}w_{\mathrm{B,L}} - (w_{\mathrm{B,0}} - w_{\mathrm{B,L}})\mathrm{d}x = 0 \tag{8.340}$$

将 $K = \dfrac{w_{\mathrm{B,S}}}{w_{\mathrm{B,L}}}$ 代入式（8.340），得

$$(w_{\mathrm{B,0}} - Kw_{\mathrm{B,L}})\mathrm{d}x = l\mathrm{d}w_{\mathrm{B,L}} \tag{8.341}$$

积分式（8.341），得

$$w_{\mathrm{B,S}}(x) = w_{\mathrm{B,0}}\left[1 - (1 - K)\exp\left(-\frac{Kx}{l}\right)\right] \tag{8.342}$$

K 值越小，分离效果越好。

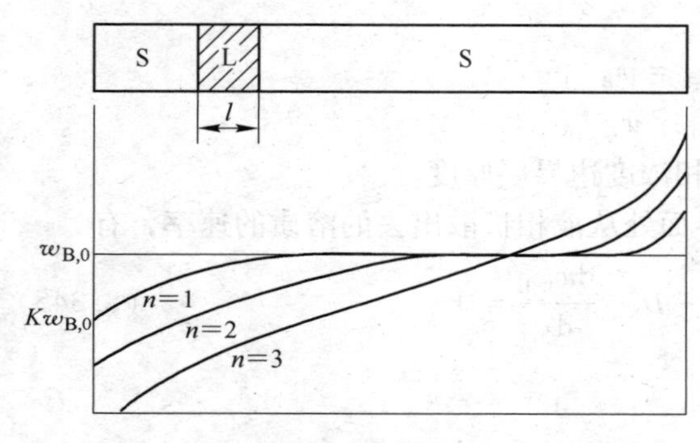

图 8.9 区熔次数对区域熔炼后杂质浓度分布的影响

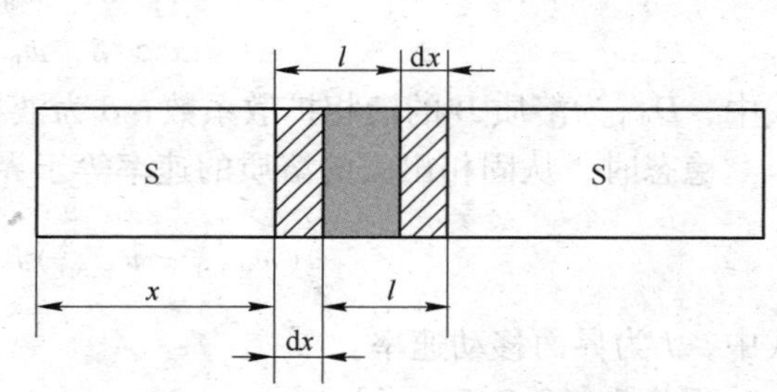

图 8.10 区域熔炼示意图

8.7.4 有效分配系数与伯顿方程

从前面的讨论可知，分配系数 K 是一个重要的物理量：K 越小，偏析越大，区域熔炼效果越好，$K=1$ 无偏析，无法进行区域熔炼。分配系数 K 是液固两相达到热力学平衡时，液固两相中溶质的浓度比。这只有在凝固速率非常缓慢，液相充分均匀，界面反应非常迅速的情况下，这个比值才接近分配系数 K 值。前面给出的标准凝固方程和区域熔炼方程中的 K 值，即为平衡值。

在实际凝固过程，液固相界面有一个液体边界层。凝固过程达到稳态时，液体边界层中的溶质分布不均匀，有一个浓度梯度。图 8.11 是区域熔炼过程溶质的浓度分布，实线为理论值（K 为平衡值），虚线为实际值（K 为非平衡值）。

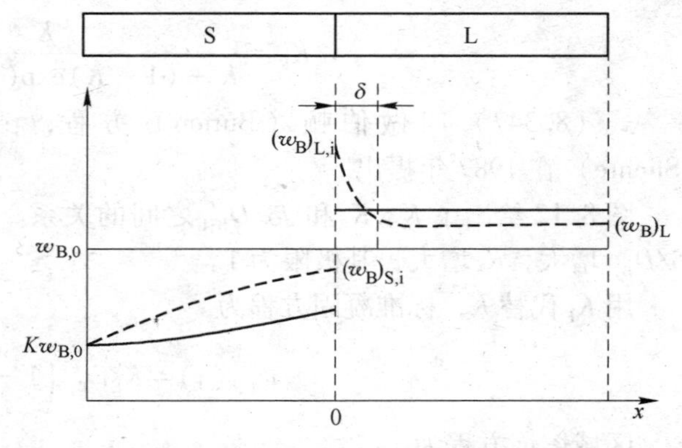

图 8.11 单向凝固杂质浓度分布示意图

界面处液相中溶质浓度升高，一方面使界面处固相溶质浓度升高，另一方面使液相溶质浓度稍有降低，从而使固液两相溶质的浓度比值不等于平衡值 K，称为有效分配系数，

以 K_E 表示

$$K_E = \frac{w_{B,S,I}}{w_{B,L,B}} \tag{8.343}$$

式中，$w_{B,S,I}$ 为液固界面固相一侧溶质 B 的浓度；$w_{B,L,B}$ 为液相本体中溶质 B 的浓度。用有效分配系数 K_E 代替标准凝固方程和区域熔炼方程中的 K，才和实际情况相符。

有效分配系数还与凝固速率 J 有关。凝固越快，溶质在凝固界面液相一侧的积累越多，溶液本体溶质浓度降低量越大，有效分配系数越大。

为简化计，仅考虑一维情况。区域熔炼达到稳态，凝固过程的扩散方程为

$$D_{B,L}\frac{d^2 w_{B,L}}{dx^2} + J\frac{dw_{B,L}}{dx} = 0 \tag{8.344}$$

边界条件为

$$x = 0, \quad w_{B,L} = w_{B,L,I}$$
$$x > \delta, \quad w_{B,L} = w_{B,L,B}$$

式中，$D_{B,L}$ 为溶质 B 的液相扩散系数；δ 为液相浓度边界层厚度。

稳态时，从固相出去的溶质的速率等于界面处从液相扩散出去的溶质的速率，有

$$(w_{B,L,I} - w_{B,S,I})J + D_{B,L}\frac{dw_{B,L}}{dx} = 0 \tag{8.345}$$

式中，J 为界面移动速率。

积分式（8.345），得

$$\frac{w_{B,S,I} - w_{B,L,B}}{w_{B,S,I} - w_{B,L,I}} = \exp\left(-\frac{J\delta}{D_{B,L}}\right) \tag{8.346}$$

利用

$$K = \frac{w_{B,S,I}}{w_{B,L,I}}, \quad K_E = \frac{w_{B,S,I}}{w_{B,L,B}}$$

式（8.346）成为

$$K_E = \frac{K}{K + (1 - K)\exp(-J\delta/D_{B,L})} \tag{8.347}$$

式（8.347）叫做伯顿（Burton）方程，由伯顿、普瑞姆（Prim）、斯利奇尔（Slichre）在 1987 年提出。

图 8.12 给出了 K、K_E 和 $J\delta/D_{B,L}$ 之间的关系。由图可见，$J\delta/D_{B,L}$ 越小，K_E 越接近 K；$J\delta/D_{B,L}$ 增大，K_E 增大，其极限为 1。

用 K_E 代替 K，标准凝固方程为

$$w_{B,S}(x) = K_E w_{B,0}\left(1 - \frac{x}{l}\right)^{K_E - 1} \tag{8.348}$$

区域熔炼方程为

$$w_{B,S}(x) = w_{B,0}\left[1 - (1 - K_E)\exp\left(-\frac{K_E x}{l}\right)\right] \tag{8.349}$$

$K_E > K$，液体凝固偏析小；$K_E = K$，液体凝固偏析大；

由式（8.347）可见，$J\delta/D_{B,L}$ 越大，K_E 越比 K 大，凝固偏析越小，固体越均匀；$J\delta/$

$D_{B,L}$越小，K_E越接近 K，凝固偏析越大，固体成分越不均匀。图 8.13 所示为不同 K_E 的凝固体内溶质浓度的分布曲线。

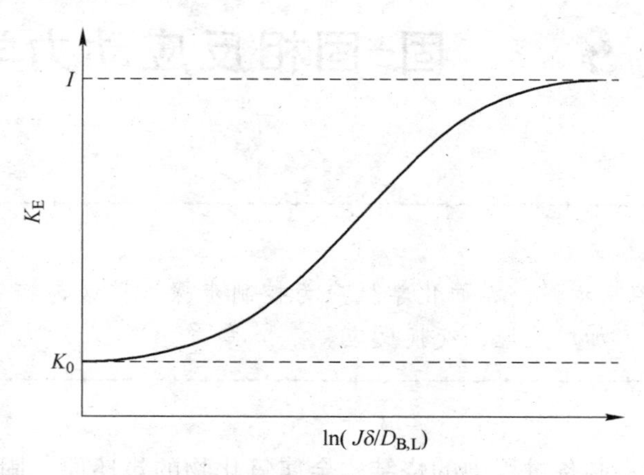

图 8.12　有效分配系数与凝固速度之间的关系

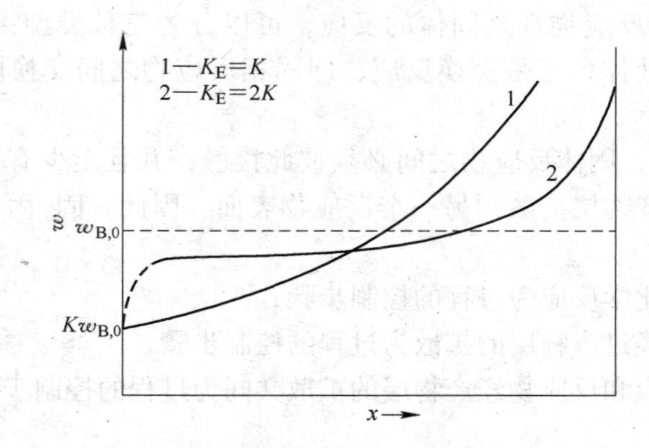

图 8.13　不同 K_E 的凝固体内溶质浓度分布曲线

习　题

8-1　溶解过程有哪些步骤？

8-2　分别给出溶解过程分别由溶解物质的内扩散、外扩散和溶剂与溶解物质相互作用为控制步骤的速率公式。

8-3　给出溶解过程由溶剂的内扩散、外扩散和溶剂与溶解物质相互作用共同扩散的速率表达式。

8-4　给出浸出过程分别由液态浸出剂的内扩散、外扩散控制的速率公式。

8-5　给出浸出过程分别由固态反应物的内扩散、外扩散或化学反应控制步骤的速率公式。

8-6　何谓溶液中溶质的均匀成核，何谓不均匀成核，有何不同，由哪些因素决定？

8-7　写出金属和合金熔化的动力学方程。

8-8　写出金属凝固的动力学方程。

8-9　区域熔炼的原理是什么？举例说明其应用。

9 固-固相反应动力学

本章学习要点：

固-固相反应的控制步骤，界面化学反应为控制步骤，扩散为控制步骤，化学反应和扩散共同为控制步骤，加成反应，交换反应。

冶金、化工和材料制备过程中的烧结、金属氧化物的炭还原、固相合成等都涉及固-固相反应。

固-固相反应就是反应物都是固体的反应，可以分为三种类型：一是产物都是固体；二是产物中有气体或液体；三是交换反应，即固相反应物之间交换阴离子或阳离子生成产物。

在固-固相反应中，固体反应物之间必须彼此接触，并且至少有一个反应物在反应形成产物层后，要经过产物层扩散到另一个反应物表面。因此，固-固相反应有下列 3 种控制步骤：

（1）相界面上的化学反应为过程的控制步骤；

（2）固体反应物经过产物层的扩散为过程的控制步骤；

（3）界面化学反应和反应物经产物层的扩散共同为过程的控制步骤。

9.1 界面化学反应为控制步骤

固-固相化学反应与反应物的接触面积密切相关。反应物的接触面积往往不是一个常量，而是随着化学反应的进程而变化。因此，在化学反应动力学的方程中，反应物的接触面积必须考虑。

固体反应物 A 与 B 发生化学反应为

$$\mathrm{A(s)} + \mathrm{B(s)} = \mathrm{C(s)}$$

界面上两者的浓度分别为 c_A 和 c_B，则其反应速率方程可以写为

$$-\frac{\mathrm{d}W}{\mathrm{d}t} = kSc_A^{n_A}c_B^{n_B} \tag{9.1}$$

式中，W 为固体反应物的质量；k 为化学反应速率常数；S 为单位质量反应物的接触面积。如果界面 A 侧 A 为纯物质，界面 B 侧 B 的浓度为 c，则上式可写做

$$-\frac{\mathrm{d}W}{\mathrm{d}t} = kSc_B^{n_B} \tag{9.2}$$

设反应物为颗粒半径相同的圆球，在 $t=0$ 时，半径为 r_0。经时间 t 后，每个颗粒表面

形成产物层，未反应的颗粒半径减小到 r。则

$$-\frac{dW}{dt} = -\frac{d}{dt}\left(\tilde{N}\frac{4}{3}\pi r^3\rho\right) = 4\tilde{N}\pi r^2\rho\left(-\frac{dr}{dt}\right) \tag{9.3}$$

式中

$$\tilde{N} = \frac{1}{\frac{4}{3}\pi r_0^3\rho} \tag{9.4}$$

为单位质量反应物中所包含的颗粒数；ρ 为反应物颗粒密度。

反应的转化率为

$$\alpha = 1 - \frac{\frac{4}{3}\pi r^3\rho}{\frac{4}{3}\pi r_0^3\rho} = 1 - \left(\frac{r}{r_0}\right)^3 \tag{9.5}$$

$$\frac{d\alpha}{dt} = -\frac{3r^2}{r_0^3}\frac{dr}{dt} \tag{9.6}$$

$$\frac{dr}{dt} = -\frac{r_0^3}{3r^2}\frac{d\alpha}{dt} \tag{9.7}$$

将式（9.4）和式（9.7）代入式（9.3），得

$$-\frac{dW}{dt} = \frac{4\pi r^2\rho}{\frac{4}{3}\pi r_0^3\rho}\left(-\frac{r_0^3}{3r^2}\frac{d\alpha}{dt}\right) = \frac{d\alpha}{dt} \tag{9.8}$$

化学反应的界面面积为

$$S = \tilde{N}4\pi r^2 = \frac{4\pi r^2}{\frac{4}{3}\pi r_0^3\rho} = \frac{3}{r_0\rho}(1-\alpha)^{\frac{2}{3}} = F(1-\alpha)^{\frac{2}{3}} \tag{9.9}$$

式中

$$F = \frac{3}{r_0\rho} \tag{9.10}$$

若化学反应速率为式（9.2），将式（9.8）和式（9.9）代入式（9.2），得

$$-\frac{dW}{dt} = kF(1-\alpha)^{\frac{2}{3}}c_B^{n_B} = \frac{d\alpha}{dt} \tag{9.11}$$

则

$$\frac{dx}{(1-\alpha)^{\frac{2}{3}}} = kFc_B^{n_B}dt \tag{9.12}$$

积分上式

$$\int_0^{\alpha}\frac{d\alpha}{(1-\alpha)^{\frac{2}{3}}} = \int_0^{t}kFc_B^{n_B}dt$$

得

$$1-(1-\alpha)^{\frac{1}{3}} = kFc_B^{n_B}t \tag{9.13}$$

同理，对于圆柱形颗粒，有

$$1-(1-\alpha)^{\frac{1}{2}}=kFc_B^{n_B}t \tag{9.14}$$

对于平板形颗粒，有

$$\alpha=kFc_B^{n_B}t=Qt \tag{9.15}$$

例如，在温度为740℃，有 NaCl 存在的条件下，Na_2CO_3和 SiO_2的反应为化学反应控制。化学反应

$$Na_2CO_3+SiO_2 = NaO\cdot SiO_2+CO_2$$

为一级反应，有关系式

$$(1-\alpha)^{-\frac{2}{3}}-1=kFct=Qt \tag{9.16}$$

实验测定 $r_0=0.036$mm，$Na_2CO_3:SiO_2=1:1$ 的数据符合上式。

9.2　扩散为控制步骤

如果反应物通过产物层的扩散比界面上的化学反应慢得多，则过程为扩散所控制。反应物在固体产物层中的扩散很复杂，下面根据不同的情况进行讨论。

9.2.1　抛物线形速率方程

平板状反应物 A 和 B 相互接触发生化学反应生成厚度为 y 的 AB 产物层。AB 产物层把反应物 A 和 B 分隔开（图 9.1）。要继续进行反应，A 就需要穿过产物层 AB 向 AB-B 界面扩散。设平板间的接触面积为 S，在 dt 时间内经过产物层 AB 扩散的 A 的量为 dW_A，浓度梯度为 $\frac{dc_A}{dy}$。

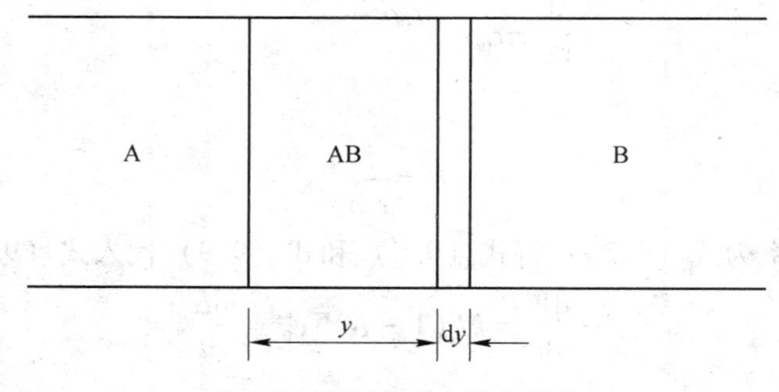

图 9.1　平板状反应物的扩散

根据菲克第一定律，有

$$\frac{dW_A}{dt}=-D_AS\frac{dc_A}{dy} \tag{9.17}$$

反应物 A 在 A-AB 界面的浓度为 100%，在界面 AB-B 的浓度为 0。则上式可写为

$$\frac{dW_A}{dt}=D_AS\frac{1}{y} \tag{9.18}$$

因为反应物 A 的迁移量 dW_A正比于 Sdy，所以

$$\frac{dy}{dt}=\frac{k'D_A}{y} \tag{9.19}$$

式中，k'为比例常数，积分式（9.19），得

$$y^2=2k'D_At \tag{9.20}$$

即

$$y=\sqrt{2k'D_At}=k_lt^{\frac{1}{2}} \tag{9.21}$$

式（9.21）表示产物层的厚度与时间的平方根成正比。此即抛物线速率方程。

9.2.2 简德尔模型方程

对于固-固相反应，简德尔（Jander）提出如下假设（图9.2）：

（1）反应物B是半径为r_0的等径圆球。

（2）反应物A是扩散相，反应物B被A包围，产物层是连续的；反应物A、B和产物C完全接触；反应从球的表面向中心进行。

（3）反应物A在产物层中的浓度呈线性变化，即浓度梯度为常数。

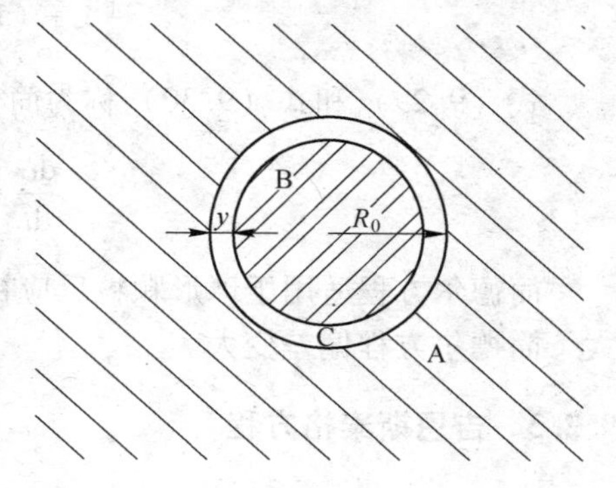

图9.2 简得尔模型

（4）反应过程中圆球的体积和密度不变。

化学反应为

$$aA(s)+bB(s)═══cC(s)$$

反应物B的起始体积为

$$V_0=\frac{4}{3}\pi r_0^3 \tag{9.22}$$

未反应部分的体积为

$$V=\frac{4}{3}\pi r^3 \tag{9.23}$$

则产物层的体积为

$$\Delta V=V_0-V=\frac{4}{3}\pi(r_0^3-r^3) \tag{9.24}$$

反应物B的转化率为

$$\alpha=\frac{\Delta V}{V}=\frac{r_0^3-r^3}{r_0^3} \tag{9.25}$$

令产物层的厚度为y，则

$$y=r_0-r$$

得

$$r=r_0-y \tag{9.26}$$

将式（9.26）代入式（9.25），得

$$\alpha=1-(1-\frac{y}{r_0})^3 \tag{9.27}$$

而有

$$y = r_0[1 - (1 - \alpha)^{\frac{1}{3}}] \tag{9.28}$$

如果产物层的厚度和反应物 B 的半径相比很小，以至于可以把产物层和反应物 B 的接触面视为平面，则可以认为前面平板模型的抛物线公式适用于此种情况，即

$$y^2 = r_0^2[1 - (1 - \alpha)^{\frac{1}{3}}]^2 = k_j t \tag{9.29}$$

或

$$[1 - (1 - \alpha)^{\frac{1}{3}}]^2 = \frac{k_j}{r_0^2} t = k_j t \tag{9.30}$$

式（9.29）和式（9.30）称为简德尔方程，k_j为简德尔常数。将其对时间求导，得

$$\frac{d\alpha}{dt} = k_j \frac{(1 - \alpha)^{\frac{2}{3}}}{1 - (1 - \alpha)^{\frac{2}{3}}} \tag{9.31}$$

简德尔方程适用于球形颗粒反应初期转化率较小的情况。随着反应的进行，转化率增大，简德尔方程偏差变大。

9.2.3 吉恩斯泰格方程

吉恩斯泰格（Гинстаиг）发展了简德尔得模型。其基本假设同前。反应物 A 通过产物层的扩散速率为

$$-\frac{dW_A}{dt} = 4\pi r^2 D_A \frac{dc_A}{dr} \tag{9.32}$$

将扩散过程看做稳态过程，则 $\frac{dW_A}{dt}$ 可当做常数，积分上式

$$\int_0^{c_A} dC_A = -\frac{1}{4\pi D_A}\frac{dW_A}{dt}\int_r^{r_0}\frac{dr}{r^2}$$

得

$$\frac{dW_A}{dt} = -4\pi D_A \frac{r_0 r}{r_0 - r} c_A \tag{9.33}$$

由于

$$-\frac{dW_A}{dt} = -\frac{a dW_B}{b dt} = -\frac{4\pi r^2 a\rho_B}{bM_B}\frac{dr}{dt} \tag{9.34}$$

将式（9.34）代入式（9.33），得

$$\frac{4\pi r^2 a\rho_B}{bM_B}\frac{dr}{dt} = -4\pi D_A\left(\frac{r_0 r}{r_0 - r}\right) c_A \tag{9.35}$$

分离变量积分得

$$t = \frac{a\rho_B r_0^2}{6D_A\, bM_B c_A}[3 - 2\alpha - 3(1 - \alpha)^{\frac{2}{3}}] \tag{9.36}$$

即

$$1 - \frac{2}{3}\alpha - (1 - \alpha)^{\frac{2}{3}} = k_\Gamma t \tag{9.37}$$

式中

$$k_{\Gamma}=\frac{a\rho_{B}r_{0}^{2}}{2D_{A}\ bM_{B}c_{A}} \tag{9.38}$$

式（9.38）称做吉恩斯泰格方程。在固-固反应达到高转化率时，该方程仍能适用。例如，下列反应都符合吉恩斯泰格方程：

$$CaO(s)+SiO_2(s)=\!=\!=CaSiO_3(s)$$
$$2MgO(s)+SiO_2(s)=\!=\!=Mg_2SiO_4(s)$$
$$SrCO_3(s)+TiO_2(s)=\!=\!=SrTiO_3(s)+CO_2(g)$$

9.2.4 外兰西-卡特尔方程

如果反应前后固体颗粒的体积发生变化，则上述方程不适用。外兰西-卡特尔（Valensi-Carter）给出了由内扩散控制的反应前后固体圆球的体积发生变化的反应体系的动力学方程。他们的推导方法与由内扩散控制的反应前后固体圆球的体积发生变化的气-固相反应动力学方程相同。

设固体圆球的初始半径为 r_0，反应后的半径为 r_s，未反应核的半径为 r，除反应前后体积发生变化，其他情况同吉恩斯泰格模型。

对于化学反应

$$aA(s)+bB(s)=\!=\!=dD(s)$$

反应所消耗的固相反应物 B 的分子数与生成的固相产物 D 的分子数之比，等于它们的化学计量系数之比，即

$$\frac{\left(\frac{4}{3}\pi r_0^3-\frac{4}{3}\pi r^3\right)\rho_B}{M_B}:\frac{\left(\frac{4}{3}\pi r_s^3-\frac{4}{3}\pi r^3\right)\rho_D}{M_D}=b:d \tag{9.39}$$

式中，M_B、M_D为固相反应物和产物 B、D 的相对分子质量；ρ_B、ρ_D为固相反应物和产物 B、D 的密度。化简式（9.39），得

$$\frac{dV_D}{bV_B}=\frac{r_s^3-r^3}{r_0^3-r^3} \tag{9.40}$$

式中，V_B、V_D 分别为反应物 B 和产物 D 的摩尔体积，$V_B=\frac{M_B}{\rho_B}$，$V_D=\frac{M_D}{\rho_D}$。

令

$$\frac{dV_D}{bV_B}=z \tag{9.41}$$

代入式（9.40），得

$$r_s=\left[zr_0^3+r^3\ (1-z)\right]^{\frac{1}{3}} \tag{9.42}$$

利用式（9.35），将式中的 r_0换做 r_s并积分，得

$$\frac{2bM_BD_Ac_A}{\rho_Br_0^2}t=\frac{z-\left[1+(z-1)\alpha_B\right]^{\frac{2}{3}}-(z-1)(1-\alpha_B)^{\frac{2}{3}}}{z-1} \tag{9.43}$$

即

$$\frac{z-[1+(z-1)\alpha_B]^{\frac{2}{3}}-(z-1)(1-\alpha_B)^{\frac{2}{3}}}{z-1}=k_v t \tag{9.44}$$

其中

$$k_v=\frac{2bM_B D_A c_A}{\rho_B r_0^2}$$

式中，α_B为固相反应物 B 的转化率。

9.3 化学反应和内扩散共同控制

9.3.1 道莱斯外米-泰姆汉柯尔对两个固相反应物形成连续固溶体体系的处理

道莱斯外米（Doraiswamy）和泰姆汉柯尔（Tamhankar）研究了两个固相反应物能形成连续固溶体，过程由化学反应和扩散共同控制的情况。

图 9.3 为固-固相反应产物区和反应区的形成过程示意图。反应在等温条件下进行。在 $t=0$ 时刻，两固相反应物开始在接触界面发生化学反应并不断地向反应物区域内推进，形成一定厚度的反应区域，即反应层。

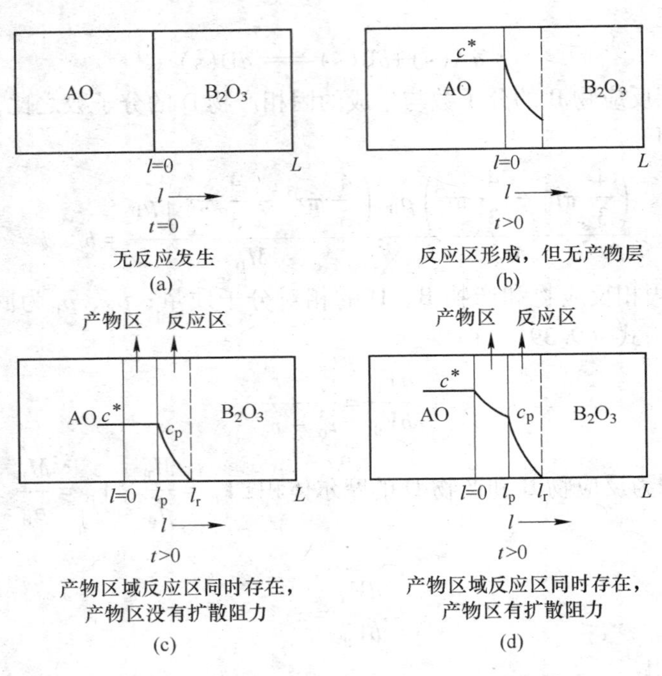

图 9.3 产物区和反应区的形成过程示意图

随着反应的进行，反应层发生移动，并形成产物层。产物层对反应物质的传质可能会产生阻碍作用，使得产物层和反应层的界面上反应物的浓度发生变化。

9.3.1.1 *产物层*

设扩散系数与组成无关，则菲克第二定律可写为

$$\frac{\partial c}{\partial t} = D_p \frac{\partial^2 c}{\partial y^2} \tag{9.45}$$

式中，D_p为产物层中所讨论组分的扩散系数。

方程（9.45）的初始条件和边界条件为，当$t=0$时，在$y<0$处$c=c^0$，在$y>0$处，$c=0$；当$t>0$时，在$y=0$处$c=c^*$，在$y=y_0$处，$c=c_p$。其中c_p为产物层末端处组分的浓度。y_0为产物层的厚度。

如果反应物颗粒的尺寸比产物层的厚度大得多，则应满足的初始和边界条件为：在$t\geqslant 0$时，在$y=\infty$处，$c=0$。方程（9.45）的解为

$$c = c^* \operatorname{erf} \frac{y}{2(D_p t)^{\frac{1}{2}}} \tag{9.46}$$

令

$$w = \frac{c}{c^*},\ z = \frac{y}{L},\ \theta = \frac{D_p t}{L^2} \tag{9.47}$$

式中，L为反应物颗粒的长度。

式（9.46）成为

$$w = \operatorname{erf} \frac{z}{2\theta^{\frac{1}{2}}} \tag{9.48}$$

上式中的变量均为无因次变量。产物层末端的无因次浓度为

$$w_p = \operatorname{erf} \frac{z_p}{2\theta^{\frac{1}{2}}} = 1 - \operatorname{erf} \frac{z_p}{2\theta^{\frac{1}{2}}} \tag{9.49}$$

9.3.1.2 *反应层*

假设反应层的厚度为一常数，则反应层的质量平衡方程为

$$D_r \frac{\partial^2 c}{\partial y^2} - kc = 0 \tag{9.50}$$

式中，D_r为所讨论组分在反应层中的有效扩散系数。方程（9.50）的初始和边界条件为：在$t>0$时，$y=y_0$处，$c=c_p$；在$t>0$时，$y=y_r$处，$c=0$。

将方程（9.50）中的变量转变为无因次量，并利用希尔（Thiele）特征数

$$\varphi_r = L\left(\frac{k}{D_r}\right)^{\frac{1}{2}} \tag{9.51}$$

则方程（9.50）成为

$$\frac{d^2 w}{dz^2} - \varphi_r^2 w = 0 \tag{9.52}$$

初始和边界条件变为：在$t>0$时，$z=z_p$处$w=w_p$；在$t>0$时，$z=z_r$处$w=0$。方程（9.51）的解为

$$w = w_p \frac{\sinh[\varphi_r (z_r - z)]}{\sinh(\varphi_r \Delta z)} \tag{9.53}$$

式中

$$\Delta z = z_r - z_p \tag{9.54}$$

为反应层的厚度。

9.3.2 经验公式

有一些经验公式可以处理由化学反应和扩散共同控制的固-固相反应：

（1）塔曼公式。塔曼（Taman）给出的经验公式为

$$\alpha = k_T \ln t \tag{9.55}$$

式中，k_T为常数，与温度、扩散系数和反应物颗粒接触状况有关。

（2）泰普林公式。对于粉料的固-固相反应，泰普林（Tapline）归纳的经验方程为

$$\frac{d\alpha}{d(t^{\alpha})} = k_t(1-\beta\alpha)^m \tag{9.56}$$

式中，α 为与过程的控制步骤有关的参数；m 为反应指数；β 为常数；k_t亦为常数。

9.3.3 过程控制步骤的确定

前面给出的关于固-固相反应由界面化学反应控制或由扩散过程控制的公式可以写成统一的形式

$$F = kt \tag{9.57}$$

或

$$F = k_{\frac{1}{2}} \frac{t}{t_{\frac{1}{2}}} \tag{9.58}$$

式中，k 和 $k_{\frac{1}{2}}$均为常数；$t_{\frac{1}{2}}$ 为 $\alpha = \frac{1}{2}$ 时所需要的反应时间。

例如，简德尔方程可以写做

$$F = [1-(1-\alpha)^{\frac{1}{3}}]^2 = k_j t \tag{9.59}$$

当 $\alpha = \frac{1}{2}$ 时，$t = t_{\frac{1}{2}}$，代入上式得

$$k_j = \frac{0.0462}{t_{\frac{1}{2}}} \tag{9.60}$$

所以

$$F = [1-(1-x)^3]^{\frac{1}{2}} = 0.0462 \frac{t}{t_{\frac{1}{2}}} \tag{9.61}$$

其他的方程都可以这样处理。

将各个方程的转化率 α 对 $\frac{t}{t_{\frac{1}{2}}}$ 作图，可得到不同的曲线，每个方程对应一条曲线。把实测数据也按 α-$\frac{t}{t_{\frac{1}{2}}}$ 作图，并与各方程的曲线相比较，以此确定实际反应的类型和控制步骤。在具体处理时，需要考虑实验误差。

若实验结果与界面化学反应控制或扩散过程控制的公式都不符，则须考虑两者共同控制的情况。

9.4 影响固相反应的因素

9.4.1 粒度分布的影响

实际的反应物混合料不是同一尺寸的固体颗粒，而是不同粒度的混合物，具有一定的粒度分布。固体颗粒的粒度分布会影响其接触面积，反应过程中不同尺寸的颗粒反应终了所用的时间也不一样。粒度分布对过程的动力学有影响，其影响可用外兰希-卡特尔方程估计。

将反应物按粒度分成若干组。第 i 组的平均半径为 r_i，组元 A 在第 i 组中所占的份数为 f_i，其转化率为 α_{Ai}。将卡特尔的动力学用于第 i 组，可得

$$\frac{z-\left[1+(z-1)\alpha_{Ai}\right]^{\frac{2}{3}}-(z-1)(1-\alpha_{Ai})^{\frac{2}{3}}}{2(z-1)}=\frac{kt}{a_0^{2(i-1)}r_{i0}^2} \tag{9.62}$$

其中

$$r_{i0}=a_0^{i-1}r_{10} \tag{9.63}$$

式中，a_0为相邻组的平均半径的比值。

由上式可求得第 i 组的转化率，将各组的转化率加和，即得总的转化率。

反应速率常数与颗粒半径之间存在下面的经验关系

$$k=\frac{\alpha}{r^2} \tag{9.64}$$

式中，α 为常数。

单位质量颗粒的表面积为

$$S=\frac{4\pi r^2 n}{\frac{4}{3}\pi r^3 n\rho}=\frac{3}{\rho r} \tag{9.65}$$

这里 r 为平均半径或将颗粒看成等半径的球。将以上两式比较，得

$$S=\frac{3\sqrt{k}}{\rho\sqrt{\alpha}} \tag{9.66}$$

该式与实验结果相符合。

9.4.2 温度的影响

温度对反应过程有影响。化学反应速率常数 k 和扩散系数 D 与温度的关系为

$$k=A\exp\left(-\frac{E_{反}}{RT}\right) \tag{9.67}$$

和

$$D=D_0\exp\left(-\frac{E_{扩}}{RT}\right) \tag{9.68}$$

其中

$$D_0=\alpha\nu a_0 \tag{9.69}$$

式中，A 为频率因子；$E_{反}$为化学反应活化能；$E_{扩}$为扩散活化能；ν 为扩散质点在晶格位置上的本征频率；a_0为质点间的平均距离；α 为常数。

由式（9.67）和式（9.68）可见，升高温度有利于化学反应和扩散过程。通常 $E_{扩}$比 $E_{反}$小，因此温度对化学反应速率的影响比对扩散过程的影响大。

9.4.3 添加剂的影响

9.4.3.1 添加剂的影响和反应物本身活性的影响

向固体反应物中加入固体添加剂，会对固-固反应产生影响。可能对反应起催化作用，也可能对反应起阻碍作用。这取决于添加剂是增加还是减少反应物的晶格缺陷数目，即增加或减少晶格中空位的浓度。例如，对于 ZnO 和 $CuSO_4$的反应，在 ZnO 中添加 Li^+会加速反应；添加 Ga^{3+}会减慢反应。

添加剂也可能会促进表面烧结，使迁移过程容易进行而加速反应。

9.4.3.2 反应物本身活性的影响

反应物本身的活性是影响固-固反应速率的内在因素。固体的结构愈完整，缺陷愈少，晶格能愈大，其反应活性也愈低。

9.5 加成反应

加成反应是固态反应物之间反应生成固态产物。例如不同金属间反应生成金属间化合物的反应：

$$3Fe(s)+Al(s) = Fe_3Al(s)$$

$$La(s)+5Ni(s) = LaNi_5(s)$$

$$Cu(s)+Zn(s) = CuZn(s)$$

不同氧化物间反应生成复杂氧化物，如

$$MgO(s)+Al_2O_3(s) = MgAl_2O_4(s)$$

$$MgO(s)+B_2O_3(s) = MgB_2O_4(s)$$

$$Al_2O_3(s)+SiO_2(s) = Al_2SiO_5(s)$$

$$Na_2O(s)+Al_2O_3(s)+SiO_2(s) = Na_2Al_2SiO_6(s)$$

在固态反应过程中，生成的固态产物把不同的反应物隔离开，反应得以继续进行。固体反应物必须穿过反应界面，相互接触。

下面以生成尖晶石的固态反应为例，分析加成反应的机理。

AO 和 B_2O_3为两种离子型氧化物，其中 A 和 B 为金属元素。起初氧化物 AO 和 B_2O_3紧密接触，加热到一定温度后，AO 和 B_2O_3开始反应，生成尖晶石 AB_2O_4晶核。由于两种物质结构差异大，形成产物要进行结构重排，即化学键要断开和重组，离子要进行迁移，需要消耗很多能量。因此，形成晶核比较困难。尖晶石 AB_2O_4的形核过程为 O^{2-}排在形成尖晶石晶核的晶格结点位置，A^{2-}和 B^{3+}穿过固体 AO 和 B_2O_3接触的界面相互交换，排在尖晶石晶核的晶格结点位置。随着产物尖晶石 AB_2O_4的产生，AO 和 B_2O_3的界面被产物层代替，AO 和 B_2O_3被产物层隔开。AO 和 B_2O_3反应，A^{2-}和 B^{3+}不仅要穿过固体 AO 和 B_2O_3，

还要穿过产物层 AB_2O_4。

在单晶固体中，扩散是空位机理，即离子空位的浓度是扩散的推动力。在多晶固体中，除离子空位扩散外，还有晶界扩散、表面扩散等。另外，化学反应、固相烧结、电中性条件以及氧化物的柯肯道尔效应等，都对固态反应的扩散有影响。

固态反应的扩散机理示意于图 9.4 中。

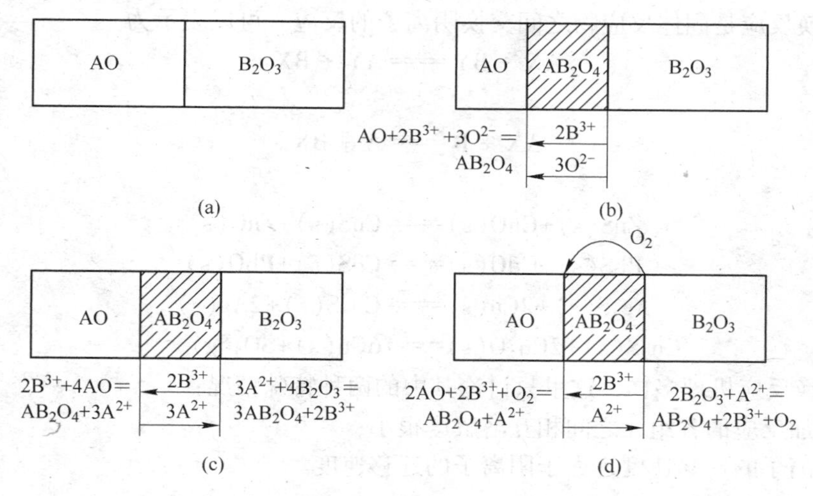

图 9.4 尖晶石生成反应 $AO+B_2O_3═AB_2O_4$ 的机理示意图

图 9.4（a）表示反应的初始状态。图 9.4（b）表示 B^{3+} 和 O^{2-} 沿相同方向经过 B_2O_3/AB_2O_4 界面穿过产物层 AB_2O_4 向 AB_2O_4/AO 界面扩散。可以把这种情况看做 B_2O_3 通过产物层 AB_2O_4 扩散，产物层 AB_2O_4 仅单向地朝 AO 方向推进。

图 9.4（c）表示 O^{2-} 不迁移，A^{2+} 和 B^{3+} 做等量逆向扩散。为保持过程的电中性，向右边扩散 3 个 A^{3+} 生成 3 个 AB_2O_4，同时就要向左边扩散 2 个 B^{3+}，生成 1 个 AB_2O_4。这样，在界面的左右两侧生成的产物 AB_2O_4 的厚度比例为 1∶3。

图 9.4（d）表示 A^{2+} 和 B^{3+} 做逆向扩散，而氧是通过气相由 B_2O_3 向 AB_2O_4/AO 界面传递。

由以上分析可见，有三个因素影响固态反应速率：

（1）固体间的接触面积；

（2）固体产物成核速度；

（3）离子的扩散速率，主要是通过产物层的扩散速度。

如果接触面积一定，则反应速率只与后两个因素有关。在 AO 与 B_2O_3 反应的初期，反应速率主要取决于产物的成核速率；在产物层达到一定厚度时，A^{2+} 和 B^{3+} 通过产物层的扩散成为控制步骤。在通过产物层的扩散成为控制步骤的情况下，可以认为在反应物和产物的界面化学反应达到平衡，相界面上组元的活度没有突变，活度的变化是连续的。如果产物层是厚度为 l 的平面层，扩散速率为

$$\frac{\mathrm{d}l}{\mathrm{d}t}=\frac{k}{l}$$

即

$$l^2 = kt$$

式中，k 为速率常数。产物层厚度和时间呈抛物线关系。

9.6 交换反应

固体置换反应是固体反应物之间交换阴离子的反应。可以表示为

$$AX + BY = AY + BX$$

或

$$AX + B = A + BX$$

例如

$$ZnS(s) + CuO(s) = CuS(s) + ZnO(s)$$

$$PbS(s) + CdO(s) = CdS(s) + PbO(s)$$

$$Ag_2S(s) + 2Cu(s) = Cu_2S(s) + 2Ag(s)$$

$$Cu_2S(s) + 2Cu_2O(s) = 6Cu(s) + SO_2(g)$$

固相交换反应机理多样，这里只讨论其中的两种特殊情况：

（1）参加反应的各组元之间相互溶解度很小；

（2）氧离子的迁移速度远大于阴离子的迁移速度。

9.6.1 约斯特模型

约斯特（Jost）认为，在固相交换反应

$$AX+BY = AY+BX$$

中，反应物 AX 和 BY 被产物 AY 和 BX 隔开，如图 9.5（a）所示。由于阳离子扩散速度快，形成的产物 BX 层覆盖了 AX，形成的产物 AY 层覆盖了 BY。只有 A^+ 能在产物 BX 层中溶解和迁移，B^+ 能在产物 AY 层溶解并迁移，置换反应才能继续进行。如果 X_2 和 Y_2 的分压一定，则在一定的温度和压力条件下，BX/AY 界面阳离子的化学势梯度确定，其活度梯度也确定。在 BX/AY 界面离子的扩散流密度必须满足电中性的要求。两个产物层厚度的增加符合抛物线公式

$$l^2 = kt$$

9.6.2 瓦格纳模型

如果 A^+ 在产物 BX 层中、B^+ 在产物 AY 层中的溶解度和迁移速度都很小，产物层的生长速率就很慢。据此瓦格纳提出了镶嵌模型。根据这种模型，A^+ 仅在 AY 中扩散，B^+ 只在 BX 中扩散，从而反应体系中形成一个封闭的离子循环流。由图 9.5（b）可见，平衡时有三相接触，因此除温度和压力外，只有一个自由度。若选气体 X_2 的压力为变量，则从反应的标准吉布斯自由能变化便可算出组元 A 在 AY 中的活度和化学势。如果知道组元在 AY 和 BX 中的扩散阻力，就可以计算出在这种极端情况下的置换反应速率。许多金属与金属氧化物的置换反应符合瓦格纳模型，例如

$$Fe + Cu_2O = FeO + 2Cu$$

$$Co + Cu_2O = CoO + 2Cu$$

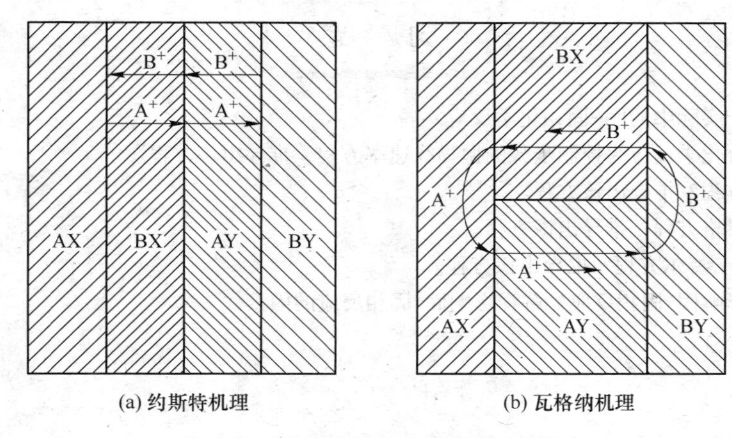

(a) 约斯特机理　　(b) 瓦格纳机理

图 9.5　固相置换反应的机理示意图

9.6.3　电化学反应模型

在固态反应中，有电子转移的氧化还原反应。例如

阳极反应　$2Cu = 2Cu^{2+} + 2e$

阴极反应　$Ag_2S + 2e = 2Ag + S^{2-}$

总反应为　$2Cu + Ag_2S = 2Ag + Cu_2S$

阳极反应　$Cu_2S = 2Cu + S^{4+} + 4e$

阴极反应　$2Cu_2O + 4e = 4Cu + 2O^{2-}$

总反应为　$Cu_2S + 2Cu_2O = 6Cu + SO_2$

这类电化学反应的推动力是原电池的电动势。图 9.6 为固相置换反应的电化学反应模型。

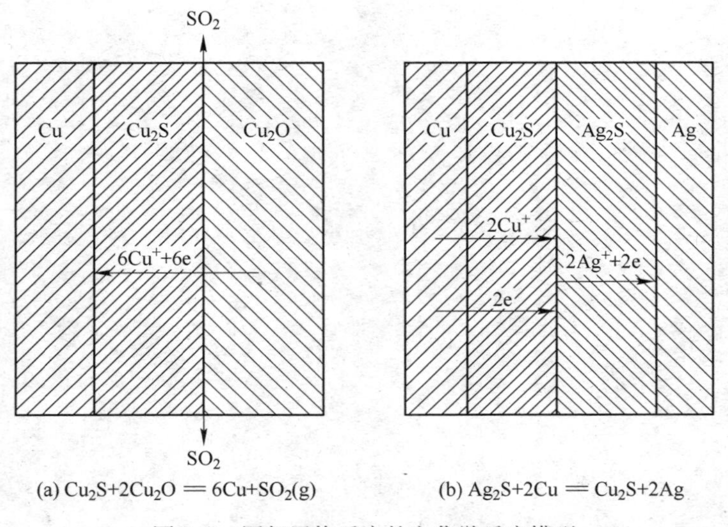

(a) $Cu_2S+2Cu_2O = 6Cu+SO_2(g)$　　(b) $Ag_2S+2Cu = Cu_2S+2Ag$

图 9.6　固相置换反应的电化学反应模型

习 题

9-1 举例说明生产实际中的固-固相化学反应。

9-2 金属氧化符合化学反应为控制步骤的抛物线速率方程，推导出该方程。

9-3 何谓简德尔方程？推导出该方程。

9-4 何谓吉恩斯泰格方程？推导出该方程。

9-5 何谓外兰西-卡特尔方程？推导出该方程。

9-6 哪些因素会影响固-固相反应？解释影响固-固相反应的因素。

10 由热量决定的化学反应

本章学习要点：

由传热控制的化学反应，利用热效应研究化学反应的动力学。

10.1 由传热控制的化学反应

对于很多吸热的化学反应，其反应进行的数量与吸收的热量成正比，其反应速率由传热控制。例如，石灰石的分解反应是强吸热反应，$\Delta H = 161.1\text{kJ/mol}$，其分解反应速率受传热控制。

由传热控制的化学反应，反应条件为：

（1）加热温度高于反应温度；

（2）界面上化学反应达到平衡；

（3）产物层疏松，没有传质阻力，即使有气体产物，也很容易离开反应界面。

对于球形颗粒，反应过程达到稳态，产物层中的能量平衡方程为

$$\frac{\lambda}{r^2}\frac{\mathrm{d}}{\mathrm{d}r}\left(r^2\frac{\mathrm{d}T}{\mathrm{d}r}\right) = 0 \qquad (r_c < r < r_0) \tag{10.1}$$

边界条件为

$$r = r_0,\quad -\lambda\left.\frac{\mathrm{d}T}{\mathrm{d}r}\right|_{r=r_0} = h(T_g - T_\Omega)$$

$$r = r_c,\quad T = T_d$$

$$r = r_c,\quad -\lambda\left.\frac{\mathrm{d}T}{\mathrm{d}r}\right|_{r=r_c} = \rho\Delta H\frac{\mathrm{d}r_c}{\mathrm{d}t}$$

式中，T_d为固体颗粒的反应温度；T_g为固体颗表面的温度；T_Ω为固体颗粒的表面温度；r_0为固体颗的半径；r_c为固体颗粒未反应核的半径；λ 为疏松产物层的有效导热系数；h 为气相边界层的传热系数；ρ 为固体颗粒的体积摩尔密度；ΔH 为固体颗粒的分解热。

解上面的微分方程（10.1），得

$$1 + 2\left(\frac{r_c}{r_0}\right)^3 - 3\left(\frac{r_c}{r_0}\right)^2 + \frac{2\lambda}{hr_0}\left[1 - \left(\frac{r_c}{r_0}\right)^3\right] = \frac{6\lambda(T_g - T_d)t}{\rho\Delta Hr_0^2} \tag{10.2}$$

将转化率

$$\alpha = 1 - \left(\frac{r_c}{r_0}\right)^3 \tag{10.3}$$

代入式（10.2），得

$$1-3(1-\alpha)^{\frac{2}{3}}+2(1-\alpha)+\frac{2\lambda}{hr_0}\alpha=\frac{6\lambda(T_g-T_d)}{\rho\,\Delta Hr_0^2}t \tag{10.4}$$

由式（10.4）可见，分解速率与产物层的温度差 $\Delta T=T_g-T_d$ 成正比。

托克道根（Turkdogan）等人研究了在常压氩气中煅烧石灰石的反应。结果表明，石灰石热分解反应速率符合式（10.4）。

对于一般的固体形状，方程（10.4）成为

$$P_{F_p}(\alpha)-\frac{2\alpha}{Nu^*}=\frac{2F_p\lambda_e(T_0-T_d)}{\rho\Delta H}\left(\frac{A_p}{F_pV_p}\right)t \tag{10.5}$$

式中

$$P_{F_p}(\alpha)=\begin{cases}\alpha^2 & (F_p=1)\\ \alpha+(1-\alpha)\ln(1-\alpha) & (F_p=2)\\ 1-3(1-\alpha)^{\frac{2}{3}}+2(1-\alpha) & (F_p=3)\end{cases}$$

$$Nu^*=\frac{h}{\lambda_e}\left(\frac{F_pV_p}{\lambda_e}\right)$$

式中，Nu^* 为经修正的 Nusselt 数；F_p 为颗粒形状因子（无限大系数 $F_p=1$，圆柱体 $F_p=2$，球体 $F_p=3$）；V_p 为颗粒的体积；A_p 为颗粒的表面积。

除石灰石外，很多固体（包括液体、气体）物质的分解反应的速率都是由传热控制的。

10.2 利用化学反应的热效应研究化学反应的动力学

化学反应往往伴随有热量的放出或吸收。对于确定的化学反应，只要反应条件确定，其放出或吸收的热量就确定。可见，放出或吸收的热量与化学反应进行的量有关。因此，只要能准确测量出某段时间内化学反应放出或吸收的热量，就可以推断出在这段时间里化学反应进行的量。

采用现代的差热分析仪能精确测量化学反应的热效应，因此可以用热分析的方法研究化学反应进行的量与时间的关系，即可以用差热分析的方法研究化学反应的动力学。

如果反应由传质控制，则不能用测量热效应的方法研究反应速率。

对试样做差热分析（DTA），可以得到图10.1所示的差热曲线。图中直线 0-T_∞ 为基线。曲线 0-H-T_∞ 为差热曲线。差热曲线与基线之间的距离是试样与参比物之间的温度差，而该距离的变化是试样与参比物之间温度差的变化。这种温度差的变化是由试样发生反应产生的热效应引起的。显然，差热曲线与基线之间的距离越大，两者之间的温度差越大，试样温度越高，试样发生的反应放出或吸收的热量越多。而差热曲线与基线之间的面积与试样反应放出或吸收的热量成正比。有

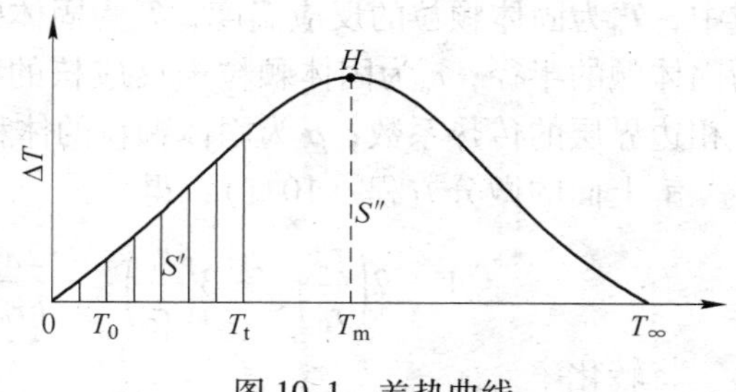

图 10.1 差热曲线

$$\Delta H = Q = kS \tag{10.6}$$

式中，ΔH 为试样反应的热效应，即放出或吸收的热量 Q；S 为差热曲线与基线之间围成的面积；k 为比例常数。

10.2.1 福瑞曼-卡劳尔法

设从反应开始到反应结束，即 $T_0 \to T_\infty$，试样反应的差热曲线和基线围成的总面积为 S；从反应开始到某一时刻，即 $T_0 \to T_t$，试样反应的差热曲线和基线之间的面积为 S'；从某一时刻到反应结束，即 $T_t \to T_\infty$，差热曲线和基线之间的面积为 S''，则试样反应的量，即反应进行的程度

$$\alpha = \frac{\Delta H_t}{\Delta H_{总}} = \frac{Q_t}{Q_{总}} = \frac{S'}{S} \tag{10.7}$$

$$1 - \alpha = \frac{S''}{S} \tag{10.8}$$

对温度求导

$$\frac{d\alpha}{dt} = \frac{d}{dt}\left(\frac{S'}{S}\right) = \frac{1}{S}\left(\frac{dS'}{dT}\right) = \frac{1}{S}\frac{d}{dt}\int_{T_0}^{T_t}\Delta T dT = \frac{\Delta T}{S} \tag{10.9}$$

将反应速率表示为

$$\frac{d\alpha}{dt} = kf(\alpha) \tag{10.10}$$

根据阿仑尼乌斯公式，有

$$k = Ae^{-E_{RT}} \tag{10.11}$$

对于简单的反应，有

$$f(\alpha) = (1 - \alpha)^n \tag{10.12}$$

将式（10.11）和式（10.12）代入式（10.10），得

$$\frac{d\alpha}{dt} = Ae^{-E_{RT}}(1 - \alpha)^n \tag{10.13}$$

将式（10.13）写做

$$\frac{d\alpha}{dT}\frac{dT}{dt} = Ae^{-E_{RT}}(1 - \alpha)^n$$

升温速率恒定，令

$$\varphi = \frac{dT}{dt}$$

则

$$\frac{d\alpha}{dt} = \frac{A}{\varphi}Ae^{-E_{RT}}\left(\frac{S''}{S}\right)^n \tag{10.14}$$

将式（10.8）和式（10.9）代入式（10.14），得

$$\frac{\Delta T}{S} = \frac{A}{\varphi}Ae^{-E_{RT}}\left(\frac{S''}{S}\right)^n \tag{10.15}$$

两边取对数，得

$$\lg\Delta T-\lg S=\lg\frac{A}{\varphi}-\frac{E}{2.303RT}+n\lg S''-n\lg S \tag{10.16}$$

将式（10.16）写为增量形式，有

$$\Delta\lg\Delta T=-\frac{E}{2.303R}\Delta\left(\frac{1}{T}\right)+n\Delta\lg S'' \tag{10.17}$$

式（10.16）中的常数项都变为零，即

$$\frac{\Delta\lg\Delta T}{\Delta\lg S''}=-\frac{E}{2.303R\Delta\lg S''}\Delta\left(\frac{1}{T}\right)+n \tag{10.18}$$

以 $\frac{\Delta\lg\Delta T}{\Delta\lg S''}$ 对 $\frac{\Delta\left(\frac{1}{T}\right)}{\Delta\lg S''}$ 作图，得一直线，斜率为 $-\frac{E}{2.303R}$，截距为 n，得到反应的活化能 E 和反应级数 n。此即福瑞曼-卡劳尔（Freeman-Carroll）微分法。

10.2.2　基辛格法

升温速率 φ 与差热曲线的峰温（最高点温度）有下列关系

$$\frac{\mathrm{d}\ln(\varphi/T_{\mathrm{m}}^2)}{\mathrm{d}(1/T_{\mathrm{m}})}=\frac{E}{RT_{\mathrm{m}}} \tag{10.19}$$

即

$$\ln\left(\frac{\varphi_1}{T_{\mathrm{m}_1}^2}\right)+\frac{E}{RT_{\mathrm{m}_1}}=\ln\left(\frac{\varphi_2}{T_{\mathrm{m}_2}^2}\right)+\frac{E}{RT_{\mathrm{m}_2}}=\ln\left(\frac{\varphi_3}{T_{\mathrm{m}_3}^2}\right)+\frac{E}{RT_{\mathrm{m}_3}}=\cdots \tag{10.20}$$

式中，φ_1，φ_2，φ_3，…，为加热同一种试样的不同的升温速率；T_{m_1}，T_{m_2}，T_{m_3}，…为不同的升温速率加热同一种试样所得的差热曲线的峰温。

将 $\ln\left(\frac{\varphi}{T_{\mathrm{m}}^2}\right)$ 对 $\frac{1}{T_{\mathrm{m}}}$ 作图，得一直线，直线的斜率为 $-\frac{E}{R}$、此即基辛格（Kissinger）法。

为得到反应级数，定义形状因子

$$I=\frac{a}{b} \tag{10.21}$$

式中，a 和 b 的值据差热曲线确定。如图 10.2 所示，高温侧为 a，低温侧为 b。再利用

$$n=1.26I^{\frac{1}{2}}=1.26\left(\frac{a}{b}\right)^{\frac{1}{2}} \tag{10.22}$$

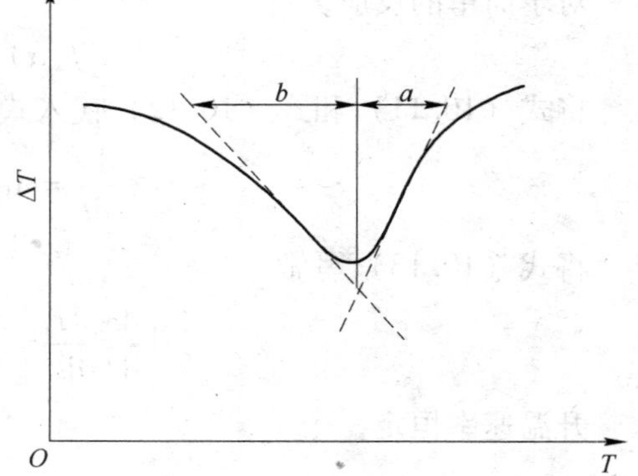

图 10.2　根据 DTA 曲线测定形状因子 I

习　题

10-1　举例说明由传热控制的化学反应动力学。

10-2　用福瑞曼-卡劳尔法和基辛格法计算化学反应的速率和活化能。

参 考 文 献

[1] 莫鼎成．冶金动力学［M］．长沙：中南工业大学出版社，1987.
[2] 韩其勇．冶金动力学［M］．北京：冶金工业出版社，1983.
[3] Sohn H Y，Wadsworth M E，等．提取冶金速率过程［M］．郑蒂基译．北京：冶金工业出版社，1984.
[4] 华一新．冶金过程动力学导论［M］．北京：冶金工业出版社，2004.
[5] 梁连科，车荫昌，杨怀，等．冶金热力学及动力学［M］．沈阳：东北工学院出版社，1990.
[6] 吴铿．冶金传输原理［M］．北京：冶金工业出版社，2011.
[7] 张家芸．冶金物理化学［M］．北京：冶金工业出版社，2004.
[8] Szekely J，Themelix N J．Rate phenomena in process metallurg［M］．John Wiley，New York，1971.
[9] 肖兴国．冶金反应工程学基础［M］．北京：冶金工业出版社，1997.
[10] 张显鹏． 冶金物理化学例题及习题［M］．北京：冶金工业出版社，1990.

冶金工业出版社部分图书推荐

书　　名	作　者	定价(元)
物理化学（第4版）（本科国规教材）	王淑兰	45.00
冶金物理化学研究方法（第4版）（本科教材）	王常珍	69.00
冶金与材料热力学（本科教材）	李文超	65.00
冶金热力学（本科教材）	翟玉春	55.00
热工测量仪表（第2版）（本科教材）	张　华	46.00
钢铁冶金原理（第4版）（本科教材）	黄希祜	82.00
钢铁冶金原理习题及复习思考题解答（本科教材）	黄希祜	45.00
耐火材料（第2版）（本科教材）	薛群虎	35.00
钢铁冶金原燃料及辅助材料（本科教材）	储满生	59.00
能源与环境（本科国规教材）	冯俊小	35.00
现代冶金工艺学——钢铁冶金卷（第2版）（本科国规教材）	朱苗勇	75.00
炉外精炼教程（本科教材）	高泽平	39.00
连续铸钢（第2版）（本科教材）	贺道中	30.00
电磁冶金学（本科教材）	亢淑梅	28.00
钢铁冶金过程环保新技术（本科教材）	何志军	35.00
有色冶金概论（第3版）（本科国规教材）	华一新	49.00
冶金设备（第2版）（本科教材）	朱　云	56.00
冶金设备课程设计（本科教材）	朱　云	19.00
有色金属真空冶金（第2版）（本科国规教材）	戴永年	36.00
有色冶金炉（本科国规教材）	周孑民	35.00
有色冶金化工过程原理及设备（第2版）	郭年祥	49.00
重金属冶金学（本科教材）	翟秀静	49.00
轻金属冶金学（本科教材）	杨重愚	39.80
稀有金属冶金学（本科教材）	李洪桂	34.80
复合矿与二次资源综合利用（本科教材）	孟繁明	36.00
冶金工厂设计基础（本科教材）	姜　澜	45.00
炼铁厂设计原理（本科教材）	万　新	38.00
炼钢厂设计原理（本科教材）	王令福	29.00
轧钢厂设计原理（本科教材）	阳　辉	46.00
冶金科技英语口译教程（本科教材）	吴小力	45.00
冶金专业英语（第2版）（高职高专国规教材）	侯向东	36.00
冶金原理（第2版）（高职高专国规教材）	卢宇飞	45.00
物理化学（第2版）（高职高专国规教材）	邓基芹	36.00